建筑电气设计与施工研究

樊培琴　马林　王鹏飞◎著

吉林科学技术出版社

图书在版编目（C I P）数据

建筑电气设计与施工研究 / 樊培琴，马林，王鹏飞著. -- 长春 : 吉林科学技术出版社，2022.8

ISBN 978-7-5578-9376-7

Ⅰ. ①建… Ⅱ. ①樊… ②马… ③王… Ⅲ. ①房屋建筑设备－电气设备－建筑设计－研究②房屋建筑设备－电气设备－建筑安装－工程施工－研究 Ⅳ. ①TU85

中国版本图书馆 CIP 数据核字(2022)第 113550 号

建筑电气设计与施工研究

著　樊培琴　马　林　王鹏飞
出版人　宛　霞
责任编辑　王　皓
封面设计　北京万瑞铭图文化传媒有限公司
制　版　北京万瑞铭图文化传媒有限公司
幅面尺寸　185mm×260mm
开　本　16
字　数　300 千字
印　张　13.875
印　数　1-1500 册
版　次　2022年8月第1版
印　次　2022年8月第1次印刷

出　版　吉林科学技术出版社
发　行　吉林科学技术出版社
地　址　长春市南关区福祉大路5788号出版大厦A座
邮　编　130118
发行部电话/传真　0431-81629529　81629530　81629531
81629532　81629533　81629534
储运部电话　0431-86059116
编辑部电话　0431-81629510
印　刷　廊坊市印艺阁数字科技有限公司

书　号　ISBN 978-7-5578-9376-7
定　价　48.00 元

《建筑电气设计与施工研究》编审会

樊培琴	马　林	王鹏飞	侯　磊
平　增	金持中	刘忠辉	黄红兵
刘　鑫	聂洪坤	边红坤	刘建新
吴依弱	杨翼飞	孙胜永	常旭阳
吴　勋	苏志恒	陈志杰	钱　焕
吕　亮	张　欣	赵　峰	

在21世纪，全世界的建筑市场主要在我国，这是举世瞩目的。为此，许多有识之士看好这一机遇，积极培养建筑技术人才，学习建筑设计与施工技术。随着社会的进步，建筑工业和建筑技术正在迅速发展，建筑电气化、自动化程度越来越高，国家制定和修订了一批新的设计标准和电气施工规范。

由于近年来工业水平的提高，人们对于生活质量的要求也随之提高，因此为了满足需求，人们开始使用越来越多的高功率家用电器。随着家用电器种类和数量的增多，导致由电气系统引发的事故也随之增加，基于这种情况，需要对建筑电气系统进行合理的规划和设计，保障用户的电源质量，不仅可以有效避免由电气系统导致的事故，而且可以保证住户电气设备的正常运行，增加家用电器的使用寿命。建筑电气工程虽然是建筑建造工程的项目之一，但是由于其自身重要性和功能性，需要在建筑工程中进行重点考虑，建筑电气系统设计会对建筑工程的工程质量和成本造成直接影响，而且在建筑完工后，还会对入住的居民生活以及用电安全等方面造成影响。本文通过对建筑电气工程设计进行分析，对目前建筑电子系统的设计方法、施工方法等方面进行了论述，希望对建筑工程电气系统的设计、施工和维护提供帮助。

本书以国家新颁布的与建筑电气有关的设计规范、安装工程施工及验收规范为依据。重点介绍电气工程设计、内线工程、变配电工程、电气设备的安装、电气照明设备的安装、防雷接地工程以及智能建筑电气工程施工等电位连接等的设备安装、线路敷设和竣工验收方面的施工技术要求，以细节的形式展示在读者面前，内容全面、条理清晰。

本书在编写的过程中，参考了大量建筑电气施工技术的资料和书刊，同时引用了多位专家的著作和成果，在此一并表示感谢。

限于编者水平，书中难免存在一些缺点和错误，敬请广大读者和同行专家提出宝贵意见，不胜感激。

目录 CONTENTS

第一章　建筑电气基础知识

第一节　电路的基本概念

一、电路的组成及作用

（一）电路的组成

电路是由电工设备和元器件按一定方式连接起来的总体，为电流流通提供了路径。图 1-1 所示，是一个手电筒电路，它由电源、负载和中间环节（包括连接导线和开关）3 部分组成。其中，干电池为电源，灯泡为负载，连接导线和开关为中间环节。在电路中随着电流的流动，进行着不同形式能量之间的转换。

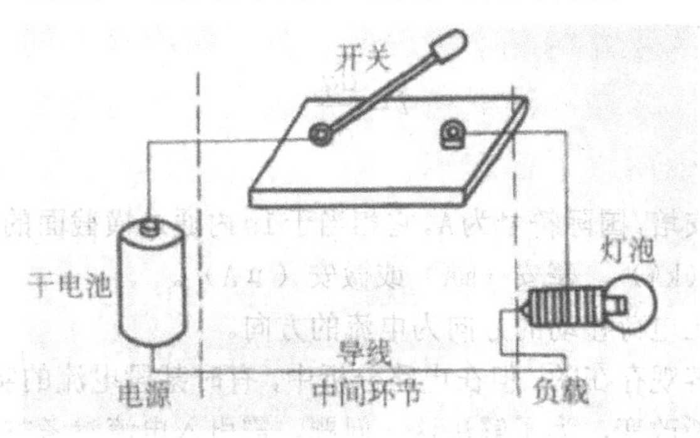

图 1-1　手电筒电路

电路中供给电能的设备和器件称为电源，它是将非电能转换为电能的装置。如发电机、干电池等。电路中使用电能的设备和元件称为负载，它是将电能转换成非电能的装置。

中间环节是把电源与负载连接起来的部分，起传递和控制电能的作用。

对于一个完整的电路来说，电源（或信号源）、负载和中间环节是3个基本组成部分，它们缺一不可。

构成的电路也称为实际电路的“电路模型”，在进行理论分析时所指的电路，就是这种电路模型。

（二）电路的作用

电路按其功能可分为两类：一类是电力电路，它主要起实现电能的传输和转换作用，因此，在传输和转换过程中，要求尽量减少能量损耗以提高效率。另一类是信号电路，其主要作用是传输和处理信号等（例如语言、音乐、图像、温度等）。在这种电路中，一般所关心的是信号传递的质量，如要求不失真、准确、灵敏、快速等。

二、电路的基本物理量

（一）电流

电流是一种物理现象，是带电粒子（电荷）的定向运动形成的。电流的大小用电流强弱来衡量。电流的大小是指单位时间内通过导体横截面的电荷量。

大小和方向均不随时间改变的电流叫作恒定电流，简称直流，用符号 I 表示。如果电流的大小和方向都随时间变化，则称为变动电流。其中一个周期内电流的平均值为零的变动电流则称为交变电流，如正弦波电流等，用符号 i 来表示。

对于直流电流，单位时间内通过导体横截面的电荷量是恒定不变的，其大小为：

$$I=\frac{Q}{t} \tag{1-1}$$

对于变动电流，在很短的时间间隔 $\mathrm{d}t$ 内，通过导体横截面的电荷量为 $\mathrm{d}q$，则该瞬间电流的大小为：

$$i=\frac{\mathrm{d}q}{\mathrm{d}t} \tag{1-2}$$

电流的单位是安培，国际符号为A。它相当于1s内通过横截面的电荷为1库仑(C)。有时也会用到千安（kA）、毫安（mA）或微安（μA）。

习惯上，规定正电荷移动的方向为电流的方向。

电流的方向是客观存在的，但在电路分析中，有时某段电流的实际方向难以判断，甚至实际方向在不断改变，为了解决这一问题，需引入电流参考方向的概念。

在一段电路中任意选定一个方向为电流的参考方向，在电路图中用实线箭头表示，有时也用双下标表示，如 i_{AB}，其参考方向是由 A 指向 B。当然选定的参考方向不一定就是电流的实际方向。当电流的参考方向与实际方向一致时，电流为正值（$I>0$）；当电流的参考方向与实际方向相反时，电流为负值（$I<0$）。这样，在选定的电流参考方向下，根据电流的正负，就可以确定电流的实际方向。

电流的参考方向是电路分析计算的一个重要概念。不规定参考方向而谈电流则是讨论一个不确定的事物。今后在分析电路时，首先要假定电流的参考方向，并以此为准去分析计算，最后从答案的正负来确定电流的实际方向。本书后面电路图上所标出的电流方向都是参考方向。

（二）电压与电位

在电磁学中已经知道：电荷在电场中会受到电场力的作用。当将电荷由电场中的一点移至另一点时，电场对电荷做功。处在电场中的电荷具有电位（势）能。恒定电场中的每一点有一定的电位，由此引入重要的物理量：电压与电位。

电场中某两点 A、B 间的电压（或称电压降）U_{AB} 等于将单位正电荷 q 由 A 点移至 B 点所做的功 W。它的定义式为：

$$U_{AB}=\frac{dW}{dq} \tag{1-3}$$

在国际单位制中电能的单位名称是焦（耳），符号是 J，电荷的单位名称是库（仑），符号是 C，电压的单位名称是伏（特），符号是 V。将 1C 的电荷由一点移至另一点，电场所做的功等于 1J，此两点间的电压便等于 IV。度量大电压有时用千伏(kV，103V)，度量小电压有时用毫伏（mV，10-3V）、微伏（μV，10-6V）等单位。

在电场中可取一点，称为参考点，记为 P，设此点的电位为零。电场中的一点 A 至参考点 P 的电压 U_{AP} 规定为 A 点的电位，记为 v_A，即：

$$v_A=U_{AP}$$

在电路中可以任选一点作为参考点，例如取“地”作为参考点。另外，不随参考点的不同而改变。用电位表示 A、B 两点间的电压，就有：

$$U_{BA}=v_B-v_A \tag{1-4}$$

又显然有：

$$U_{BA}=v_B-v_A=-U_{AB} \tag{1-5}$$

即两点间沿两个相反方向（从 A 至 B 与从 B 至 A）所得的电压符号相反。

（三）电动势

电路中，正电荷在电场力作用下，由高电位移动到低电位，形成了电流。要维持电流，还必须有非电场力（如化学力、电磁力等）把正电荷从低电位处经电源内部转移到高电位，这就是电源的作用。在电源内部，非电场力克服电场力做了功。电源的做功能力用电动势度量。

电源的电动势的数值等于将单位正电荷从负极经电源内部移到正极电源所做的功。电动势用 E 表示，它的单位与电压相同，也是伏特（V）。电动势的实际方向规定为由低电位端指向高电位端。

在电路中电压源两端 A 、B 间的电动势与其电压关系为：

$$E_{BA}=U_{AB} \tag{1-6}$$

即由 B 点至 A 点的电动势等于由 A 至 B 的电压降。

（四）电功率与电能

电气设备消耗电能并将电能转换为机械能、热能等其他能量，电能表示电气设备在一段时间内所转换的能量。对电源来说，其产生的电能是电源力做的功 W_s 即：

$$W_S=Eq \tag{1-7}$$

公式中：W_s —— 电源力做的功（J）；

q —— 电荷量（C）；

E —— 电源电动势（V）。

负载所消耗的电能，就是电流通过用电器所做的功 W_L 为：

$$W_L=Uq=UIt=Pt \tag{1-8}$$

公式中：P —— 负载功率（W）；

t —— 持续时间（S）。

实际中常用 kw·h（千瓦 × 小时）作为衡量电能的单位。即：

$$1\text{kW}\cdot\text{h}=3.6\times10^6\text{J} \tag{1-9}$$

电功率表示电气设备做功的能力，即电能量对时间的变化率。电功率又简称为功率，单位为 W 或 kW，对电源来说，单位时间 t 内产生的电能 W_s 即电源电功率 P_s，表示为：

$$P_s=\frac{W_s}{t}=\frac{Eq}{t}=EI \tag{1-10}$$

三、电路的工作状态

根据电源与负载之间连接方式及工作要求的不同，电路有开路（断路）、短路、通路等不同的状态。

（一）开路（断路）

当开关 S 打开，电源没有与外电路接通，如图 1-2 所示，此时，电源的输出电流为零，这就称为电路处于开路状态。开路时，可能是电源开关未闭合，也可能是某地方接触不良、导线断开或熔断器熔断所造成。前者称正常开路，后者属于事故开路。开路时相当于电源接入一个无穷大的负载电阻，故输出电流 $I=0$ ，输出功率 $P=0$ ，此时，电源为空载状态，其输出电压称为开路电压，它等于电源的电动势。

可见，开路时的特征可用下列各式表达：

$$\begin{cases} I=0 \\ U=E \\ P=0 \end{cases} \tag{1-11}$$

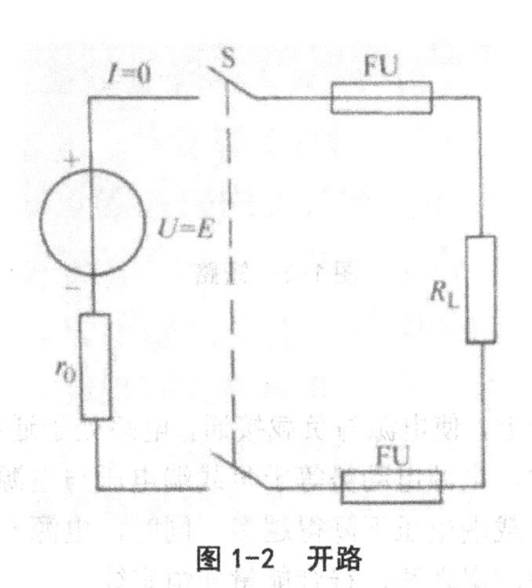

图 1-2　开路

（二）短路

当电源两端的两根导线由于某种事故而直接相连，如图 1-3 所示，这称为短路。由于短路处电阻为零，且电源内阻很小，故短路电流 I_S 极大；电能全部消耗在内阻上；对外端电压为零。

可见，短路时的特征可用下列各式表达：

$$\begin{cases} I = I_S = \dfrac{E}{r_0} \\ U = 0 \\ P_E = I_S^2 r_0 \\ P = 0 \end{cases} \tag{1-12}$$

公式中：P_E ——电源内阻消耗的功率（W）；

P ——电源供给负载的功率（W）。

电源短路是危险的，常见的保护措施是在电源后面安装熔断器，即图 1-3 中 FU。一旦发生短路，大电流立即将熔断器烧断，迅速切断故障电路，电气设备就得到保护。

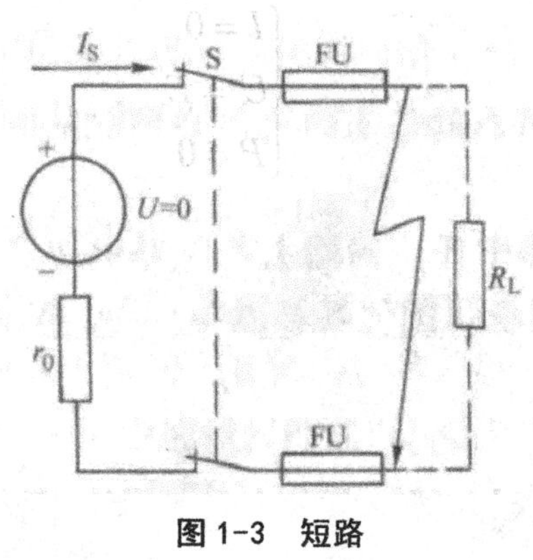

图 1-3　短路

（三）通路

将图 1-4 中的开关合上，使电源与负载接通，电路处于通路状态，电路中有电流，有能量转换。电路通路时，电源电动势等于负载端电压与电源内阻压降之和，由于内阻有压降，电流越大，负载端电压下降得越多。同时，电源产生的功率等于负载消耗的功率与电源内阻损耗的功率之和，符合能量守恒定律。

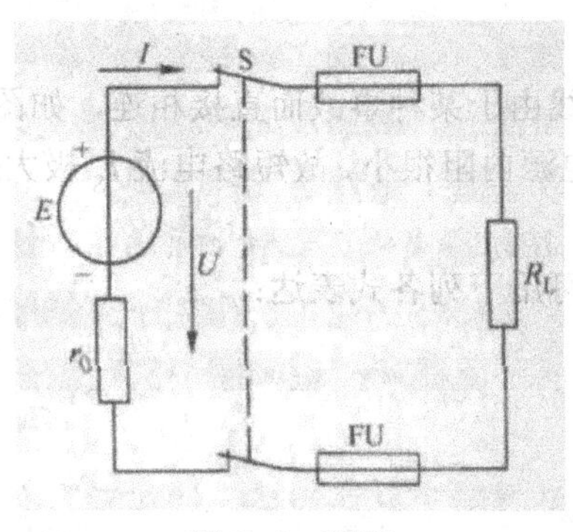

图 1-4　通路

第二节　电路的基本定律

一、欧姆定律

欧姆定律是表示电路中电压、电流和电阻这3个物理量之间关系的定律。它指出：导体中的电流 I 与加在导体两端的电压 U 成正比，与导体两端的电阻 R 成反比，它可以用下式表示为：

$$U = IR \tag{1-13}$$

公式中：R—— 该段电路的电阻（Ù）。

公式（1-13）是通过实验得出的，遵循欧姆定律的电阻称为线性电阻。国际单位制中，电阻的单位是欧姆（Ù），简称欧。它表示当电路两端的电压为1V，通过电流为1A时，该段电路的电阻为1 Ù。

二、基尔霍夫定律

基尔霍夫定律是电路的基本定律之一，包括第一、第二两个定律，分别称为基尔霍夫电流定律和基尔霍夫电压定律。

（一）基尔霍夫电流定律（KCL）

该定律又叫节点电流定律。它指出：电路中任一节点处，流入节点的电流之和等于流出节点的电流之和。所谓节点，就是三条或三条以上支路的会合点，用数学式表达为：

ÓI_1 = I_0　　（1-14）

如果规定流入节点的电流为正，流出节点的电流为负时，则基尔霍夫电流定律表达为：

$$\Sigma I = 0 \tag{1-15}$$

上式表明：电路的任一节点上，电流的代数和永远等于零。基尔霍夫电流定律反映了电流的连续性，它表明在任一节点上，电荷既不会产生和消失，也不会积聚。

该定律不仅适用于电路中的一个实际节点，而且可以推广到电路中所取的任意封闭面。即通过电路中任一假想闭合面的各支路电流的代数和恒等于零。该假想闭合面称为广义节点。

必须指出，基尔霍夫电流定律反映了电路中任一节点处各支路电流必须服从的约束关系，与各支路上是什么元件无关。

（二）基尔霍夫电压定律（KVL）

该定律是反映电路中任一回路上各支路电压之间的关系。它指出：任一瞬时，作用于电路中任一回路各支路电压的代数和恒等于零。所谓回路，就是由若干支路所组成的闭合路径。用数学式表达为：

$$\Sigma U = 0 \tag{1-16}$$

该定律用于电路的某一回路时，必须首先假定各支路电压的参考方向并指定回路的循环方向（顺时针或逆时针），当支路电压与回路方向一致时取“+”号，相反时取“-”号。

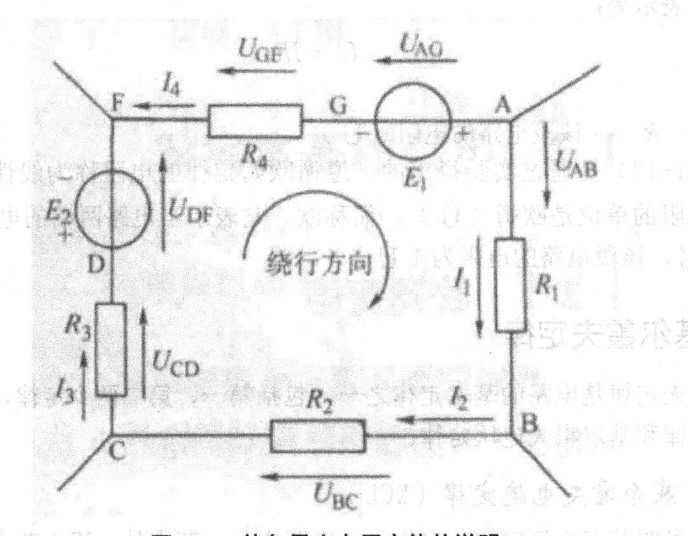

图 1-5 基尔霍夫电压定律的说明

图 1-5 是某电路的一部分，考察其中的一个回路。在如图所示的各支路电压的参考方向和回路循环方向下，则有：

$$U_{AB} + U_{BC} + U_{CD} + U_{DF} - U_{GF} - U_{AG} = 0 \tag{1-17}$$

或

$$U_{AB} + U_{BC} + U_{CD} + U_{DF} = U_{GF} + U_{AG} \tag{1-18}$$

上式表明，基尔霍夫电压定律实质是能量守恒的体现。对于电阻电路，把电阻上的电压、电流关系代入，得到基尔霍夫电压定律的另一种表达式。

在图 1-5 中 $U_{AB} = I_1R_1$， $U_{BC} = I_2R_2$， $U_{CD} = I_3R_3$， $U_{GF} = I_4R_4$， $U_{DF} = E_2$，

$U_{AG}=E_1$，代入式

$$I_1R_1+I_2R_2+I_3R_3-I_4R_4=-E_2+E_1$$

通式为：

$$\sum IR=\sum E \tag{1-19}$$

公式（1-19）指出：在任意一个闭合回路中，各段电阻上的电压降代数和等于各电源电动势的代数和。列写此方程时，把回路中所有电源电动势写在等号一边，而把所有电阻上的电压降写在等号的另一边。至于电动势和电阻上的电压降的正负号，由回路的绕行方向来确定。当电动势的参考方向与回路的绕行方向一致时，取正；反之，取负。

基尔霍夫电压定律不仅可以应用于闭合回路，还可以推广到任一不闭合的电路上，但要将开口处的电压列入方程。现在以图 1-6 为例，根据$\sum U=0$得：

$$U+IR-E=0$$

在$\sum U=0$时，电源两端用电压来代替电动势，电压的大小等于电动势E，方向由正极指向负极。

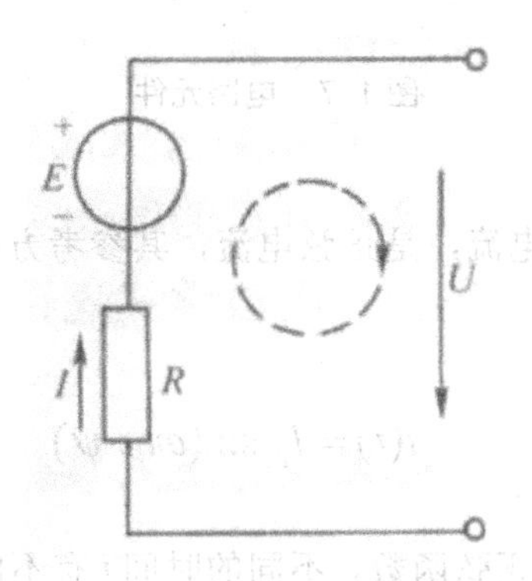

图 1-6　基尔霍夫电压定律的推广

同样，基尔霍夫电压定律反映了电路中任一回路上各支路电压必须服从的约束关系，而与构成回路的各支路上是什么元件无关。

第三节　单相交流电路

正弦电压与正弦电流在电工技术中应用非常广泛，在电力工程中几乎所有的电压与电流均随时间按正弦规律变化。通信工程上使用的非正弦周期函数，都可以分解为一个频率成整数倍的正弦函数的无穷级数。因此了解正弦交流电路的分析方法具有十分重要的意义。

一、正弦交流电的概念

（一）正弦电流及其三要素

随时间按正弦规律变化的电流称为正弦电流，同样也有正弦电压、正弦电动势、正弦磁通等。这些按正弦规律变化的物理量统称为正弦量。

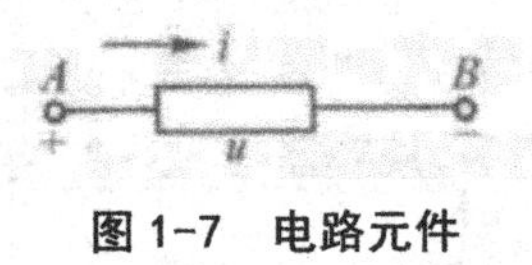

图 1-7　电路元件

设图 1-7 中通过元件的电流，是正弦电流，其参考方向如图所示。正弦电流的一般表达式为：

$$i(t)=I_{\mathrm{m}}\sin(\omega t+\psi) \tag{1-20}$$

它表示电流 i 是时间 t 的正弦函数，不同的时间 i 有不同的量值，称为 i 的瞬时值，用小写字母表示。电流值有正有负，当电流值为正时，表示电流的实际方向和参考方向一致；当电流值为负时，表示电流的实际方向和参考方向相反。符号的正负只有在规定了参考方向时才有意义，这与直流电路是相同的。

在式（1-20）中，I_{m} 为正弦电流的最大值（幅值），即正弦量的振幅，用大写字母加下标 m 表示，例如 I_{m}、U_{m}、E_{m} 等，它反映了正弦量变化的幅度。（$\omega t+\psi$）随时间作直线变化，称为正弦量的相位，它描述了正弦量变化的进程或状态。ψ 为 $t=0$ 时刻的相位，称为初相位（初相角），简称初相。习惯上取 $|\psi|„180^{\circ}$。

正弦电流每重复变化一次所经历的时间间隔称为它的周期，用 T 表示，周期的单位为秒（s）。正弦电流每经过一个周期 T，对应的角度就会变化 2π 弧度，所以：

$$\omega T = 2\pi$$

$$\omega = \frac{2\pi}{T} = 2\pi f \tag{1-21}$$

公式中：ω —— 角频率（rad/s）；

$f = \frac{1}{T}$ —— 频率（1/s 或 Hz）。

角频率表示正弦量在单位时间内变化的角度，反映正弦量变化的快慢。频率则表示单位时间内正弦量变化的循环次数。我国电力系统用的交流电的频率（工频）为50Hz，国外有用60Hz的。

最大值、角频率和初相位称为正弦量的三要素。知道了这3个要素就可确定一个正弦量。

正弦量的初相位Ψ的大小与所选的计时时间起点有关。计时起点不同，初相位就不同。当研究一个正弦量时，常选用$\psi = 0$，此时：

$$i(t) = I_{\mathrm{m}} \sin \omega t \tag{1-22}$$

称为参考正弦量。

（二）相位差

在正弦交流电路分析中，经常要比较两个同频率正弦量之间的相位。设任意两个同频率的正弦电流为：

$$i_1(t) = I_{\mathrm{m1}} \sin\left(\omega t + \psi_1\right)$$
$$i_2(t) = I_{\mathrm{m2}} \sin\left(\omega t + \psi_2\right)$$

其相位差为：

$$\varphi_{12} = \left(\omega t + \psi_1\right) - \left(\omega t + \psi_2\right) = \psi_1 - \psi_2 \tag{1-23}$$

相位差等于它们初相位之差，是与时间无关的常量，习惯取$|\varphi_{12}|$„ 180°。若两个同频率正弦电流的相位差为零，即$\varphi_{12} = 0$，则称这两个正弦量为同相位。

（三）有效值

正弦电流是随时间变化的，要完整地描述它们需要用它的表达式或波形图。在电工技术中，往往并不要求知道每一瞬时的大小，这时可用有效值表示大小。其定义如下：周期电流i流过电阻R在一个周期所产生的能量与直流电流I流过电阻R在时间T内所产生的能量相等，则此直流电流的域值为此周期性电流的有效值。其表达式为：

$$I=\sqrt{\frac{1}{T}\int_0^T i^2\mathrm{d}t} \tag{1-24}$$

公式（1-24）表明，周期电流的有效值是瞬时值的平方在一个周期内的平均值再开平方，所以有效值又称为方均根值。对正弦电流则有：

$$I=\sqrt{\frac{1}{T}\int_0^T i^2\mathrm{d}t}=\sqrt{\frac{1}{T}\int_0^T I_{\mathrm{m}}^2\sin^2(\omega t+\psi)\mathrm{d}t}$$

$$=\frac{I_{\mathrm{m}}}{\sqrt{2}}\approx 0.707I_{\mathrm{m}} \tag{1-25}$$

同理可得：

$$U=\frac{U_{\mathrm{m}}}{\sqrt{2}}\quad E=\frac{E_{\mathrm{m}}}{\sqrt{2}}$$

在工程上凡谈到周期性电流或电压、电动势等量值时，若无特殊说明总是指有效值，一般电气设备铭牌上所标明的额定电压和电流值也是指有效值，如灯泡上注明电压 220V 字样则指额定电压的有效值为 220V。但是电气设备的绝缘水平——耐压，则是按最大值考虑。大多数交流电压表和电流表都是测量有效值。

二、正弦交流电路的计算方法

一个正弦量用三角函数式或正弦曲线表示时其运算是很烦琐的，有必要研究如何简化。由于在正弦交流电路中，所有的电压、电流都是同频率的正弦量，所以要确定这些正弦量，只要确定它们的有效值和初相就可以了。相量法就是用复数来表示正弦量，使正弦交流电路的稳态分析与计算转化为复数运算的一种方法。

（一）复数及其表示形式

设 A 是一个复数，并设 a 和 b 分别为它的实部和虚部，则有：

$$A=a+jb\quad\left(j^2=-1\right) \tag{1-26}$$

电工中选用 j 表示虚单位以避免与电流 i 混淆。上式为复数的代数形式。

复数可以用复平面上所对应的点表示。作一直角坐标系，以横轴为实轴，此直角坐标所确定的平面称为复平面。复数 A 可以用复平面上坐标为 (a,b) 的点来表示，如图 1-8 所示。复数 A 还可以用原点指向点 (a,b) 的矢量来表示，如图 1-9 所示。该矢量的长度称复数 A 的模，记作 $|A|$。

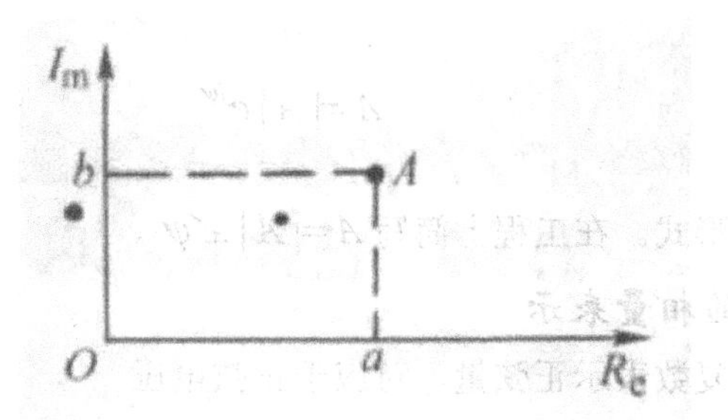

图 1-8 复数在复平面上的表示

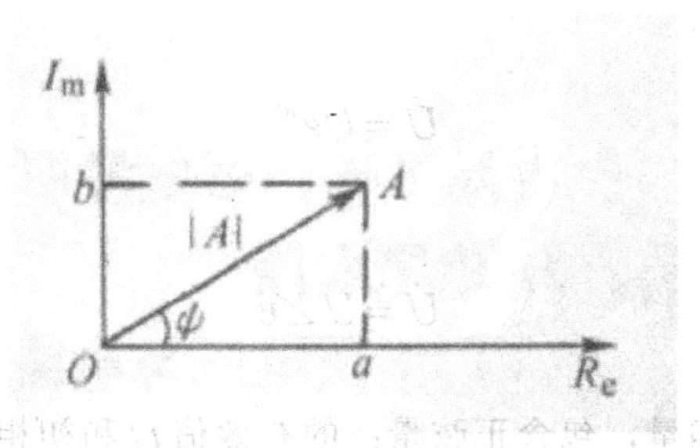

图 1-9 复数的矢量表示

$$|A|=\sqrt{a^2+b^2} \tag{1-27}$$

复数 A 的矢量与实轴正向间的夹角 ψ 称为 A 的辐角，记作：

$$\psi=\arctan\frac{b}{a} \tag{1-27}$$

从图 1-9 中可得如下关系：

$$\begin{cases} a=|A|\cos\psi \\ b=|A|\sin\psi \end{cases} \tag{1-28}$$

复数

$$A=a+\mathrm{j}b=|A|(\cos\psi+\mathrm{j}\sin\psi) \tag{1-29}$$

称为复数的三角形式。

再利用欧拉公式

$$e^{j\psi}=\cos\psi+j\sin\psi \tag{1-30}$$

又得：

$$A=|A|e^{j\psi} \tag{1-31}$$

称为复数的指数形式。在工程上简写 $A=|A|\angle\psi$ 。

（二）正弦量的相量表示

下面说明如何用复数表示正弦量。对应于正弦电压

$$u=U_m\sin(\omega t+\psi)$$

可以写作：

$$\dot{U}=Ue^{j\psi} \tag{1-32}$$

简写为：

$$\dot{U}=U\angle\psi \tag{1-33}$$

$\dot{U}$ 称为正弦量的相量，包含正弦量：的有效值 U 和初相角 ψ ，复数上面的小圆点表示相量。

复数 $e^{j\psi}=1/\psi$ 是一个模等于 1，而辐角等于 ψ 的复数。任意复数 $A=|A|e^{j\psi_1}$ 乘以 $e^{j\psi}$ 等于：

$$|A|e^{i\psi_1}\times e^{j\psi}=|A|e^{j(\psi_2+\psi)}=|A|\angle\psi_1+\psi$$

即复数的模不变，辐角变化了 ψ 角，此时复数矢量按逆时针方向旋转了 ψ 角。所以 $e^{j\psi}$ 称为旋转因子。使用最多的旋转因子是 $e^{j90^\circ}=j$ 和 $e^{j(-90^\circ)}=-j$ 。任何一个复数乘以。相当于将该复数矢量按逆时针旋转 90°；而乘以 $-j$ （或除以 j ）则相当于将该复数相量按顺时针旋转 90°；-1 也是旋转因子，任何复数乘以 -1，相当于将复数相量旋转 180°。

用相量表示正弦量时，必须把正弦量和相量加以区分。正弦量是时间的函数，而相量只包含正弦量的有效值和初相位，它只能代表正弦量，而并不等于正弦量。正弦量和相量之间存在一一对应关系。给定了正弦量，可以得出表示它的相量；反之，由一已知的相量，可以写出代表它的正弦量。

相量和复数一样，可以在复平面上用相量表示，这种表示相量的图，称为相量图。如图 1-10 所示。为了清楚起见，图上省去了虚轴 $+j$ ，有时实轴也可以省去。

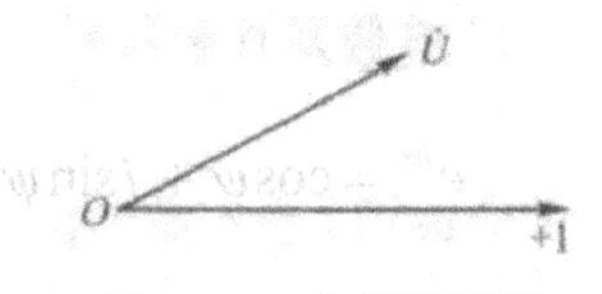

图 1-10　电压相量图

第二章 电力系统的正常运行与控制

第一节 电力系统的无功平衡和电压调整控制

电力系统中的有功功率电源是集中在各类发电厂中的发电机，而无功功率电源除发电机外，还有调相机、电容器和静止补偿器等，它们被分散安装在各个变电所。一旦无功功率电源设置好，就可以随时使用，而无须像有功功率电源那样消耗能源。由于电网中的线路以及变压器等设备均以感性元件为主，因此系统中无功功率损耗远大于有功功率损耗。电力系统正常稳定运行时，全系统频率相同。频率调整集中在发电厂，调频控制手段只有调整原动机功率一种。而电压水平在全系统各点不同，并且电压控制可分散进行，调节控制电压的手段也多种多样。所以，电力系统的电压控制和无功功率调整与频率及有功功率调节有很大不同。

一、无功功率平衡与系统电压的关系

（一）电力系统中的无功功率负荷

电力系统中的无功功率主要消耗在异步电动机、变压器和输电线路这 3 类电气元件中，分述如下。

1. 异步电动机

异步电动机在电力系统负荷中所占比重最大，也是无功功率的主要消耗者。当异步电动机满载时，其功率因数可达 0.8，但是当轻载时，功率因数却很低，可能只有 0.2 ～ 0.3，这时消耗的无功功率在数值上比有功功率多。

异步电动机消耗的无功功率与所受端电压的关系，如图 2-1 所示。

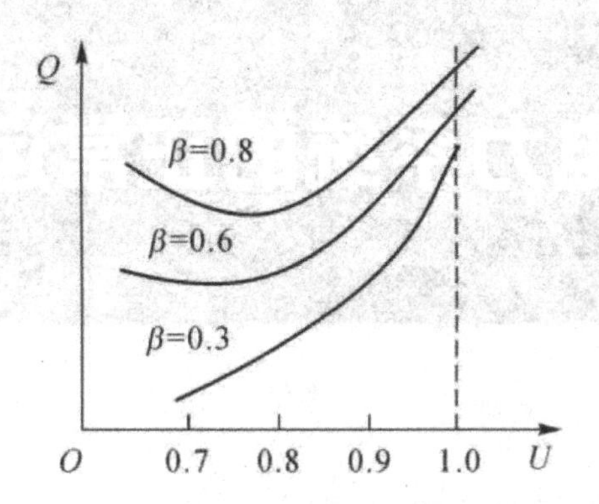

图 2-1　异步电动机的无功功率与端电压的关系曲线

图 2-1 中 β 是电动机的受载系数，即实际拖带的机械负荷与其额定负荷之比。由图可见，在额定电压附近，异步电动机所消耗的无功功率随端电压上升而增加，随端电压下降而减少，但是当端电压下降到 70% ～ 80% 额定电压时，异步电动机所消耗的无功功率反而增加。这一特性对电力系统运行的稳定性有重要影响。

2. 变压器

变压器损耗的无功功率数值也相当可观。假如一台空载电流为 2.5%，短路电压为 10.5% 的变压器在额定满载下运行时，其无功功率的消耗可达到额定容量的 13% 左右。如果从电源到用户要经过 4 级变压，则这些变压器中总的无功功率消耗会达到通过的视在功率的 50% ～ 60%，而当变压器不满载运行时，所占的比例就更大。

3. 输电线路

电力线路上的无功功率损耗可正可负。因为除了线路电抗要消耗无功功率之外，线路对地电容还能发出无功功率。当线路较短，电压较低时，线路电容及其发出的无功功率很小，所以线路是消耗无功功率的。当线路长、电压高时，线路对地电容及其发出的无功功率将会很大，甚至超过了线路电抗所吸收的无功功率，这时线路就发出无功功率了。

一般来说，35kV 及以下电压的架空线路都是消耗无功功率的。110kV 及以上电压的架空线路在传输功率较大时，还会消耗无功功率；当传输的功率较小时，则可能成为向外供应无功功率的无功电源。

（二）电力系统中的无功功率电源

电力系统中的无功功率电源向系统发出滞后的无功功率，一般有以下几类无功电源：一是同步发电机和过激运行的同步电动机；二是无功补偿设备，包括同步调相机、并联电容器、静止无功补偿装置等；三是 110kV 及以上电压输电线路的充电功率。

1. 同步发电机

同步发电机既是电力系统中唯一的有功功率电源，同时也是最基本的无功功率电源。它所提供给电力系统的无功功率与同时输出的有功功率有一定的关系，由同步发电机的$P-Q$曲线（又称为发电机的安全运行极限）决定，如图 2-2 所示。

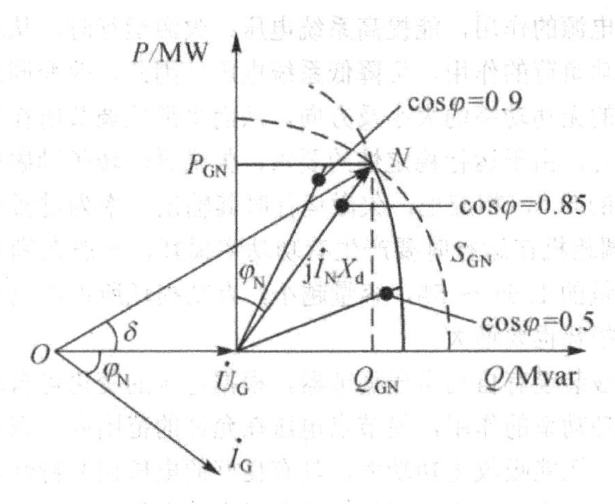

图 2-2　同步发电机的$P-Q$曲线

同步发电机只有运行在额定状态（额定电压、电流和功率因数）下的N点，视在功率才能达到额定值S_{GN}，发电机容量才能得到最充分的利用。同步发电机低于额定功率因数运行时，发电机的输出视在功率受制于励磁电流不超过额定值的条件，从而将低于额定视在功率S_{GN}。同步发电机高于额定功率因数运行时，励磁电流的大小不再是限制的条件，而原动机的输出功率又成了它的限制条件。因此，同步发电机允许的有功功率输出和允许的无功功率输出的关系曲线大致沿图 2-2 中的实线连线变化。

同步发电机发出的无功功率为：

$$Q_{GN} = S_{GN}\sin\varphi_N = P_{GN}\tan\varphi_N \tag{2-1}$$

公式中：S_{GN} —— 发电机的额定容量，MVA；

P_{GN} —— 发电机的额定有功功率，MW；

Q_{GN} —— 发电机的额定无功功率，Mvar。

根据我国的行业标准，同步发电机的额定功率因数为 0.8（滞后），这就意味着当同步发电机运行于额定工况时，所发的无功功率为有功功率的 3/4，例如一台 10 万 kW 的发电机，当有功出力为 10 万 kW，其无功出力即为 7.5 万 kvar。大型发电机受制造上的制约，额定功率因数随容量的增大而增高，因而额定无功功率相对下降。

同步发电机以超前功率因数运行时，定子电流和励磁电流大小都不再是限制条件，而此时并联运行的稳定性或定子端部铁芯等的发热成了限制条件。由图 2-2 可知，当电力系统中有一定备用有功电源时，可以将离负荷中心近的发电机低于额定功率因数运行，适当降低有功功率输出而多发一些无功功率，这样有利于提高电力系统电压水平。当发电机有功出力降为零而励磁电流保持额定时，发电机可有最大的无功出力。

2. 同步调相机

同步调相机（SC）是专门用来产生无功功率的同步电机，可视为不带有功负荷的同步发电机或不带机械负荷的同步电动机。当过激运行时，它向电力系统提供感性无功功率而起无功电源的作用，能提高系统电压；欠激运行时，从电力系统中吸收感性无功功率而起无功负荷的作用，可降低系统电压。因此，改变同步调相机的励磁，可以平滑地改变它的无功功率的大小及方向，从而平滑地调节所在地区的电压。但是在欠激状态下运行时，由于运行稳定性的要求，欠励磁时转子励磁电流不得小于过励磁时最大励磁电流的 50%，相应地，欠激运行时其输出功率为过激运行时输出功率的 50% ～ 65%。同步调相机在运行时要产生有功功率损耗，一般在满负荷运行时，有功功率损耗为额定容量的 1.5% ～ 5%，容量越小，有功损耗所占的比重越大。在轻负荷运行时，有功功率损耗也要增大。

同步调相机一般装设有自动电压调节器，根据电压的变化可自动调节励磁电流，以达到改变输出无功功率的作用，使节点电压在允许的范围内。调相机的优点是，不仅能输出无功功率，还能吸收无功功率，具有良好的电压调节特性，对提高系统运行性能和稳定性有一定的作用。同步调相机适宜于大容量集中使用，安装于枢纽变电站中，以便平滑地调节电压和提高系统稳定性，一般不安装容量小于 5MVA 的调相机。

自 20 世纪 20 年代以来的几十年中，同步调相机在电力系统无功功率控制中一度发挥着主要作用。然而，由于它是旋转电机，因此损耗和噪声较大，运行维护复杂，而且响应速度慢，在很多情况下已无法适应快速无功功率控制的需要。所以自 20 世纪 70 年代以来，同步调相机开始逐渐被静止无功补偿装置（static var compensator，SVC）所取代，目前有些国家甚至已不再使用同步调相机。

3. 静电电容器

静电电容器可以按三角形接法或星形接法成组地连接到变电站的母线上，其从电力系统中吸收容性的无功功率，也就是说可以向电力系统提供感性的无功功率，因此可视为无功功率电源。由于单台容量有限，它可根据实际需要由许多电容器连接组成。因此，容量可大可小，既可集中使用，又可分散使用，并且可以分相补偿，随时投入、切除部分或全部电容器组，运行灵活。电容器的有功功率损耗较小（占额定容量的 0.3% ～ 0.5%），其单位容量的投资费用也较小。

静电电容器输出的无功功率 Q_C 与其端电压的平方成正比，即：

$$Q_C = \frac{U^2}{X_C} = U^2 \omega C \tag{2-2}$$

公式中：X_C —— 电容器的容抗；

ω —— 交流电的角频率；

C —— 电容器的电容量。

由式（2-2）可知，当电容器安装处节点电压下降时，其所提供给电力系统的无功功率也将减少，而此时正是电力系统需要无功功率电源的时候，这是其不足之处。

由于静电电容器价格便宜，安装简单，维护方便，因而在实际中仍被广泛使用。目前电力部门规定各用户功率因数不得低于0.95，所以一般均采取就地装设并联电容器的办法来改善功率因数。

4. 高压输电线路的充电功率

高压输电线的充电功率可以由式（2-3）求出：

$$Q_L = U^2 B_L \tag{2-3}$$

公式中：B_L —— 输电线路的对地总的电纳；

U —— 输电线路的实际运行电压。

高压输电线路，特别是分裂导线，其充电功率相当可观，是电力系统所固有的无功功率电源。

（三）无功功率与电压的关系

在电力系统中，大多数网络元件的阻抗是电感性的，不仅大量的网络元件和负荷需要消耗一定的无功功率，同时电网中各种输电设备也会引起无功功率损耗。因此，电源所发出的无功功率必须满足它们的需要，这就是系统中无功功率的平衡问题。对于运行中的所有设备，系统无功功率电源所发出的无功功率与无功功率负荷及无功功率损耗相平衡，即：

$$Q_G = Q_D + Q_L \tag{2-4}$$

公式中：Q_G —— 电源供应的无功功率；

Q_D —— 负荷所消耗的无功功率；

Q_L —— 电力系统总的无功功率损耗。

并且，Q_G 可以分解为：

$$Q_G = \sum Q_{Gi} + \sum Q_{C1} + \sum Q_{C2} + \sum Q_{C3} \tag{2-5}$$

公式中：$Q_{Gi}(i=1,2,\cdots,m)$ 为发电机供应的无功功率综合，m 为发电机组数量；Q_{C1}、Q_{c2}、Q_{C3} 分别为调相机、并联电容器、静止补偿器所供应的无功功率。

负荷所消耗的无功功率 Q_D 可以按负荷的功率因数来计算。Q_L 可以表示为：

$$Q_L = \ddot{A}Q_T + \ Q_X - \ Q_B \tag{2-6}$$

公式中：$\ddot{A}Q_T$、$\ddot{A}Q_x$、$\ddot{A}Q_B$ 分别为变压器、线路电抗、线路电纳中的无功功率损耗。

电力系统无功功率平衡与电压水平有着密切的关系，如图 2-3 所示。

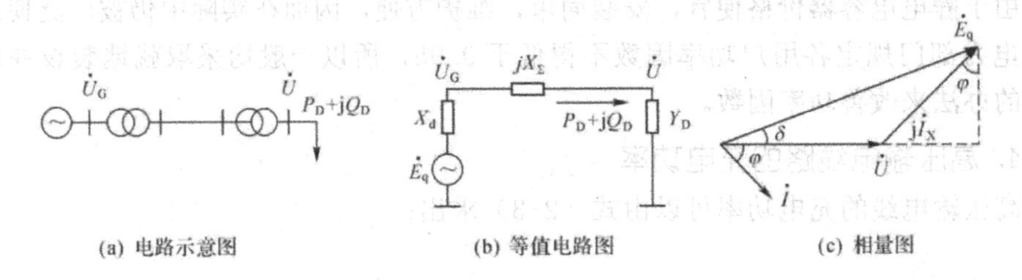

图 2-3　电力系统接线图

设电源电压为$\dot{U}_G$，负荷端的电压为$\dot{U}$，负荷以等值导纳$Y_D=G_D+jB_D$（B_D为感性负荷）来表示，用$X_{\hat{O}}$表示线路、变压器以及发电机等值电抗总和，$\dot{E}_q$表示发电机电势。由图 2-3 可知，负荷处的电压U大小取决于发电机电源电压U_G的大小及电网总的电压损耗ÄU两个量。U_G的大小可以通过改变发电机的励磁电流，即改变发电机送出的无功功率来控制，但是受设备容量限制。ÄU可以分解成电阻电压损耗分量和电抗电压损耗分量：

$$ÄU=\frac{P_DR+Q_DX}{U_N} \tag{2-7}$$

如果在起始的正常运行状态下电力系统已达到无功功率平衡，满足式（2-7），保持在额定电压U_N水平上。现由于某种原因使负荷无功功率Q_D增加，则ÄU随之增加，此时如果增加发电机的励磁电流，使U_G增加，其所增加量ÄU_G正好补足电网总的电压损耗ÄU，则将使U维持在原有的电压U_N水平上。这样，由于系统的无功功率负荷增加，使发电机的无功功率输出增加，它们会在新的状态下达到平衡：$Q_G'=Q_D'+Q_L'$。此时的电压水平仍可以维持在原有的额定电压U_N下。

如果发电机输出电压增量ÄU_G大于ÄU的增量，将会使U升高并且超过U_N，负荷在$U_H>U_N$下运行，电力系统所需要的无功功率也在增加，此时整个电力系统在新的电压水平下达到新的无功功率平衡：$Q_{GH}=Q_{DH}+Q_{LH}$。反之，如果因为发电机励磁的限制，U_G不能增加足够的量以补偿ÄU的增加，则负荷端电压将下降，低于U_N，此时负荷在低电压U_L水平下运行，系统所需的无功功率将减小，因此整个电力系统又会在新的电压水平下达到新的无功功率平衡：$Q_{GL}=Q_{DL}+Q_{LL}$。

总之，电力系统的运行电压水平取决于无功功率的平衡；无功功率总是要保持平衡状态，否则电压就会偏离额定值。当电力系统无功功率电源充足，可调节容量大时，电力系统可在较高电压水平上保持平衡；当电力系统无功功率电源不足，可调容量小甚至没有时，电力系统只能在较低电压水平上保证平衡。

（四）无功功率平衡与系统电压稳定性

在电力系统中，人们把因扰动、负荷增大或系统变更后造成大面积、大幅度电压持续下降，并且运行人员和自动控制系统的控制无法终止这种电压衰落的情况称为电压崩溃。这种电压的衰落可能只需几秒，也可能长达 10 ～ 20mm，甚至更长，电压崩溃是电压失稳最明显的特征，它会导致系统瓦解。

在无功功率严重不足、统电压水平较低的系统中，很可能出现电压崩溃事故。简言之，这是由于系统无功不足和电压下降互相影响、激化，形成恶性循环所造成的。下面用图 2-4 予以说明。

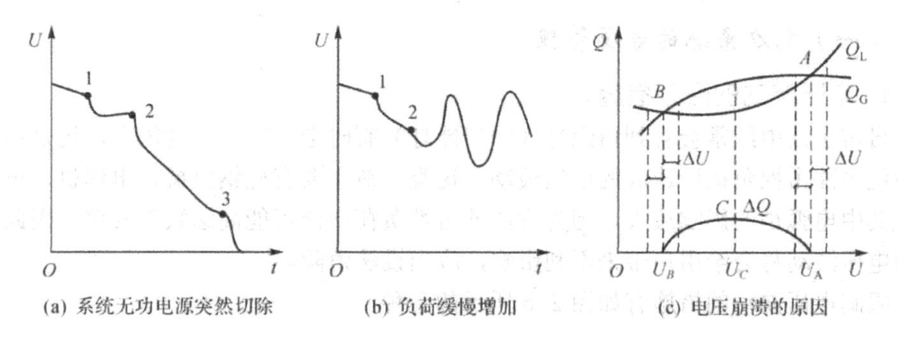

图 2-4　电压崩溃的现象和原因

图 2-4（a）中的曲线表示由于系统无功电源突然被切除（点 1 时刻）而引起电压崩溃（从点 2 时刻开始）的情形，在点 3 时刻系统已经瓦解。

图 2-4（b）中的曲线表示负荷缓慢增加引起电压崩溃的情形，在点 1 时刻开始发生崩溃，在点 2 时刻已经引起系统异步振落。

图 2-4（c）中的曲线 Q_L 是系统中重要枢纽变电所高压母线所供出的综合负荷的无功 - 电压静态特性曲线，曲线 Q_G 是向该母线供电的系统等值发电机的无功 - 电压静特性曲线；这两条曲线相交于 A、B 两点，这两点看起来都是无功功率平衡点，但在电压波动时，情形却大不相同。

系统运行于 A 点时，当电压升高微小的 ÄU 时，综合负荷吸取的无功功率就大于等效发电机供出的无功功率，于是该母线（它是系统中的电压中枢点）处出现无功功率缺额，这促使发电机向中枢点传送更多的无功，进而在传输网络上产生更大的电压降，导致中枢点电压下降并恢复到原来的 U_A。当中枢点电压降低微小的 ÄU 时，情况则相反，但同样会使电压上升到原来的 U_A，因此 A 点是稳定的，具有抗电压波动的能力。

系统运行于 B 点的情况则不同了，当系统扰动使电压升高微小的 ÄU 时，无功供大于求，促使中枢点电压升得更高。如此循环下去，电压要一直升到 U_A 才能稳定，即运行点滑到了 A 点。当系统扰动使电压下降微小的 ÄU 时，无功供少于求，导致中枢点电压进一步下降，更加剧了无功的不足，这样就形成了恶性循环，最终导致电压急剧下降，即发生“电压崩溃”。

从上面的分析可知，B 点是不能稳定运行的。实际上，运行于 A 点的电力系统若因扰动使电压下降到 U_C 以下就很危险，很可能发生电压崩溃。U_C 是中枢点母线电压的最低允许值，称为临界电压，它是系统电压稳定极限。在图 2-4 中，C 点位于 $ÄQ=Q_G-Q_L$ 曲线的最高点。

当系统发生电压崩溃时，大批电动机减速乃至停转，大量甩负荷，各发电机有功出力也变化很大，可能引起系统失去同步运行，使系统瓦解。

二、电压管理及电压控制措施

（一）电力系统的电压管理

1. 电压波动的限制措施

日常生活中经常会看到白炽灯（非节能灯）有时会一明一暗地闪动，这是由于电力系统中冲击性负荷所造成的电压波动。这类负荷主要有轧钢机械、电焊机、电弧炉等。其中电弧炉的影响最大，因为它的冲击性负荷电流可能高达数万安培。因此而带来的电压波动将会给用户带来不利影响，应当设法消除。

限制电压波动的措施有如图 2-5 所示的几种。

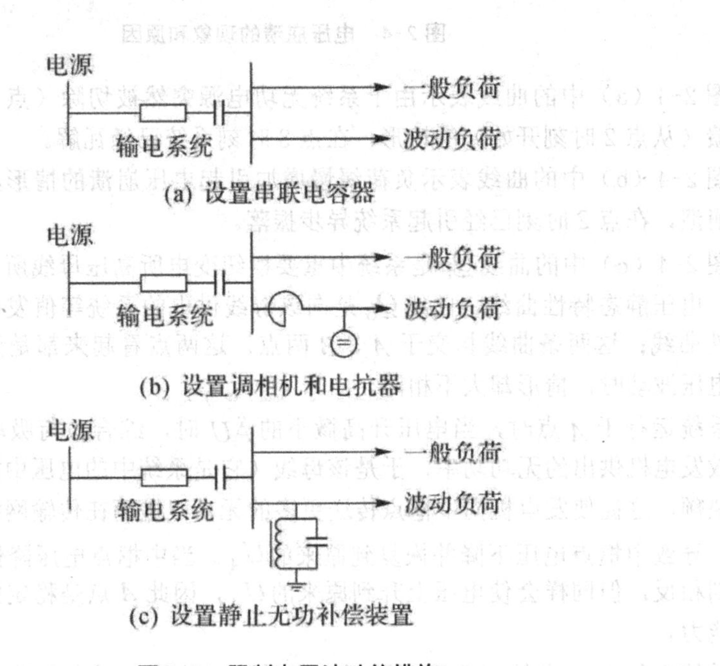

图 2-5 限制电压波动的措施

在图 2-5 中，负荷母线的电压等于电源电压减去输电系统（其中可能包括多级变压）中的电压损耗 $ÄU$ 。一般电源电压可能维持恒定，在负荷稳定时，$ÄU$ 无大变化，因此负荷母线电压也比较平稳。

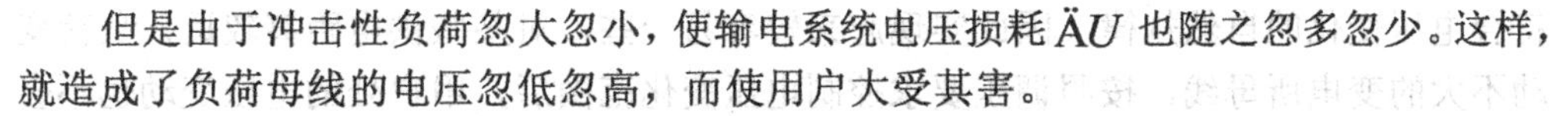

但是由于冲击性负荷忽大忽小，使输电系统电压损耗ÄU也随之忽多忽少。这样，就造成了负荷母线的电压忽低忽高，而使用户大受其害。

图2-5（a）所示的措施是在输电线路上串入电容，使输电系统总的电抗X下降，由于Ä$U=\dfrac{PR+QX}{U}$，所以X的下降会使ÄU减少，负荷母线的电压波动幅度也会相应减少。

图2-5（b）的方法是就地装设调相机以供给负荷所需的无功功率，使通过输电系统送过来的无功功率Q减少，同样能使ÄU以及负荷母线电压波动幅度减小。

效果最好的措施如图2-5（c）所示，即在负荷母线处装设静止无功补偿装置（如TCR）。在静止无功补偿装置的有效范围内，其端电压U可基本保持恒定，几乎消除了冲击负荷所引起的电压波动，使接于负荷母线上的用户大受其益。

2. 中枢点的电压管理

为保证电能质量，各负荷点的电压应当保持在允许的电压偏移范围之内，在整个电力系统中，负荷点数量极多且分布极广，要想对每个负荷点的电压都进行控制和调节肯定是办不到的，而只能监视和控制某些“中枢点”的电压水平。称为中枢点的节点有：区域性水、火电厂的高压母线，枢纽变电所的二次母线，有大量地方负荷供出的发电机电压母线。中枢点设置数量不少于全网220kV及以上电压等级变电所总数的7%。

即使对这些有限数目的电压中枢点，也难以使其电压在负荷的不断变化中保持恒定，而只能控制这些中枢点电压的变化不超过一个合理的用户可以接受的范围。对中枢点的电压控制可以分为3种方式。

（1）逆调压

在高峰负荷时升高中枢点电压（例如将电压调为1.05 U_N，而在低谷负荷时调低中枢点电压（例如将电压调为U_N），这种做法称为逆调压。当高峰负荷时，由于中枢点到各种负荷点的线路电压损耗大，中枢点电压的升高就可以抵偿线路的较大压降，从而使负荷点电压不致过低；当低谷负荷时，由于中枢点到负荷点的线路电压损耗减少，将中枢点适当降低，就不至于使负荷点电压过高。这样，在其他部分时间里，负荷点的电压都会符合用户需要。供电线路较长、负荷变动较大的中枢点往往要采用这种调压方法。一般而言，采用逆调压方式，在最大负荷时可保持中枢点电压比线路额定电压高5%，在最小负荷时保持为线路额定电压。

但是，发电厂到中枢点之间也有线路电压损耗，若发电机电压一定，则大负荷时中枢点电压自然会低一些。而在小负荷时，中枢点电压自然会高一点，这种自然的变化规律正好与逆调压的要求相反。所以从调压的角度看，逆调压的要求是比较高和比较难实现的。

（2）顺调压

在高峰负荷时，允许中枢点电压低一点，但不低于1.025 U_N，在低谷负荷时，允许中枢点电压高一点，但不超过1.075 U_N，这种调压的方式称为顺调压。顺调压符合电压变化的自然规律，因此实现起来较容易一些，对某些供电距离较近，负荷变动不大的变电所母线，按照调压要求控制电压变化范围后，用户处的电压变动也不会很大。

（3）恒调压

介于上述两种调压方式之间的调压方式是恒调压（常调压），即在任何负荷时，中枢点电压始终保持为一基本不变的数值，一般为（1.02 ~ 1.05）U_N。

以上所述均是系统正常时的调压要求。当系统发生事故时，可允许对电压质量的要求适当降低。通常允许事故时的电压偏移较正常情况下再增大 5%。

这些只是对中枢点电压控制的原则性要求，在规划设计阶段因为没有负荷的实际资料，只好如此。当一个中枢点通过几条线路给若干个完全确定的负荷供电时，就可以进行详细的电压计算。计算时只要选择如下两个极端情况即可：

①在地区负荷最大时，应选择允许电压变化范围的下限为最低的负荷点进行电压计算，此最低允许电压加上线路损耗电压，就是中枢点的最低电压。

②在地区负荷最小时，应选择允许电压变化范围的上限为最高的负荷点进行电压计算，此最高允许电压加上线路损耗电压，就是中枢点的最高电压。如果中枢点的电压能够满足这两个负荷点的要求，则其他各负荷点的电压要求也会得到满足。

当然，也有这种可能性，不论中枢点电压如何调节，总是顾此而失彼，无法同时满足各个负荷点的要求。这时只有在个别负荷点加装必要的调压设备才能解决。中枢点的电压控制计算很麻烦，人工计算无法保证电力系统所有中枢点电压都是最合理的。这个工作只有交给计算机去完成才能实现真正合理的电压控制。

（二）电力系统的电压控制措施

1. 电压控制的基本原理

在电力系统中，为了保证系统有较高的电压水平，必须有充足的无功功率电源。但是要使所有用户处的电压质量都符合要求，还必须采用各种调压控制手段。下面以图 2-6 所示的简单电力系统为例，说明常用的各种调压控制措施的基本原理。

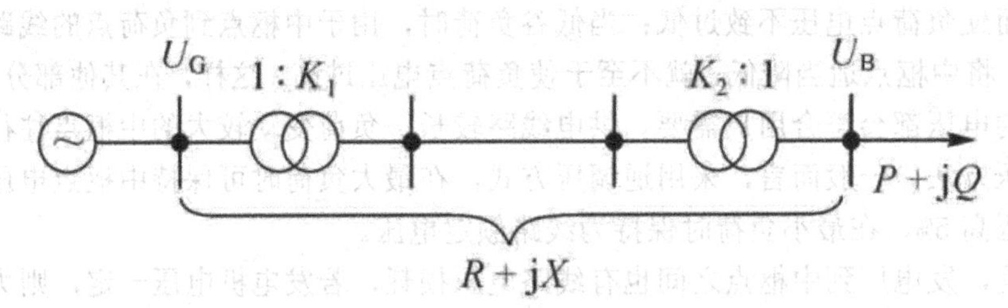

图 2-6　电力系统电压控制原理

同步发电机通过升压变压器、输电线路和降压变压器向负荷用户供电。要求采取各种不同的调整和控制方式来控制用户端的电压。为分析简便起见，略去输电线路的充电功率、变压器的励磁功率以及网络中的功率损耗。变压器的参数已经归算到高压侧，这样用户端的电压为：

$$U_B=(U_GK_1-\Delta U)/K_2=\left(U_GK_1-\frac{PR+QX}{U_N}\right)/K_2 \tag{2-8}$$

公式中：K_1、K_2分别为升压和降压变压器的变比，R、X分别为变压器和输电线路的总电阻和总电抗。

从式（2-8）可知，要想控制和调整负荷点的电压U_B，可以采取以下的控制方式：

（1）控制和调节发电机励磁电流，以改变发电机端电压U_G；

（2）控制变压器变比K_1及K_2调压；

（3）改变输送功率的分布$P+jQ$（主要是Q），以使电压损耗减小；

（4）改变电力系统网络中的参数$R+jX$（主要是X），以减小输电线路电压的损耗。

2. 发电机调压

现代同步发电机在端电压偏离额定值不超过 ±5% 的范围内，能够以额定功率运行。大中型同步发电机都装有自动励磁调节装置，可以根据运行情况调节励磁电流来改变其端电压。不同类型的供电网络，发电机调压所起的作用不同：

（1）对于由孤立发电厂不经升压直接供电的小型电力网，因供电线路不长，输电线路上的电压损耗不大时，可以采用改变发电机端电压直接控制电压的方式（例如实行逆调压），以满足负荷点对电压质量的要求。它不需要增加额外的调压设备，是最经济合理的控制电压的措施，应该优先考虑。

（2）对于输电线路较长、供电范围较大、有多电压等级的供电系统并且在有地方负荷的情况下，从发电厂到最远处的负荷点之间，电压损耗的数值和变化幅度都比较大，仅仅依靠发电机控制调压已不能满足负荷对电压质量的要求。发电机调压主要是满足近处地方负荷的电压质量要求。

（3）对于由若干发电厂并列运行的电力系统，进行电压调整的电厂需有相当充裕的无功容量储备，一般不易满足。另外，调整个别发电厂的母线电压会引起无功功率的重新分配，可能同发电机的无功功率经济分配发生矛盾。所以在大型互联电力系统中，发电机调压一般只作为一种辅助性的控制措施。

（三）利用无功功率补偿设备调压

无功功率的产生基本上是不消耗能源的，但是无功功率沿输电线路传送却要引起有功功率损耗和电压损耗。合理的配置无功功率补偿设备和容量以改变电力网络中的无功功率分布，可以减少网络中的有功功率损耗和电压损耗，从而改善用户负荷的电压质量。

并联补偿设备有调相机、静止补偿器、电容器，它们的作用都是在重负荷时发出感性无功功率，补偿负荷的无功需要，减少由于输送这些感性无功功率而在输电线路上产生的电压降落，提高负荷端的输电电压。

具有并联补偿设备的简单电力系统如图 2-7 所示。

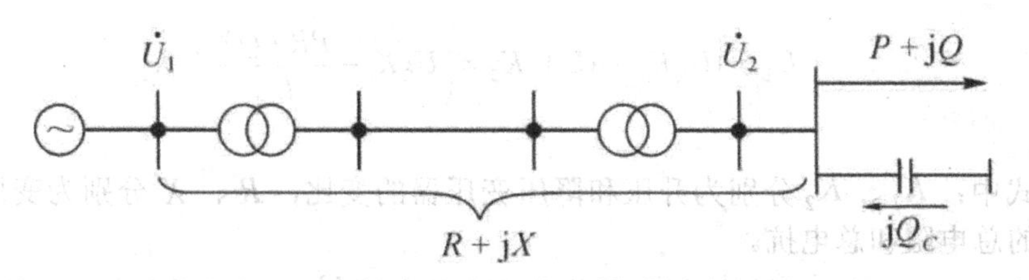

图 2-7　具有并联补偿设备的简单电力系统

发电机出口电压U_1和负荷功率$P+jQ$给定，电力线路对地电容和变压器的励磁功率可以不考虑。当变电所低压侧没有设置无功功率补偿设备时，发电机出口电压可以表示为：

$$U_1=U_2'+\frac{PR+QX}{U_2'} \tag{2-9}$$

公式中：U_2'为归算到高压侧的变电所低压母线电压。

当变电所低压侧设置容量为Q_c的无功功率补偿设备后，电力网络所提供给负荷的无功功率为$Q-Q_C$，此时，归算到高压侧的变电所低压母线电压变为U_{2C}'，发电机输出电压可以表示为：

$$U_1=U_{2C}'+\frac{PR+(Q-Q_C)X}{U_{2C}'} \tag{2-10}$$

如果补偿前后发电机出口电压U_1保持不变，则有：

$$U_2'+\frac{PR+QX}{U_2'}=U_{2C}'+\frac{PR+(Q-Q_C)X}{U_{2C}'} \tag{2-11}$$

由此可以解出U_2'改变到U_{2C}'时所需要的无功功率补偿容量为：

$$Q_C=\frac{U_{2C}'}{X}\left[\left(U_{2C}'-U_2'\right)+\left(\frac{PR+QX}{U_{2C}'}-\frac{PR+QX}{U_2'}\right)\right] \tag{2-12}$$

公式中中括号内的第二部分一般较小，可以略去，这样式（2-12）可以改写成：

$$Q_C = \frac{U'_{2C}}{X}\left(U'_{2C} - U'_2\right) \tag{2-13}$$

如果变压器变比为K，经无功功率补偿后变电所低压侧要求保持的实际电压为U_{2C}，则$U'_{2C} = KU_{2C}$。代入式（2-13），有：

$$Q_C = \frac{U_{2C}}{X}\left(U_{2C} - \frac{U'_2}{K}\right)K^2$$

可见，无功功率补偿容量与被控电压要求和降压变压器的变比选择有关。可通过这两者的变化来实现调压。

第二节　电力系统的有功平衡和频率调整控制

一、电力系统频率偏移及对用户和系统的影响

（一）电力系统频率与负荷的关系

频率是衡量电能质量的一个重要指标。电力系统运行中对频率有严格的要求。在电力系统负荷变化的过程中调整频率以符合电能质量要求，是系统运行维护的一项主要工作。

电力系统中有功功率随频率而变化的负荷可以分为以下 3 种类型。

1. 与频率变化无关的负荷

这类负荷从电网中吸收的有功功率与频率无关或不受频率变化的影响，如照明、电热器、电弧炉、整流负荷等，其三相有功功率P(kW)为：

$$P = 3I^2 \times 10^3 \tag{2-14}$$

公式中：I —— 负荷电流，A；

R —— 负荷电阻，Ù。

2. 与频率一次方成正比的负荷

这类负荷的阻力矩M等于常数，如金属切削机床、卷扬机、球磨机、压缩机等。其从系统吸收的有功功率为：

$$P = M\frac{2\pi f}{p} \tag{2-15}$$

公式中：f —— 流电的频率，Hz；

p —— 电动机的磁极对数；

M —— 电动机的力矩，kN·m。

3. 与频率高次方成正比的负荷

这类用电设备从电网中吸收的有功功率可用式（2-15）表示，但是力矩 M 不是常数，其值随频率 f 而变，所以，P 与 f 的高次方成正比例。鼓风机、离心水泵等电动机负荷属这类负荷。

上述第二、三类用电设备大部分是由异步电动机拖动的，考虑到异步电动机的转速和输出功率均与频率有关，因此它所取用的有功功率的变化将引起频率的相应变化。

电力系统的负荷是随时都在变化的，如图 2-8 曲线 P 所示。对系统的各类负荷的分析表明，系统负荷可以看作由以下不同变化规律的变动负荷所组成：曲线 P_1 变化幅值小，速度快（变化周期一般在 10s 以内）；曲线 P_2 变化幅值较大，速度较慢（变化周期一般在 10s 到 30min 以内）；曲线 P_3 变化幅值大，属变化缓慢的持续变动负荷。

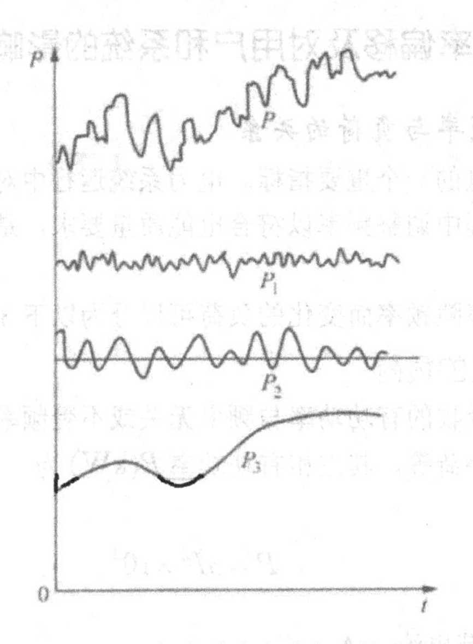

图 2-8　电力系统有功负荷的变化

另外，在电力系统发生短路或断线等故障时，发电机的输出功率会发生大幅度的变化，从而使系统的频率发生大的偏移。

（二）电力系统频率偏移对用户和系统的影响

电力系统在运行时，发电机组出力严重不足，频率就会下降。频率降低超过容许

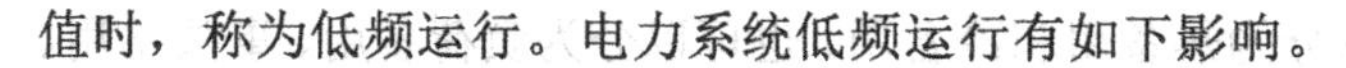

值时，称为低频运行。电力系统低频运行有如下影响。

1. 影响用户

系统低频运行，用户的交流电动机转速按比例下降，使工农业用户的产品产量和质量降低，如对纺织、造纸等企业，不但产量降低，而且使纺织品、纸张等发生毛疵和厚薄不匀等质量问题；使电子计算机计算工作发生错误：使电视机工作点不稳定，影像不清；使精美印刷深浅不一等。

2. 影响厂用电及汽轮机安全

系统低频运行，使厂用电动机功率降低，影响给水、引风、主油泵等的正常工作。严重时可能使汽轮机停机，发电机不能发电，造成频率进一步下降，恶性循环，甚至招致频率崩溃。

低频运行时，可能造成汽轮机末级叶片共振，影响寿命，甚至造成断叶片等严重事故。

3. 影响电压

系统低频运行要引起发电机电动势减小，电压降低，负荷电流增大；使得发电机无功出力减小，促使电压进一步下降，这就可能形成恶性循环，造成电压崩溃。

4. 影响系统经济运行

系统低频运行，使得汽轮发电机组、水轮发电机组、锅炉等重要设备的效率降低；还会引起系统中各发电厂不能按最经济条件分配功率。这些都影响着电力系统的经济运行。

二、电力系统有功功率平衡及备用

电力系统运行的特点之一是电能不能大量地、廉价地储存。在任何时刻，发电机发出的功率等于此时刻系统综合负荷与各元件功率损耗之和。电力系统有功功率平衡可表示为：

$$\Sigma P_{\mathrm{G}} = \Sigma P + \Sigma P_{\mathrm{C}} + \Sigma \Delta P \qquad (2\text{-}16)$$

公式中：ΣP_{G} —— 系统各发电厂发出的有功功率总和（工作容量）；

ΣP —— 系统综合有功负荷；

$\Sigma \Delta P$ —— 电力网各元件有功损耗总和；

ΣP_{C} —— 各发电厂厂用有功功率总和。

在一般情况下，电力网有功损耗占发电厂输出功率的 7% ～ 8%；热电厂厂用电约占电厂出力的 12%；凝汽式火电厂厂用电为 5% ～ 10%；水电厂厂用电约为 1%；核电厂厂用电为 5% ～ 8%。

在电力系统规划设计和运行时，为保证系统经常在额定频率下连续地运行，不间断地向用户供电，系统电源容量应大于包括网络损耗和厂用电在内的系统发电负荷。系统电源容量大于系统发电负荷的部分称系统的备用容量。

电力系统的备用容量可以分为热备用和冷备用，也可以分为负荷备用、事故备用、检修备用和国民经济备用。

所谓热备用指运转中的发电设备可能发的最大功率与系统发电负荷之差，也称运转备用或旋转备用。冷备用指未运转的发电设备可能发的最大功率。检修中的发电设备不属冷备用，因为它们不能由调度随时动用。

从保证可靠供电和良好的电能质量来看，热备用越多越好。发电设备从“冷状态”至投入系统、再到发出额定功率一般所需时间短则几分钟（水电厂）长则十余小时（火电厂）。而就保证重要负荷供电而言，几分钟也嫌过长。从保证系统运行的经济性考虑，热备用又不宜过多，所以应综合统筹考虑。

负荷备用又称为调频备用，是为了适应短时间内的负荷波动以稳定系统频率，并担负一天内计划外的负荷增加而设置的备用。系统的负荷备用必须是旋转备用，即机组接于母线但不满载运行。负荷备用一般取为系统最大发电负荷的 2% ～ 5%。大系统采用较小的百分数；小系统采用较大的百分数。负荷备用一般应由应变能力较强的有调节库容的水电厂担任。

事故备用是为了电力系统中发电设备发生故障时，保证系统重要负荷供电所设置的备用容量。在规划设计中，事故备用容量的大小应根据系统容量、发电机台数、单位机组容量、机组的事故概率、系统的可靠性指标等确定，一般取系统最大发电负荷的 10% 左右，并且不小于系统中一台最大机组的容量。事故备用可以是停机备用，事故发生时，动用停机备用需要一定的时间，汽轮发电机组从启动到满载，需要数小时；水轮发电机组只需要几分钟。因此，一般以水轮发电机组作为事故备用机组。

检修备用容量是指系统中的发电设备能定期检修而设置的备用，一般应结合系统负荷特性、发电机台数、设备新旧程度、检修时间的长短等因素确定，以满足可以周期性地检修所有机组、设备的要求。系统机组的计划检修应利用负荷季节性低落空出来的容量。只有空出容量不足但又要保证全部机组周期性检修的需要时，才设置检修备用容量。火电机组检修周期为一年半，水电机组为两年。

电力工业是先行工业，除满足当前负荷的需要设置上述几种备用外，还应计及负荷的超计划增长而设置一定的备用，这种备用称国民经济备用。

负荷备用、事故备用、检修备用和国民经济备用归纳起来以热备用或冷备用的形式存在于系统中。热备用中至少应包含全部负荷备用和一部分事故备用。

三、电力系统的频率调整

电力系统的负荷是随时变化的，负荷的变化引起系统有功功率平衡的破坏，从而导致系统频率不断变化。调频的实质，就是维持有功功率的平衡。为维持系统频率稳定，且在允许的范围之内，需要不断调整各发电厂的出力。

（一）各类发电厂在频率调整中的作用

目前，电力系统中发电厂主要形式有水力发电厂、凝汽式火力发电厂、热电厂、

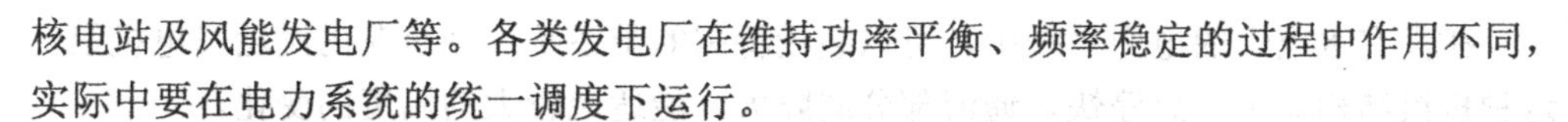

核电站及风能发电厂等。各类发电厂在维持功率平衡、频率稳定的过程中作用不同，实际中要在电力系统的统一调度下运行。

1. 凝汽式火力发电厂

原则上可以担负任何负荷，但从技术经济方面应考虑以下两个方面问题：

（1）汽轮发电机组在空载及轻载（额定负荷的10%～30%）下运行，因摩擦鼓风损失所产生的热量，无法被蒸汽带走，可能使汽轮机末级叶片温度过高而造成事故；

（2）汽轮发电机组若在尖峰负荷下工作，由于负荷经常变动，将使燃料单位耗量增加。

2. 热电厂

原则上应按供热负荷曲线运行，主要担任基本负荷。

3. 无调节库容的水电厂

无水库可以调节出力的水电厂应担负基本负荷，以保证河流径流水力得到充分的利用。

4. 有调节库容的水电厂

由可以调节库容的水电厂担负系统尖峰负荷。水轮发电机的启停快，调节出力灵活。

5. 核电站

原子反应堆的负荷基本上没什么限制，技术最小负荷取决于汽轮发电机组。但如果承担较大负荷变化的负荷时，要多耗费能量，且易损坏设备，所以宜担负基本负荷。

6. 风能发电场

它受风速大小的影响，宜担负基本负荷。

各类发电厂的特点不同，在综合负荷曲线中的位置也不同。

（二）调频厂的选择

根据各个发电厂在系统频率调整过程中的作用不同，将发电厂分为主调频电厂、辅助调频电厂及基载厂。主调频电厂担任系统的负荷备用，负责保持系统频率在额定频率的允许偏移范围内，一个系统只设一个。辅助调频电厂在系统频率超过某规定的范围时，才参加系统频率调整工作，一个系统只设少数几个。基载厂按照系统调度下达的负荷曲线运行，系统中大部分电厂为基载厂。

主调频电厂负责整个系统的频率调整工作，作为主调频电厂应满足下列条件：①具有足够的调频容量和调频范围；②能比较迅速地调整出力；③调整出力时符合安全及经济运行原则。

根据上述条件，在水火电厂并存的电力系统中，一般应选择大容量的有调节库容的水电厂作为主调频电厂，其他大容量的有调节库容的水电厂可以作为辅助调频电厂，大型火电厂中效率较低的机组也可作为辅助调频电厂。水电厂调整出力时，速度快，操作简单，调整范围大，且调整出力不影响电厂的安全生产。

在没有水电厂的电力系统中，可以装设特制的带系统尖峰负荷的汽轮发电机组，这种机组结构简单，启停快，通流部分间隙大，能适应较大的温度的变化。

（三）电力系统的频率调整过程

电力系统综合负荷的变化情况如图 2-8 中曲线图所示。对照曲线 P 分解的 P_1、P_2、P_3 三组曲线可以看出，曲线 P_1 变化幅值小、速度快，需依靠系统各发电机组的调速装置自动调节原动机的输入功率，来适应这一变化，此种调频过程称为系统频率的一次调整。曲线 P_2 变化幅值较大、速度较慢，可以通过手动或自动调整调频器改变调速装置的特性曲线，来适应这一变化，此种调频过程称为系统频率的二次调整。频率的二次调整主要是在主调频电厂中进行的，当频率变化较大时，辅助调频电厂才参与调频工作。曲线 P_3 变化幅值大、速度慢，其变化规律根据运行经验可以预测，系统调度依照预测事先作出次日每小时的负荷曲线，根据各电厂上报次日每时段上网的电力和电价，结合优质优价、最优网损及系统综合负荷曲线，作出各电厂次日每小时的负荷曲线，此种调频过程称为系统频率的三次调整。

1. 频率的一次、二次调整

发电机组的有功功率频率静态特性曲线和系统综合负荷的频率静态特性曲线，如图 2-9 所示。

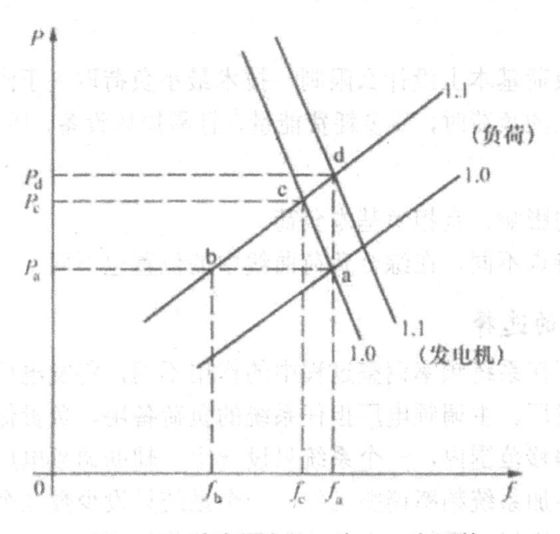

图 2-9　系统频率的一次、二次调整

设系统起始运行时综合负荷连接容量的标幺值为 1.0（包括损耗），根据系统有功平衡，系统运行于标幺值均为 1.0 的两曲线的交点 a 点，频率等于 f_a。如综合负荷连接容量增加到 1.1，由于发电机出力原动机惯性来不及增加，频率将下降至 f_b。频率下降引起调速装置动作，开大调速汽门的开度，负荷的功率也将因它本身的调节效应而减少。发电机发出的功率将沿频率特性向上增加，而负荷吸收的功率将沿频率特性向下减少。经过一个衰减的振荡过程，抵达一个新的平衡点 c，此时的系统频

率 $f < f_a$。这就是频率的一次调整。

由图2-9可见，频率的一次调整可以使频率升高，但不能使频率恢复到原来的值，若要保持原来频率不变，则需进行二次调频。主调频电厂的值班人员通过调频器，调整调速器的特性曲线，使机组特性右移到1.1，发电机组出力增加到 P_d，频率恢复到 f_a，这个调节过程，称为频率的二次调整。综合负荷的连接容量减少时的分析与此类似。

2. 事故调频

如果电力系统发生了电源事故，引起系统有功功率的严重不平衡，导致系统频率大幅度下降。这时，应迅速投入旋转备用及低频率减负荷装置，恢复系统有功平衡，防止频率的进一步下降。如果事故非常严重，在采取上述措施以后，频率仍然大幅度地下降，系统调度人员应迅速启动备用发电机组、切除部分负荷。若还不能满足平衡要求，需将系统解列成多个小系统、分离厂用电等措施，来恢复主系统的功率平衡，抑制频率下降，避免发生频率崩溃。

第三节　电力系统的能量损耗与节能降损

一、电网的能量损耗和损耗率

电网能量损耗的几个常用概念。在给定时间（日、月、季或年）内，系统中所有发电厂的总发电量同厂用电量之差称为供电量。所有输电、变电和配电环节所损耗的电量，称为电力网的损耗电量。在同一时间内，电力网损耗电量占供电量的百分比，称为电力网的损耗率，简称网损率或线损率。网损率是衡量供电企业管理水平的一项重要的综合性经济技术指标。

$$\text{电力网损耗率} = \frac{\text{电力网损耗电量}}{\text{供电量}} \times 100\% \tag{2-17}$$

实际电力部门更加关心的是能量：损耗。如何建立功率损耗和能量损耗的联系是计算能量损耗的关键，在电力网元件的功率损耗中，有一部分同通过元件的电流平方成正比，如变压器绕组和线路导线中的损耗；另一部分则同施加给元件的电压有关，如变压器的铁心损耗，电缆和电容器绝缘介质中的损耗等。以变压器为例，如用额定电压代替实际电压变化，则在给定的运行时间 T 内，变压器的能量损耗为：

$$\Delta A_T = P_0 T + \int_0^T 3I^2 R_T \times 10^{-3} dt \tag{2-18}$$

公式中，功率 P。的单位为 kw，时间的单位为 h，电流 I 的单位为 A，电阻

R_T 的单位为 Q，则能量损耗的单位为 $kW \cdot h$。

线路能量损耗的计算公式也同上式右端第二项相似，以下重点讨论这部分损耗的计算方法。

二、最大负荷损耗时间法

若某线路向一个集中负荷 P 供电，在时间：T 内线路的电能损耗为：

$$\Delta A_L = \int_0^T \Delta PLdt = \int_0^T \frac{S^2}{U^2} R \times 10^{-3} dt \qquad (2\text{-}19)$$

公式中，ΔPL 为线路的有功功率损耗，s 的单位为 $kV \cdot A$，电压的单位为 kV。

上式的积分运算需要已知视在功率或电流的变化曲线，才能计算在时间 T 内的电能损耗。在目前有 SCADA 自动采集系统的情况下，可近似认为两次采集时间之间（几秒到几分钟）的功率和电压不变，由此就可以按式子计算电能损耗。有时在网损计算时的负荷曲线本身也是估计或预测的，同时还不能确知每一时刻的功率因数，因此，在工程实际中还采用一种简化的方法来极端能量损耗，即最大负荷损耗时间法。

先引入最大负荷损耗时间的概念，如果在线路中输送的功率一直保持为最大负荷功率 S_{max}，在 τ 小时内的能量损耗恰等于线路全年的实际电能损耗，则称 τ 为最大负荷损耗时间或最大负荷损耗小时数。

$$\Delta A = \int_0^{8760} \frac{S^2}{U^2} R \times 10^{-3} dt = \frac{S_{max}^2}{U^2} R\tau \times 10^{-3} = \Delta P_{max} \tau \times 10^{-3} \qquad (2\text{-}20)$$

若认为电压接近恒定，则：

$$\tau = \frac{\int_0^{8760} S^2 dt}{S_{max}^2} \qquad (2\text{-}21)$$

由上式可见，最大负荷损耗时间 τ 视在功率表示的负荷曲线有关。在给定的功率因数下，视在功率与有功功率成正比，而有功功率负荷持续曲线的形状，在一定程度上可由最大负荷利用小时数 T_{max} 反映出来。

在不知道负荷曲线的情况下，根据最大负荷利用小时数 T_{max} 和功率因数，可查表得到 τ 值，进而计算出全年的电能损耗。变压器绕组中电能损耗的计算与线路的相同，不同点是变压器铁损应按全年投入运行的实际小时数来计算。

三、降低网损的技术措施

电力网的电能损耗不仅是能源的浪费，而且占用一部分系统设备容量。因此，降低网损是提高电网运行经济性的一项重要任务。为了降低电力网的能量损耗，可以采取各种管理和技术措施。

（一）提高功率因数，减少无功输送

无功功率，在电力网的流动同样将带来网络的有功功率损耗。所以实际电力系统的无功功率一般采用分地区、分电压等级、分层就地平衡的策略，尽力避免电网传送大量的无功功率。功率因数是跟无功功率紧密相关的一个指标。用功率因数来描述的线路有功损耗为：

$$\ddot{A}P_L = \frac{P^2}{U^2 \cos^2 \phi} R \tag{2-22}$$

若功率因数由原来的 $\cos\phi1$ 提高到 $\cos\phi2$，则线路中的功率损耗可降低：

$$\delta_{PL}(\%) = \left[1 - \left(\frac{\cos\phi1}{\cos\phi2}\right)^2\right] \times 100 \tag{2-23}$$

提高用户功率因数首先考虑直接提高用户用电设备运行时的功率因数。异步电动机是最常用的用电设备，其所需要的无功功率为：

$$Q = Q_0 + (Q_N - Q_0)\left(\frac{P}{P_N}\right)^2 = Q_0 + (Q_N - Q_0)\beta^2 \tag{2-24}$$

公式中，Q_0 表示异步电动机空载运行时所需要的无功功率，P_N 和 Q_N 分别为额定负载下的有功功率和无功功率，P 为电动机的实际机械负荷，β 为负载系数：

上式中的第一项是电动机的励磁功率，它与负载情况无关，其数值占 Q_N 的 60% ～ 70%；第二项是绕组漏抗中的损耗，与负载系数的平方成正比，负载系数降低时，电动机所需的无功功率只有一小部分按负载系数的平方而减小，而大部分则维持不变。可见，负载系数越小，功率因数越低。

为了提高功率因数，应防止电动机空载或轻载运行，应尽量让电动机按额定负载运行。在技术条件许可的情况下采用同步电动机代替异步机，还可以让已装设的同步电动机运行在过励磁状态等。

此外，装设并联无功补偿设备是提高功率因数的重要措施，负荷离电源点越远，补偿前的功率因数越低，安装补偿设备的降损效果就越大：对于电力网来说，配置无功补偿容虽需要综合考虑实现无功功率的分地区平衡，提高电压质量和降低网络损耗这 3 个方面的要求，通过优化计算来确定补偿设备的安装地点和容量分配，确定补偿设备后，可依据正常运行中负荷的变化，实现电压无功的综合控制，达到提高电压质量和降低毁损的目的。

（二）改善网络功率分布

在均一网络中，每段线路的电阻与电抗比值都相等，功率的自然分布与经济分布相同。在由非均一线路组成的环网中，功率的自然分布不同于经济分布。电网的不均一程度越大，两者的差别越大。为了降低网络的功率损耗，可以在环网中引入环路电势进行潮流控制，使功率分布尽量接近于经济分布。对于环网也可以考虑开环运行是否更合理。为了限制短路电流或满足保护动作选择性要求，需将闭环网络开环运行，开环点的选择要有利于降低网损。

配电网络一般采用闭环建设、开环运行。为了限制线路故障的影响范围和线路检修时避免大范围停电，在配电网络的适当地点安装有分段开关和联络开关。在不同的运行方式下进行网络重构，对这些开关通断状态进行优化组合，合理安排用户的供电路经，可以达到平衡支路潮流、消除过载、降低网损和提高电压质量的目的。

（三）合理确定运行电压水平

35kV 及以上电力网中的变压器铁损在网络总损耗所占比重小于线路和变压器绕组的损耗，在满足电压偏移标准的基础上适当提高运行电压都可以降低网损。

但是对于变压器铁损所占比重大于 50% 的电力网，情况则正好相反。在 6 ～ 10kV 的农村配电网中，变压器铁损所占比重可达 60% ～ 80%。这是因为小容量变压器的空载电流大，农村变压器有很多时间处于轻载状态。对于这类电力网，为了降低功率损耗和能量损耗，在满足电压偏移标准的基础上宜适当降低运行电压。

（四）合理组织变压器经济运行

变电站内主变压器的损耗在整个电力网中占有相当可观的比重，对于有多台变压器运行的变电站，根据负荷的变化合理组合变压器运行是降低网损的重要措施。

设一个变电站内装有 n （$n..2$）台容量和型号都相同的变压器。当负荷总功率为S时，并联运行的 k 台变压器的总损耗为：

$$ÄP_{T(k)} = kP_0 + kPk\left(\frac{S}{kPk}\right)^2 \tag{2-25}$$

公式中，P_0 和 P_K 分别为单台变压器的空载损耗和短路损耗。

由上式可见，铁心损耗与台数成正比，而绕组损耗与台数成反比。当变压器轻载运行时，绕组损耗所占比重减小，铁心损耗的比重增大，在某一临界负荷情况下，减少变压器台数就能降低总的功率损耗。$K-1$ 台并联运行的变压器的总损耗为：

$$\Delta P_{T(k-1)} = (k-1)P_0 + (k-1)P_K\left(\frac{S}{(k-1)S_N}\right)^2 \tag{2-26}$$

当 $ÄP_{T(k)} = \quad P_{T(k-1)}$ 时的负荷即为临界负荷：

$$S_{cr}=S_N\sqrt{k(k-1)\frac{P_0}{P_K}} \tag{2-27}$$

计算出临界负荷后就可确定更低网损的变压器并列运行台数方案，当负荷功率$S>S_{cr}$时，应投入k台变压器并列运行；当$S<S_{cr}$时，并列运行的变压器可减少1台。

还需指出，对一昼夜内多次大幅度变化的负荷，为了避免频繁操作，不宜完全按照上述方式安排变压器运行。对于季节性变化的负荷，控制变压器投入台数以满足损耗最小原则是切实可行的。此外，当变电站仅有两台变压器时，为保证供电的“N-1”安全性，一般也不考虑退出一台运行。

（五）对电网进行科学的规划与建设改造

为满足负荷的快速发展，需要对电网进行科学的规划与建设改造，例如合理选择新建电网的电压等级，减少变电层次，合理布局电源点，优化网络结构，缩短供电路径，增大导线截面等，这些措施都有极为明显的降损效果。

此外，通过电价手段对用户进行需求侧管理，改善用户的负荷曲线，减小高峰负荷和低谷负荷的差值，提高最小负荷率，也可明显降低网损。

第三章 建筑电气工程设计

第一节 建筑电气工程设计概述

一、建筑电气系统的组成

建筑电气技术是以电能、电气设备、计算机技术和通信技术为手段，创造、维持和改善建筑物内空间的电、光、热、声以及通信和管理环境的一门科学，能使建筑物更充分地发挥其特点，实现其功能。利用电气技术、电子技术及近代先进技术与理论，在建筑物内外人为创造并合理保护理想的环境，充分发挥建筑物功能的一切电工、电子设备的系统，统称为建筑电气系统。

各类建筑电气系统虽然作用各不相同，但它们一般都是由用电设备、配电线路、控制和保护设备三大基本部分所组成。

用电设备如照明灯具、家用电器、电动机、电视机、电话、音响等，种类繁多，作用各异，分别体现出各类系统的功能特点。

配电线路用于传输电能和信号。各类系统的线路均为各种型号的导线或电缆，其安装和敷设方式也都大致相同。

控制和保护等设备是对相应系统实现控制保护等作用的设备。这些设备常集中安装在一起，组成如配电盘、柜等。若干盘、柜常集中安装在同一房间中，即形成各种建筑电气系统专用房间，如变配电室、共用电视天线系统前端控制室、消防中心控制室等。这些房间均需结合具体功能，在建筑平面设计中统一安排布置。

二、建筑电气设备的类型

建筑电气设备的类型繁多，根据其性质和功能来分也各不相同。以下仅从建筑电气设备在建筑中的作用和专业属性来分类。

（一）根据在建筑中所起的作用不同来分类

1. 制造环境的设备

为人们创造良好的光、温湿度、空气和声音环境的设备，如照明设备、空调设备、通风换气设备、广播设备等。

2. 追求方便的设备

为人们提供生活工作的方便以及缩短信息传递时间的设备，如电梯、通信设备等。

3. 增强安全性的设备

主要包括保护人身与财产安全和提高设备与系统本身可靠性的设备，如报警、防火、防盗和保安设备等。

4. 提高控制性及经济性的设备

主要包括延长建筑物使用寿命、增强控制性能的设备，以及降低建筑物维修、管理等费用的管理性能的设备，如自动控制设备和管理用电脑。

（二）根据建筑电气设备的专业属性来分类

1. 供配电设备

如变电系统的变压器、高压配电系统的开关柜、低压配电系统的配电屏与配电箱、二次回路设备、发电设备等。

2. 照明设备

如各种电光源及灯具。

3. 动力设备

各种靠电动机拖动的机械设备，如吊车、搅拌机、水泵、风机、电梯。

4. 弱电设备

如电话、通信设备、电视及CATV、音响、计算机与网络、报警设备等。

5. 空调与通风设备

如制冷机泵、防排烟设备、温湿度自动控制装置等。

6. 洗衣设备

如湿洗及脱水机、干洗机等。

7. 厨房设备

如冷冻冷藏柜、加热器、自动洗刷机、清毒机、排油烟机等。

8. 运输设备

如电梯、运输机、文件及票单自动传输设备等。

三、建筑电气系统的分类

建筑电气系统一般由用电设备、供配电线路、控制和保护装置三大基本部分组成，但从电能的提供、分配、输运和消耗使用来看，全部建筑电气系统可分为供配电系统和用电系统两大类。根据用电设备的特点和系统中所传递能量的类型，又可将用电系统分为建筑照明系统、建筑动力系统和建筑弱电系统 3 种。

（一）建筑的供配电系统

接受发电厂电源输入的电能，并进行检测、计算、变压等，然后向用户和用电设备分配电能的系统，称为供配电系统，一般供配电系统包括：

1. 一次接线

直接参与电能的输送与分配，由母线、开关、配电线路、变压器等组成的线路，这个线路就是供配电系统的一次接线，即主接线。它表示电能的输送路径。一次接线上的设备称为一次设备。

2. 二次接线

为了保证供配电系统的安全、经济运行以及操作管理上的方便，常在配电系统中，装设各种辅助电气设备（二次设备），例如控制、信号、测量仪表、继电保护装置、自动装置等，从而对一次设备进行监视、测量、保护和控制。通常把完成上述功能的二次设备之间互相连接的线路称为二次接线（二次回路）。

供配电系统作为用电设备提供电能的路径，其质量的好坏直接影响着整个建筑电气系统的性能和安全，因此对供配电系统的设计应引起高度重视。

（二）建筑的用电系统

1. 建筑电气照明系统

电光源将电能转换为光能，以保证人们在建筑物内外正常从事生产和生活活动，以及满足其他特殊需要的照明设施，称为建筑电气照明系统，它由电气系统和照明系统组成。

（1）电气系统

它是指电能的生产、输送、分配、控制和消耗使用的系统。它是由电源（市供交流电源、自备发电机或蓄电池组）、导线、控制和保护设备以及用电设备（各种照明灯具等）组成。

（2）照明系统

它是指光能的产生、传播、分配（反射、折射和透射）和消耗吸收的系统。它是由光源、控照器、室内空间、建筑内表面、建筑形状和工作面等组成。

（3）电气和照明系统的关系

电气和照明两套系统，既相互独立，又紧密联系。因此，在实际的电气照明设计中，程序一般是根据建筑设计的要求进行照明设计，再根据照明设计的成果进行电气设计，最后完成统一的电气照明设计。

2. 建筑动力系统

将电能转换为机械能的电动机，拖动水泵、风机等机械设备运转，为整个建筑提供舒适、方便的生产与生活条件而设置的各种系统，统称为建筑动力系统，如供暖、通风、排水、冷热水供应、运输系统等。维持这些系统工作的机械设备，如鼓风机、引风机、除渣机、上煤机、给水泵、排水泵、电梯等，全部是靠电动机拖动的。因此，建筑动力系统实质就是向电动机配电，以及对电动机进行控制的系统。

异步电动机由于构造简单、价格便宜、启动方便，在建筑动力系统中得到广泛应用，其中笼型异步电动机用得最多。当起动转矩较大，或负载功率较大，或需要适当调速的场合，采用绕线转子异步电动机。

电动机控制通常可分为人工控制和自动控制。当电机功率较小，且允许现场直接控制时，靠人直接操纵执行设备（如刀闸等）为电动机配电，这种方式称为刀闸控制，或称人工控制。当电动机功率较大，靠人直接控制不太安全时，或当电动机距控制地点太远，无法就地直接控制以及需要远距离集中控制时，就需要采用自动控制方式。自动控制方式中采用最广泛的是继电器、接触器控制方式或可编程逻辑控制器（PLC）控制方式。有时为了节能，还采取变频控制方式。

3. 建筑弱电系统

电能为弱电信号的电子设备，它具有信号准确接收、传输和显示，并以此满足人们获取各种信息的需要和保持相互联系的各种系统，统称为建筑弱电系统，如共用电视天线系统、广播系统、通信系统、火灾报警系统、智能保安系统、综合布线系统、办公自动化系统等。随着现代建筑与建筑弱电系统的进一步融合，智能建筑也随之出现。因此，建筑物智能化的高低取决于它是否具有完备的建筑弱电系统。

第二节　建筑电气设计的任务与组成

一、电气设计的范围

所谓电气设计范围，系指电气设计边界的划分问题，设计边界分为两种情况：第一，明确工程的内部线路与外部线路的分界点电气的边界不像土建边界，它不能按规划部门的红线来划分，通常是由建设单位（甲方）与有关部门商量确定，其分界点可能在红线以内，也可能在红线以外。如供电线路及工程的接电点，有可能在红线以外。第二，明确工程电气设计的具体分工和相互交接的边界在与其他单位联合设计或承担工中某几项的设计时，必须明确具体分工和相互交接的边界，以免出现整个工程图彼此脱节。

二、电气设计的内容

建筑电气设计的内容一般包括强电设计和弱电设计两大部分。

（一）强电设计

强电设计部分包括变配电、输电线路、照明电力、防雷与接地、电气信号及自动控制等项目。

（二）弱电部分

弱电设计包括电话、广播、共用天线电视系统、火灾报警系统、防盗报警系统、空调及电梯控制系统等项目。

（三）设计项目的确定

对于一个具体工程，其电气设计项目的确定，是根据建筑物的功能、工程设计规范、建设单位及有关部门的要求等来确定的，并非任何一个工程都包括上述全部项目，可能仅有强电，也可能是强电、弱电的某些项目的组合。

通常在一个工程中设计项目可以根据下列几个因素来确定。

1. 根据建设单位的设计委托要求确定

在建设单位委托书上，一般应写清楚设计内容和设计要求（有时因建设单位经办人对电气专业不太熟悉，往往请设计单位帮助他们一民填写设计委托书，以免漏项），这是因为有时建设单位可能把工程中的某几项另外委托其他单位设计，所以设计内容必须在设计委托书上写清楚。

2. 由设计人员根据规范的要求确定

例如，民用建筑的火灾报警系统，消防控制系统，紧急广播系统，防雷装置等内容是根据所设计建筑物的高度、规模、使用性能等情况，按照民用建筑有关的规范规定，由设计人员确定，而且在建设单位的设计委托书上不需要写明。但是，如果根据规范必须设置的系统或装置，而建设单位又不同意设置时，则必须有建设单位主管部门同意不设置的正式文件，否则应按规范执行。

3. 根据建筑物的性质和使用功能按常规设计要求考虑的内容来确定

例如，学校建筑的电气设计内容，除一般的电力、照明以外，还应有电铃、有线广播等内容，剧场的电气设计中，除一般的电力、照明以外，还应包括舞台灯光照明、扩声系统等内容，如此等等。

总之，设计时应当仔细弄清楚建设单位的意图，建筑物的性质和使用功能，熟悉国家设计标准和规范，本着满足规范的要求，服务于用户的原则确定设计内容。

强电和弱电设计往往涉及几个专业的知识，在一般设计单位，由于人力所限以及承担的工程项目规划不太大，往往这两个部分的分工不是很明确。但是在大的设计单位，往往把这两个部分划归两个专业。这在一般设计单位是难以做到的，因此要求电气设计人员对强、弱电设计都能掌握。

第三节 建筑电气设计与有关的单位及专业间的协调

一、与建设、施工及公用事业单位的关系

（一）与建设单位的关系

工程完工后总是要交付给建设单位使用，满足使用单位的需要是设计的最根本目的。因此，要做好一项建筑电气设计，必须首先了解建设单位的需求和他们所提供的设计资料。不是盲目地去满足，而是在客观条件许可的情况下，恰如其分地去实现。

（二）与施工单位的关系

设计是用图样表达工程的产品，而工程的实体则须靠施工单位去建造。因此，设计方案必须具备实施性，否则仅是“纸上谈兵”而已。一般来讲，设计者应该掌握电气施工工艺，至少应了解各种安装过程，以免设计出的图样不能实施。通常在施工前，需将设计意图向施工一方进行交底。在交底过程中，施工单位一般严格按照设计图样进行安装，若遇到更改设计或材料代用等需经过“洽商”，洽商作为图样的补充，最后纳入竣工图内。

（三）与公用事业单位的关系

电气装置使用的能源和信息是来自市政设施的不同系统。因此，在开始进行设计方案构思时，应考虑到能源和信息输入的可能性及其具体措施。与这方面有关的设施是供电网络、通信网络和消防报警网络等。因此，需和供电、电信和消防部门进行业务联系。

二、建筑电气设计与其他专业设计的协调

（一）建筑电气与建筑专业的关系

建筑电气与建筑专业的关系，视建筑物的功能不同而不同。在工业建筑设计过程中，生产工艺设计是起主导作用的，土建设计是以满足工艺设计要求为前提，处于配角的地位。但民用建筑设计过程中，建筑专业始终是主导专业，电气专业和其他专业则处于配角的地位，即围绕建筑专业的构思而开展设计，力求表现和实现建筑设计的意图，并且在工程设计的全过程中服从建筑专业的调度。

虽然建筑专业在设计中处于主导地位，但是并不排斥其他专业在设计中的独立性

和重要性。从某种意义上讲，建筑电气设施的优劣，标志着建筑物现代化程度的高低，所以建筑物的现代化除了建筑造型和内部使用功能具有时代气息外，很重要的方面是内部设备的现代化，这就对水、电、暖通专业提出更高的要求，使设计的工作量和工程造价的比重大大增加。也就是说，一次完整的建筑工程设计不是某一个专业所能完成的，而它是各个专业密切配合的结果。

由于各专业都有各自的特点和要求，有各自的设计规范和标准，所以在设计中不能片面地强调某个专业的重要而置其他专业的规范于不顾，影响其他专业的技术合理性和使用的安全性。如电气专业在设计中应当在总体功能和效果方面努力实现建筑专业的设计意图，但建筑专业也要充分尊重和理解电气专业的特点，注意为电气专业设计创造条件，并认真解决电气专业所提出的技术要求。

（二）建筑电气与建筑设备专业的协调

建筑电气与建筑设备（采暖、通风、上下水、煤气）争夺地盘的矛盾特别多。因此，在设计中应很好地协调，与设备专业合理划分地盘，建筑电气应主动与土建、暖通、上下水、煤气、热力等专业在设计中协调好，而且要认真进行专业间的校对，否则容易造成工程返工和建筑功能上的损失。

总之，只有各专业之间相互理解、相互配合，才能设计出既符合建筑设计的意图，又在技术和安全上符合规范，功能上满足使用要求的建筑电气系统。

第四节 建筑电气设计的原则与程序

一、电气设计的原则

建筑电气的设计必须贯彻执行国家有关工程的政策和法令，应当符合现行的国家标准和设计规范。电气设计还应遵守有关行业、部门和地区的特殊规定和规程。在上述要求的前提下力求贯彻以下原则：①应当满足使用要求和保证“安全用电”。②确立技术先进、经济合理、管理方便的方案。③设计应适当留有发展的余地。④设计应符合现行的国家标准和设计规范。

二、电气设计的程序

（一）初步设计阶段

电气的初步设计，是在工程的建筑方案设计基础上进行的。对于大中型复杂工程，还应进行方案比较，以便遴选技术上先进可靠、经济上合理的方案，然后进行内部作业，编制初步设计文件。

1. 初步设计阶段的主要工作

（1）了解和确定建设单位的用电要求。

（2）落实供电电源及配电方案。

（3）确定工程的设计项目。

（4）进行系统方案设计和必要的计算。

（5）编制初步设计文件，估算各项技术与经济指标（由建筑经济专业完成）。

（6）在初设阶段，还要解决好专业间的配合，特别是提出配电系统所必需的土建条件，并在初步设计阶段予以解决。

2. 初步设计文件应达到的深度要求

（1）已确定设计方案。

（2）能满足主要设备及材料的订货要求。

（3）可以根据初设文件进行工程概算，以便控制工程投资。

（4）可作为施工图设计的基础。

以方案代替初设的工程，电气部分的设计一般只编制方案说明，可不设计图样，其初设深度是确定设计方案，据此估算工程投资。

（二）施工图样设计阶段

根据已批准的初步设计文件（包括审批中的修改意见以及建设单位的补充要求）进行施工图样设计。

1. 主要工作

（1）进行具体的设备布置。

（2）进行必要的计算。

（3）确定各电器设备的选型以及确定具体的安装工艺。

（4）编制出施工图设计文件等。

在这一阶段特别要注意与各专业的配合，尤其是对建筑空间、建筑结构、采暖通风以及上下水管道的布置要有所了解，避免盲目布置造成返工。

2. 施工图设计应达到的深度要求

（1）可以编制出施工图的预算。

（2）可以安排材料、设备和非标准设备的制作。

（3）可以进行施工和安装。

上述为一般建筑工程的情况，较复杂和较大型的工程建筑还有方案遴选阶段，建筑电气应与之配合。同时，建筑电气本身也应进行方案比较，采取切实可行的系统方案。特别复杂的工程尚需绘制管道综合图，以便于发现矛盾和施工安装。

第五节 建筑电气设计的具体步骤

建筑电气工程的设计从接受设计任务开始到设计工作全部结束，大致可分为以下几个步骤。

一、方案设计

对于大型复杂的建筑工程，其电气设计需要做方案设计，在这一阶段主要是与建筑方案的协调和配合设计工作，此阶段通常有以下具体工作。

（一）接受电气设计任务

接受电气设计任务时，应先研究设计任务委托书，明确设计内容和要求。

（二）收集资料

设计资料的收集根据工程的规模和复杂程度，可以一次收集，也可以根据各设计阶段深度的需要而分期收集。

1. 向当地供电部门收集有关资料

主要有：①电压等级，供电方式（电缆或架空线，专用线或非专用线）；②配电线路回数、距离、引入线的方向及位置；③当采用高压供电时，还应收集系统的短路数据（短路容量、稳态短路电流、单相接地电流等）；④供电端的继电保护方式、动作电流和时间的整定值等；⑤供电局对用户功率因数、电能计量的要求，电价、电费收取办法；⑥供电局对用户的其他要求。

2. 向当地气象部门及其他单位收集资料

最高年平均温度、最热月平均最高温度、最热月平均温度、一年中连续三次的最热日昼夜平均温度、土壤中 0.7 ～ 1.0m 深处一年中最热月平均温度、年雷电小时数和雷电日数、50 年一遇的最高洪水位、土壤电阻率和土壤结冰深度。

3. 向当地电信部门收集有关资料

主要有：①选址附近电信设备的情况及利用的可能性，线路架式，电话制式等；②当地电视频道设置情况，电视台的方位，选址处的电视信号强度。

4. 向当地消防主管部门收集资料

由于建筑的防火设计需要，设计前，必须走访当地消防主管部门，了解有关建筑防火设计的地方法规。

（三）确定负荷等级负荷等级的确定

主要考虑以下几个方面：①根据有关设计规范，确定负荷的等级、建筑物的防火等级以及防雷等级。②估算设备总容量（kW），即设备的计算负荷总量（kW），需要备用电源的设备总容量（kW）和设备计算总容量（kW）（对一级负荷而言）。③配合建筑专业最后确定方案，即主要对建筑方案中变电所的位置、方位等提出初步意见。

二、初步设计

建筑方案经有关部门批准以后，即可进行初步设计。初步设计阶段需做的工作有以下几个方面。

（一）分析设计任务书和进行设计计算

详细分析研究建设单位的设计任务书和方案审查意见，以及其他有关专业（如给排水、暖通专业）的工艺要求与电气负荷资料，在建筑方案的基础上进行电气方案设计，并进行设计计算（包括负荷计算、照度计算、各系统的设计计算等）。

（二）各专业间的设计配合

（1）给排水、暖通专业应提供用电设备的型号、功率、数量以及在建筑平面图上的位置，同时尽可能提供设备样本

（2）向结构专业了解结构型式、结构布置图、基础的施工要求等。

（3）向建筑专业提出设计条件，即包括各种电气设备（如变配电所、消防控制室、闭路电视机房、电话总机房、广播机房、电气管道井、电缆沟等）用房的位置、面积、层高及其他要求。

（4）向暖通专业提出设计条件，如空调机房和冷冻机房内的电气控制柜需要的位置空间，空调房间内的用电负荷等。

（三）编制初步设计文件

初步设计阶段应编制初步设计文件，初步设计文件一般包括图样目录、设计说明书、设计图样、主要设备表和概算（概算一般由建筑经济专业编制）。

（1）图纸目录。初步设计图纸目录应列出现制图的名称、

（2）设计说明书。初设阶段以说明为主，即对各项内容和要求进行说明。设计说明内容包括：设计依据、设计范围、供电设计、电气照明设计、建筑物的防雷保护、弱电设计等。

（3）设计图样。初步设计的图样有供电总平面图、供电系统图、变配电所平面图、照明系统图及平面图、弱电系统图与平面图、主要设备材料表、计算书等

三、施工图设计

初步设计文件经有关部门审查批准以后，就可以进行施工图设计。施工图设计阶段的主要工作有以下几个方面。

（一）准备工作

检查设计的内容是否与设计任务和有关的设计条件相符；核对各种设计参数、资料是否正确；进一步收集必要的技术资料。

（二）设计计算

深入进行系统计算；进一步核对和调整计算负荷；进行各类保护计算、导线与设备的选择计算、线路与保护的配合计算、电压损失计算等。

（三）各专业间的配合与协调

对初步设计阶段互提的资料进行补充和深化。如向建筑专业提供需要他们配合的有关电气设备用房的平面布置图；需要结构专业配合的有关留预埋件或预留孔洞的条件图；向水暖专业了解各种用电设备的控制、操作、联锁要求等。

（四）编制施工图设计文件

施工图设计文件一般由图样目录、设计说明、设计图样、主要设备及材料表、工程预算等组成。图样目录中应先列出新绘制的图样，后列出选用的标准图、重复利用图及套用的工程设计图。

当本专业有总说明时，在各子项工程图样中应加以附注说明；当子项工程先后出图时，应分别在各子项工程图样中写出设计说明，图例一般在总说明中。

四、工程设计技术交底

电气施工图设计完成以后，在施工开始以前，设计人员应向施工单位的技术人员或负责人做电气工程设计的技术交底。主要介绍电气设计的主要意图、强调指出施工中应注意的事项，并解答施工单位提出的技术疑问，补充和修改设计文件中的遗漏和错误。其间应做好会审记录，并最后作为技术文件归档。

五、施工现场配合

在按图进行电气施工的过程中，电气设计人员应常去现场帮助解决图样上或施工技术上的问题，有时还要根据施工过程中出现的新问题做一些设计上的变动，并以书面形式发出修改通知或修改图。

六、工程竣工验收

设计工作的最后一步是组织设计人员、建设单位、施工单位及有关部门对工程进行竣工验收。电气设计人员应检查电气施工是否符合设计要求，即详细查阅各种施工记录，并现场查看施工质量是否符合验收规范，检查电器安装措施是否符合图样规定，将检查结果逐项写入验收报告，并最后作为技术文件归档。

第六节 建筑电气施工质量验收

一、主要设备、材料、成品和半成品的进场验收

（1）主要设备、材料、成品和半成品进场检验结论应有记录，确认符合相关规定后才能在施工中应用。

（2）如验收有异议则需送有资质试验室进行抽样检测，试验室应出具检测报告，确认产品符合该验收标准和相关技术标准规定，才能在施工中应用。

（3）依法定程序批准进入市场的新电气设备、器具和材料进场验收，除符合验收标准规定外，尚应提供安装、使用、维修和试验要求等技术资料。

（4）进口电气设备、器具和材料进场验收，除符合验收标准规定外，尚应提供商检证明和中文的质量合格证明文件、规格、型号、性能检测报告以及中文的安装、使用、维修和试验要求等技术文件。

（5）经批准的免检产品或认定的名牌产品，当进场验收时，可以不做抽样检测。

（6）变压器、预装式变电站、高压电器及绝缘制品应符合下列规定。

①查验合格证和随带技术文件，变压器有出厂试验记录。

②外观检查。铭牌、附件齐全，绝缘件无缺损、裂纹，充油部分不渗漏，充气高压设备气压指示正常，涂层完整。

（7）高低压成套配电柜、蓄电池柜、不间断电源柜、控制柜（屏、台）及动力、照明配电箱（盘）应符合下列规定。

①检查合格证和随带技术文件，实行生产许可证和安全认证制度的产品，有许可证编号和安全认证标志。不间断电源柜有出厂试验记录。

②外观检查。有铭牌，蓄电池柜内电池壳体无碎裂、漏液，柜内元器件无损坏丢失、接线无脱落脱焊，充油、充气设备无泄漏，涂层完整，无明显碰撞凹陷。

（8）柴油发电机组应符合下列规定。

①依据装箱单，核对主机、附件、专用工具、备品备件和随带技术文件；查验合格证和出厂试运行记录，发电机及其控制柜需有出厂试验记录。

②外观检查。有铭牌，设备无缺件无损坏丢失，涂层完整。

（9）电动机、电加热器、电动执行机构和低压开关设备等应符合下列规定。

①开箱后查验合格证和随带技术文件，实行生产许可证和安全认证制度的产品需有许可证编号和安全认证标志。

②外观检查。有产品铭牌，电气接线端子完好，设备器件无缺损，产品附件齐全，涂层完整。

（10）照明灯具及附件应符合下列规定。

①查验合格证，新型气体放电灯应有随带技术文件。

②外观检查。灯具涂层完整，无损伤，附件齐全。普通灯具有安全认证标志。防爆灯具铭牌上有防爆标志和防爆合格证号。

③对成套灯具的绝缘电阻、内部接线等性能进行现场抽样检测。灯具的绝缘电阻值不小于 2MΩ，内部接线为铜芯绝缘电线，芯线截面积不小于 0.2mm²，橡胶或聚氯乙烯（PVC）绝缘电线的绝缘层厚度不小于 0.6mm。对游泳池和类似场所灯具（水下灯及防水灯具）的密闭和绝缘性能有异议时，按批抽样送有资质的试验室检测。

（11）开关、插座、接线盒和风扇及其附件应符合下列规定。

①查验合格证，防爆产品有防爆标志和防爆合格证号，实行安全认证制度的产品有安全认证标志。

②外观检查。开关、插座的面板及接线盒盒体完整、无碎裂、零件齐全，风扇无损坏，涂层完整，调速器等附件适配。

③对开关、插座的电气和机械性能进行现场抽样检测。检测规定为：

第一，绝缘电阻值不小于 5MU；

第二，不同极性带电部件间的电气间隙和爬电距离不小于 3mm；

第三，用自攻锁紧螺钉或自切螺钉安装的，螺钉与软塑固定件旋合长度不小于 8mm，软塑固定件在经受10次拧紧退出试验后，无松动或掉渣，螺钉及螺纹无损坏现象；

第四，金属间相旋合的螺钉螺母，拧紧后完全退出，反复 5 次仍能正常使用。

④对开关、插座、接线盒及其面板等塑料绝缘材料阻燃性能有异议时，按批抽样送有资质的试验室检测。

（12）导管应符合下列规定。

①按批查验合格证；对绝缘导管及配件的阻燃性能有异议时，按批抽样送有资质的试验室检测。

②外观检查。钢导管无压扁、内壁光滑。非镀锌钢导管无严重锈蚀，涂层完整；镀锌钢导管镀层覆盖完整、表面无锈斑；绝缘导管及配件不碎裂、表面有阻燃标记和制造厂标。

③按制造标准现场抽样检测导管的管径、壁厚及均匀度。

二、建筑电气安装主控项目

（一）变压器、预装式变电站安装

（1）变压器安装应位置正确，附件齐全，油浸变压器油位正常，无渗油现象。

（2）接地装置引出的接地干线与变压器的低压侧中性点直接连接；接地干线与预装式变电站的 N 母线和 PE 母线直接连接；变压器箱体、干式变压器的支架或外壳应接地（PE）。所有连接应可靠，紧固件及防松零件齐全。

（3）变压器必须按规定交接试验合格。

（4）预装式变电站及落地式配电箱的基础应高于室外地秤，周围排水通畅。用地脚螺栓固定的螺母齐全，拧紧牢固；自由安放的应垫平放正。金属预装式变电站及落地式配电箱，箱体应接地（PE）或接零（PEN）可靠，且有标识。

（5）预装式变电站的交接试验，必须符合下列规定：

①由高压成套开关柜、低压成套开关柜和变压器三个独立单元组合成的预装式变电站高压电气设备部分，按规定交接试验合格。

②高压开关、熔断器等与变压器组合在同一个密闭油箱内的预装式变电站，交接试验按产品提供的技术文件要求执行。

③低压成套配电柜交接试验符合以下的规定：

第一，每路配电开关及保护装置的规格、型号，应符合设计要求；

第二，相间和相对地间的绝缘电阻值应大于 0.5MΩ；

第三，电气装置的交流工频耐压试验电压为 1kV，当绝缘电阻值大于 10MΩ 时，可采用 2500V 兆欧表摇测替代，试验持续时间 1min，无击穿闪络现象。

（二）成套配电柜、控制柜（屏、台）和动力、照明配电箱（盘）安装

（1）柜、屏、台、箱、盘的金属框架及基础型钢必须接地（PE）或接零（PEN）可靠；装有电器的可开启门，门和框架的接地端子间应用裸编织铜线连接，且有标识。

（2）低压成套配电柜、控制柜（屏、台）和动力、照明配电箱（盘）应有可靠的电击保护。柜（屏、台、箱、盘）内保护导体应有裸露的连接外部保护导体的端子。

（3）手车、抽出式成套配电柜推拉应灵活，无卡阻碰撞现象。动触头与静触头的中心线应一致，且触头接触紧密，投入时，接地触头先于主触头接触；退出时，接地触头后于主触头脱开。

（4）高压成套配电柜必须按规定交接试验合格，且应符合下列规定。

①继电保护元器件、逻辑元件、变送器和控制用计算机等单体校验合格，整组试验动作正确，整定参数符合设计要求。

②凡经法定程序批准，进入市场投入使用的新高压电气设备和继电保护装置，按产品技术文件要求交接试验。

（5）低压成套配电柜交接试验，必须符合规定。

（6）柜、屏、台、箱、盘间线路的线间和线对地间绝缘电阻值，馈电线路必须大于 0.5MΩ；二次回路必须大于 1MΩ。

（7）柜、屏、台、箱、盘间二次回路交流工频耐压试验，当绝缘电阻值大于 10MΩ 时，用 2500V 绝缘电阻表摇测 1min，应无闪络击穿现象；当绝缘电阻值在 1～10 时，做 1000V 交流工频耐压试验 1min，应无闪络击穿现象。

（8）直流屏试验，应将屏内电子器件从线路上退出，检测主回路线间和线对地间绝缘电阻值应大于 0.5MΩ，直流屏所附蓄电池组的充、放电应符合产品技术文件要求；整流器的控制调整和输出特性试验应符合产品技术文件要求。

（9）照明配电箱（盘）安装应符合下列规定：

①箱（盘）内配线整齐，无铰接现象。导线连接紧密，不伤芯线，不断股。垫圈

下螺丝两侧压的导线截面积相同，同一端子上导线连接不多于 2 根，防松垫圈等零件齐全。

②箱（盘）内开关动作灵活可靠，带有漏电保护的回路，漏电保护装置动作电流不大于 20mA，动作时间不大于 0.1s。

③照明箱（盘）内，分别设置零线（N）和保护地线（PE 线）汇流排，零线和保护地线经汇流排配出。

（三）裸母线、封闭母线、插接式母线安装

（1）绝缘子的底座、套管的法兰、保护网（罩）及母线支架等可接近裸露导体应接地（PE）或接零（PEN）可靠。不应作为接地（PE）或接零（PEN）的持续导体。

（2）母线与母线或母线与电器接地线端子，当采用螺栓搭接连接时，应符合下列规定：

①母线接触面保持清洁，涂电力复合脂，螺栓孔周边无毛刺。

②连接螺栓两侧有平垫圈，相邻垫圈间有大于 3mm 的间隙，螺母侧装有弹簧垫圈或锁紧螺母。

③螺栓受力均匀，不使电器的接线端子受额外应力。

（3）封闭、插接式母线安装应符合下列规定：

①母线与外壳同心，允许偏差为 ±5mm。

②母线的连接方法要符合产品技术文件要求。

③当段与段连接时，两相邻母线及外壳对准，连接后不使母线及外壳受额外应力。

（4）高压母线交流工频耐压试验必须按规定交接试验合格。

（5）低压母线交接试验应符合规定。

（四）开关、插座、风扇的安装

（1）当交流、直流或不同电压等级的插座安装在同一场所时，应有明显的区别，且必须选择不同结构、不同规格和不能互换的插座；配套的插头应按交流、直流或不同电压等级区别使用。

（2）插座接线应符合下列规定：

①单相两孔插座，面对插座的右孔或上孔与相线连接，左孔或下孔与零线连接；单相三孔插座，面对插座的右孔与相线连接，左孔与零线连接。

②单相三孔、三相四孔及三相五孔插座的接地（PE）或接零（PEN）线接在上孔。插座的接地端子不与零线端子连接。同一场所的三相插座，接线的相序一致。

③接地（PE）或接零（PEN）线在插座间不串联连接。

（3）特殊情况下插座安装应符合下列规定：

①当接插有触电危险家用电器的电源时，采用能断开电源的带开关插座，开关断开相线。

②潮湿场所采用密封型并带保护地线触头的保护型插座，安装高度不低于 1.5m。

（4）照明开关安装应符合下列规定：

①同一建筑物、构筑物的开关采用同一系列产品，开关的通断位置一致，操作灵活、接触可靠。

②相线经开关控制；民用住宅无软线引至床边的床头开关。

（5）吊扇安装应符合下列规定：

①吊扇挂钩安装牢固，吊扇挂钩的直径不小于吊扇挂销直径，且不小于8mm；挂销的防松零件齐全、可靠；有防振橡胶垫。

②吊杆间、吊杆与电机间螺纺连接，啮合长度不小于20mm，且防松零件齐全紧固。

③吊扇扇叶距地高度不小于2.5m。

④吊扇组装不改变扇叶角度，扇叶固定螺栓防松零件齐全。

⑤吊扇接线正确，当运转时扇叶无明显颤动和异常声响。

（6）壁扇安装应符合下列规定：

①壁扇底座采用尼龙塞或膨胀螺栓固定；尼龙塞或膨胀螺栓的数量不少于2个，且直径不小于8mm。固定牢固可靠。

②壁扇防护罩扣紧，固定可靠，当运转时扇叶和防护罩无明显颤动和异常声响。

三、建筑电气分部（子分部）工程验收

（一）检验批的划分规定

当建筑电气分部工程施工质量检验时，检验批的划分应符合下列规定。

（1）室外电气安装工程中分项工程的检验批，依据庭院大小、投运时间先后、功能区块不同划分。

（2）变配电室安装工程中分项工程的检验批，主变配电室为1个检验批：有数个分变配电室，且不属于子单位工程的子分部工程，各为1个检验批，其验收记录汇入所有变配电室有关分项工程的验收记录中；如各分变配电室属于各子单位工程的子分部工程，所属分项工程各为1个检验批，其验收记录应为一个分项工程验收记录，经子分部工程验收记录汇入分部工程验收记录中。

（3）供电干线安装工程分项工程的检验批，依据供电区段和电气线缆竖井的编号划分。

（4）电气动力和电气照明安装工程中分项工程及建筑物等电位联结分项工程的检验批，其划分的界区，应与建筑土建工程一致。

（5）备用和不间断电源安装工程中分项工程各自成为1个检验批。

（6）防雷及接地装置安装工程中分项工程检验批，人工接地装置和利用建筑物基础钢筋的接地体各为1个检验批，大型基础可按区块划分成几个检验批；避雷引下线安装6层以下的建筑为1个检验批，高层建筑依均压环设置间隔的层数为1个检验批；接闪器安装同一屋面为1个检验批。

（二）建筑电气验收质量控制资料

当验收建筑电气工程时，应核查下列各项质量控制资料，且检查分项工程质量验收记录和分部（子分部）质量验收记录应正确，责任单位和责任人的签章齐全。

（1）建筑电气工程施工图设计文件和图样会审记录及洽商记录。

（2）主要设备、器具、材料的合格证和进场验收记录。

（3）隐蔽工程记录。

（4）电气设备交接试验记录。

（5）接地电阻、绝缘电阻测试记录。

（6）空载试运行和负荷试运行记录。

（7）建筑照明通电试运行记录。

（8）工序交接合格等施工安装记录。

此外，根据单位工程实际情况，检查建筑电气分部（子分部）工程所含分项工程的质量验收记录应无遗漏缺项。核查各类技术资料应齐全，且符合工序要求，有可追溯性，各责任人均应签章确认。

（三）单位工程质量抽检

当单位工程质量验收时，建筑电气分部（子分部）工程实物质量的抽检部位如下，且抽检结果应符合规定。

（1）大型公用建筑的变配电室，技术层的动力工程，供电干线的竖井，建筑顶部的防雷工程，重要的或大面积活动场所的照明工程，以及5%自然间的建筑电气动力、照明工程。

（2）一般民用建筑的配电室和5%自然间的建筑电气照明工程，以及建筑顶部的防雷工程。

（3）室外电气工程以变配电室为主，且抽检各类灯具的5%。

（四）检验方法

检验方法应符合下列规定。

（1）电气设备、电缆和继电保护系统的调整试验结果，查阅试验记录或试验时旁站。

（2）空载试运行和负荷试运行结果，查阅试运行记录或试运行时旁站。

（3）绝缘电阻、接地电阻和接地（PE）或接零（PEN）导通状态及插座接线正确性的测试结果，查阅测试记录或测试时旁站用适配仪表进行抽测。

（4）漏电保护装置动作数据值，查阅测试记录或用适配仪表进行抽测。

（5）负荷试运行时大电流节点温升测量用红外线遥测温度仪抽测或查阅负荷试运行记录。

螺栓紧固程度用适配工具做拧动试验；有最终拧紧力矩要求的螺栓用扭力扳手抽测。

（7）需吊芯、抽芯检查的变压器和大型电动机、吊芯、抽芯时旁站或查阅吊芯、抽芯记录。

(8)需做动作试验的电气装置，高压部分不应带电试验，低压部分做无负荷试验。

(9)水平度用铁水平尺测量，垂直度用线锤吊线尺量，盘面平整度用拉线尺量，各种距离的尺寸用塞尺、游标卡尺、钢尺、塔尺或采用其他仪器仪表等测量。

(10)外观质量情况目测检查。

(11)设备规格型号、标志及接线，对照工程设计图纸及其变更文件检查。

同时，为方便检测验收，高低压配电装置的调整试验应提前通知监理和有关监督部门，实行旁站确认。变配电室通电后可抽测的项目主要是：各类电源自动切换或通断装置、馈电线路的绝缘电阻、接地（PE）或接零（PEN）的导通状态、开关插座的接线正确性、漏电保护装置的动作电流和时间、接地装置的接地电阻和由照明设计确定的照度等。抽测的结果应符合本规范规定和设计要求。

第四章 电动机及低压电器施工

第一节 电动机施工

电动机的安装质量直接影响它的安全运行。如果安装质量不好，不仅会缩短电动机的寿命，严重时还会损坏电动机和被拖动的机器，造成损失。电动机安装的工作内容主要包括设备的起吊、运输、定子、转子、轴承座及机轴的安装调整等钳工装配工艺，以及电机绕组接线、电机干燥等工序。根据电动机容量的大小，其安装工作内容也有所区别。建筑电气工程中电动机容量一般不大，因此，本节主要介绍中小型电动机的安装。对于三相鼠笼型异步电动机，凡中心高度为 80 ～ 315mm、定子铁芯外径为 120 ～ 500mm 的称为小型电动机；凡中心高度为 355 ～ 630mm、定子铁芯外径为 500 ～ 1 000mm 的称为中型电动机。

一、电动机的安装

（一）电动机的搬运和安装前的检查

搬运电动机时，应注意不应使电动机受到损伤、受潮或弄脏。

如果电动机由制造厂装箱运来，在没有运到安装地点前，不要打开包装箱，宜将电动机存放在干燥的仓库内。放置室外时，应有防潮、防雨、防尘等措施。

中小型电动机从汽车或其他运输工具上卸下来时，可使用起重机械；如果没有这些机械设备，可在地面与汽车间搭斜板，将电机平推在斜板上，慢慢地滑下来。但必须用绳子将机身拖住，以防滑动太快或滑出木板。

质量在 100kg 以下的小型电动机，可以用铁棒穿过电动机上的吊环，由人力搬运，但不能用绳子套在电动机的皮带轮或转轴上，也不要穿过电动机的端盖孔来抬电动机，所用各种索具，必须结实可靠。

电动机就位之前应进行详细的检查和清扫。

（1）检查电动机的功率、型号、电压等应与设计相符。

（2）检查电动机的外壳应无损伤，风罩风叶完好，盘动转子转动灵活，无碰卡声，轴向窜动不应超过规定的范围。

（3）拆开接线盒，用万用表测量三相绕组是否断路。引出线鼻子的焊接或压接应良好，编号应齐全。

（4）使用兆欧表测量电动机的各相绕组之间以及各相绕组与机壳之间的绝缘电阻，其绝缘电阻值不得小于0.5MΩ，如不能满足要求应对电动机进行干燥。

（5）对于绕线式电动机需检查电刷的提升装置，提升装置应标有“启动”“运行”的标志，动作顺序是先短路集电环，然后提升电刷。

如果电动机出厂日期超过了制造厂保证期限，或当制造厂无保证期限时，出厂日期已超过一年，或经外观检查、电气试验，质量可疑时应进行抽芯检查。如果电机在手动盘转和试运转时有异常情况，也要抽芯检查。对开启式电动机经端部检查有可疑时，也应进行抽芯检查。

电动机抽芯检查应符合下列规定：①线圈绝缘层完好、无伤痕，端部绑线不松动，槽楔固定，无断裂，引线焊接饱满，内部清洁，通风孔道无堵塞。②轴承无锈斑，注油（脂）的型号、规格和数量正确，转子平衡块紧固，平衡螺钉锁紧，风扇叶片无裂纹。③连接用紧固件的防松零件齐全完整。④其他指标符合产品技术文件的特有要求。

（二）电动机的安装和校正

1. 电动机的安装

电动机通常安装在机座上，机座固定在基础上，电动机的基础一般用混凝土浇注。浇灌基础时应先根据电机安装尺寸，将地脚螺栓和钢筋绑在一起。为保证位置的正确，上面可用一块定型板将地脚螺栓固定，待混凝土达到标准强度后，再拆去定型板。也可以先根据安装孔尺寸预留孔洞（100mm×100mm），待安装电机时，再将地脚螺栓穿过机座，放在预留孔内，进行二次浇注。地脚螺栓埋设不可倾斜，等电动机紧固后应高出螺母3～5扣。

电动机基础要求在安装电动机前15天做好，整个基础表面应平整，各部尺寸应符合设计要求。

电动机就位时，质量在100kg以上的电动机，可用滑轮组或手拉葫芦将电动机吊装就位。较轻的电动机，可用人抬到基础上就位。

2. 电动机的校正

电动机就位后，即可进行纵向和横向的水平校正。如果不平，可用0.5～5mm的钢片垫在电动机机座下，找平找正直到符合要求为止。

在电动机与被驱动的机械通过传动装置互相连接之前，还必须对传动装置进行校正。由于传动装置的种类不同，校正的方法也各有差异。常用传动装置有皮带、联轴器和齿轮 3 种。现将其校正方法分别加以叙述。

（1）皮带传动的校正

以皮带作传动时，必须使电动机皮带轮的轴和被驱动机器的皮带轮的轴保持平行，同时还要使两个皮带轮宽度的中心线在同一直线上。

如果两皮带轮宽度相同，校正时可在皮带轮的侧面进行，如图 4-1（a）所示。利用一根细绳来测量，当 A、B、C、D。在同一直线上时，即已找正。如果两皮带轮宽度不同，先找出皮带轮的中心线，并画出记号，如图 4-1（b）中的 1，2 和 3，4 两条线，然后拉一根线绳，对准 1，2 这条线，并将线拉直。如果两轴平行，则线绳必然同 3，4 那条线相重合。

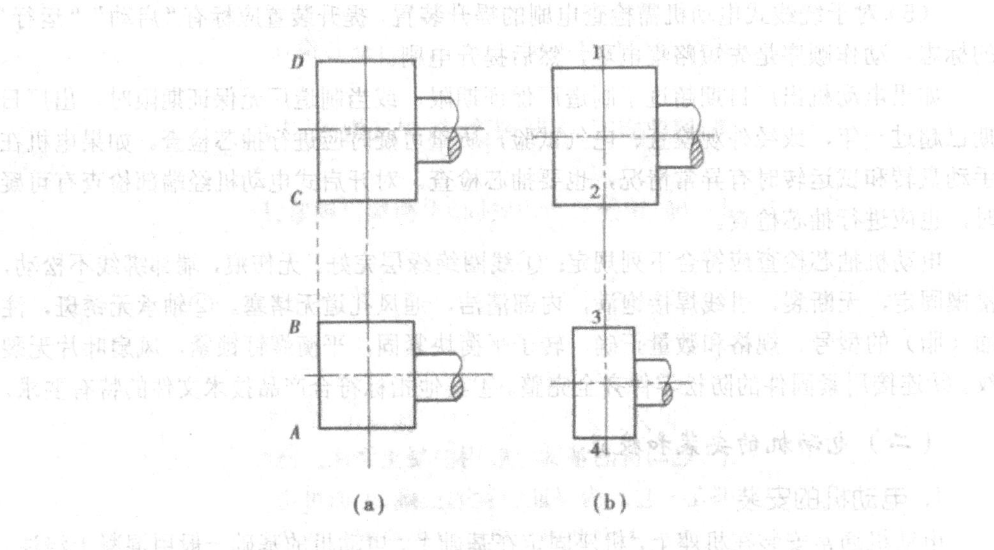

图 4-1 皮带轮的校正法

（2）联轴器的找正

联轴器也称靠背轮。当电动机与被驱动的机械采用联轴器连接时，必须使两轴的中心线保持在一条直线上；否则，电动机转动时将产生很大振动，严重时会损坏联轴器，甚至扭弯、扭断电动机轴或被驱动机械的轴。但是，由于电动机转子的质量和被驱动机械转动部分的质量的作用，使轴在垂直平面内有一挠度，如图 4-2（a）所示。假如两相连机器的转轴安装绝对水平，那么联轴器的接触面将不会平行，而处于如图 4-2（a）所示的位置。

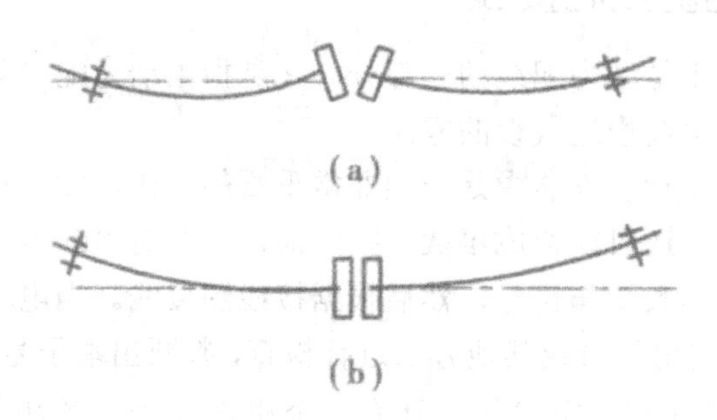

图 4-2　轴的弯曲

在这种情况下，如用螺栓将联轴器连接起来，使联轴器两接触面互相接触，电动机和机器的两轴承就会受到很大应力，使之在转动时产生振动。

为了避免这种现象，必须将两端轴承装得比中间轴承高一些，使联轴器的两平面平行，如图 4-2（b）所示。同时，还要使这对转轴的轴线在联轴器处重合。校正时，首先取下螺栓，用钢板尺测量径向间隙 a 和轴向间隙 b，测量后把联轴器旋转 180°再测。如果联轴器平面是平行的，并且轴心也是对准的，那么在各个位置所测得的 a 值和 b 值都是一样的，如图 4-3 所示；否则，要继续校正，直到正确为止。测量时必须仔细，多次重复进行，但是有的联轴器表面的加工情况不好，也会出现 a 值和 b 值在各个位置上不等的情况，这就需要细心分析，找出其规律，才能鉴别是否已经校正。

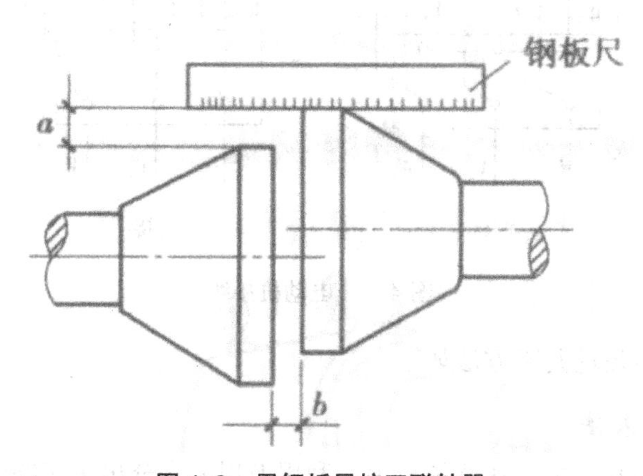

图 4-3　用钢板尺校正联轴器

（3）齿轮传动的校正

齿轮传动必须使电动机的轴与被驱动机器的轴保持平行。大小齿轮咬合适当，如果两齿轮的齿间间隙均匀，则表明两轴达到了平行。间隙的大小可用塞尺进行检查。

二、电动机的配线和接线

电动机的配线施工是动力配线的一部分。它是指由动力配电箱至电动机的这部分配线，通常采用管内穿线埋地敷设的方法。

电动机的接线在电动机安装中是一项非常重要的工作。如果接线不正确，不仅使电动机不能正常运行，还可能造成事故。接线前，应查对电动机铭牌上的说明或电动机接线板上接线端子的数量与符号，然后根据接线图接线。当电动机没有铭牌，或端子标号不清楚时，应先用仪表或其他方法进行检查，判断出端子号后再确定接线方法。

三相感应电动机共有3个绕组，计有6个引出端子，各相的始端用U_1、V_1、W_1表示，终端用U_2、V_2、W_2表示。标号$U_1\sim U_2$为第一相，$V_1\sim V_2$为第二相，$W_1\sim W_2$为第三相。

如果三相绕组接成星形，则U_2、V_2、W_2连在一起，U_1、V_1、W_1接电源线。如果接成三角形，则U_1与W_2、V_1与U_2，W_1与V_2分别相连，如图4-4所示。

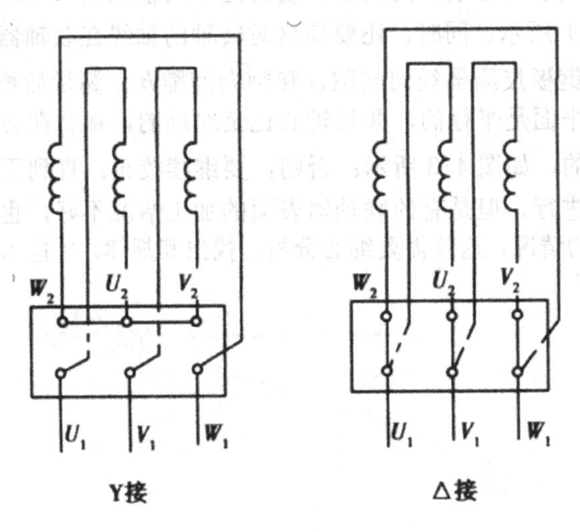

图4-4　电动机接线

电动机绕组首尾的判断方法如下：

（一）万用表法

将万用表的转换开关放在欧姆挡上，利用万用表先分出每相绕组的两个出线端，然后将万用表的转换开关转到直流毫安挡上，并将三相绕组接成如图4-5所示的线路。接着，用手转动电动机的转子，如果万用表指针不动，则说明三相绕组的头尾区分是正确的。如果万用表指针动了，说明有一相绕组的头尾反了，应一相一相分别对调后重新试验，直到万用表指针不动为止。该方法是利用转子铁芯中的剩磁在定子三相绕组内感应出电动势的原理进行的。

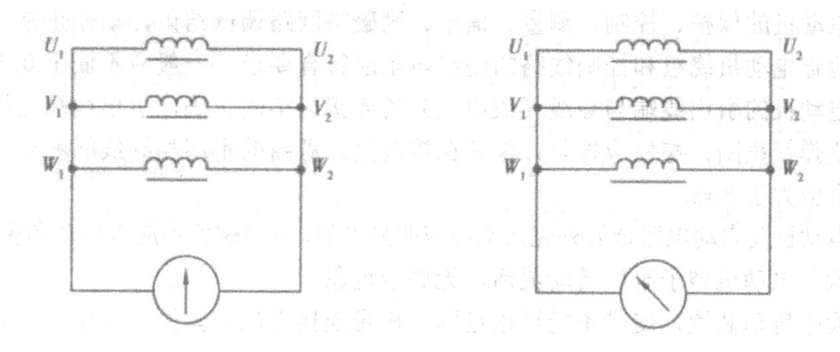

图 4-5 用万用表区分绕组头尾方法

（二）绕组串联法

先用万用表分出三相绕组，再假定每相绕组的头尾，并接成如图 4-6 所示线路。将一相绕组接通 36V 交流电，另外两相绕组串联起来接上灯泡。如果灯泡发亮，则说明所连两相绕组头尾假定是正确的；如果灯泡不亮，则说明所连两相绕组不是头尾相连。这样，这两相绕组的头尾便确定了。然后，再用同样方法区分第三相绕组的头尾。

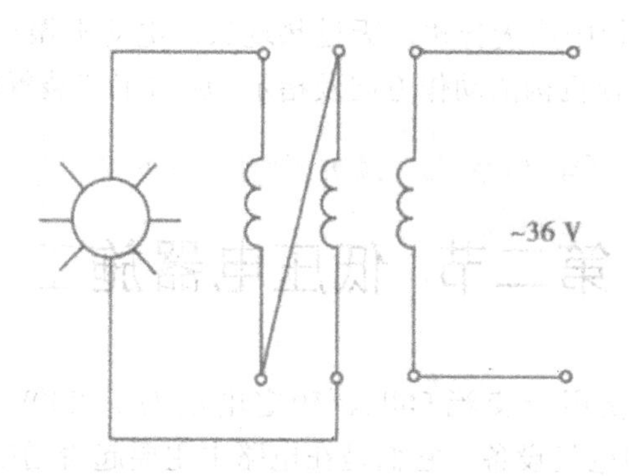

图 4-6 用绕组串联法区分绕组头尾

三、电动机试运行

电动机试车是电动机安装工作的最后一道工序，也是对安装质量的全面检查。一般电动机的第一次启动要在空载情况下进行。空载运行时间为 2h，一切正常后方可带负荷试运转。

为了使试运转一次成功，一般应注意以下事项：

（1）电动机在启动前，应进行检查，确认其符合条件后，才可启动。检查项目如下：

①安装现场清扫整理完毕，电动机本体安装检查结束。

②电源电压应与电动机额定电压相符，且三相电压应平衡。

③根据电动机铭牌，检查电动机的绕组接线是否正确，启动电器与电动机的连接

应正确，接线端子要求牢固，无松动和脱落现象。

④电动机的保护、控制、测量、信号、励磁等回路调试结束，动作正常。

⑤检查电动机绕组和控制线路的绝缘电阻应符合要求，一般应不低于 0.5MΩ。

⑥电动机的引出线端与导线（或电缆）的连接应牢固正确，引出线端与导线间的连接要垫弹簧垫圈，螺栓应拧紧，保证在接线盒内裸露的不同相导线间和导线对地间最小距离应大于 8mm。

⑦电动机及启动电器金属外壳接地线应明显可靠，接地螺栓不应有松动和脱落现象。

⑧盘动电动机转子时应转动灵活，无碰卡现象。

⑨检查传动装置，皮带不能过松过紧，皮带连接螺丝应紧固，皮带扣应完好，无断裂和割伤现象。联轴器的螺栓及销子应紧固。

⑩检查电动机所带动的机器是否已做好启动准备，准备妥善后，才能启动。如果电动机所带的机器不允许反转，应先单独试验电动机的旋转方向，使其与机器旋转方向一致后，再进行联机启动。

（2）电动机应按操作程序操作启动，并指定专人操作。

电动机空载运行一般为 2h。交流电动机在空载状态下可启动次数及间隔时间应符合产品技术条件的规定。当产品技术条件无规定时，一般在冷态时，连续启动两次的间隔时间不得小于 5min，再次启动则应在电动机冷却至常温下。

（3）电动机在运行中应无异声，无过热现象；电动机振动幅值及轴承温升应在允许范围之内。电动执行机构的动作方向及指示，应与工艺装置的设计要求保持一致。

第二节 低压电器施工

低压电器一般是指用于交流 50Hz、额定电压为 1 200V 及以下、直流电压为 1500V 及以下电路中的电气设备。它们是在电路中主要起着通断、保护、控制或调节作用的电器。

一、低压电器安装前，建筑工程应具备的条件

低压电器安装前，与低压电器安装有关的建筑工程的施工应符合下列要求：

（1）与低压电器安装有关的建筑物、构筑物的建筑工程质量，应符合国家现行的建筑工程施工及验收规范中的有关规定。当设备或设计有特殊要求时，尚应符合其要求。

（2）低压电器安装前，建筑工程应具备下列条件：

①屋顶、楼板应施工完毕，不得渗漏。

②对电器安装有妨碍的模板、脚手架等应拆除，场地应清扫干净。

③室内地面基层应施工完毕，并应在墙上标出抹面标高。

④环境湿度应达到设计要求或产品技术文件的规定。

⑤电气室、控制室、操作室的门、窗、墙壁、装饰棚应施工完毕，地面应抹光。

⑥设备基础和构架应达到允许设备安装的强度；焊接构件的质量应符合要求，基础槽钢应固定可靠。

⑦预埋件及预留孔的位置及尺寸，应符合设计要求，预埋件应牢固。

二、低压电器安装一般规定

（一）安装前的检查

低压电器安装前的检查应符合下列要求：

（1）设备铭牌、型号、规格，应与被控制线路或设计相符。

（2）外壳、漆层、手柄，应无损伤或变形。

（3）内部仪表、灭弧罩、瓷件、胶木电器，应无裂纹或伤痕。

（4）螺栓应拧紧。

（5）具有主触头的低压电器，触头的接触应紧密，采用 0.05mm×10mm 的塞尺检查，接触两侧的压力应均匀。

（6）附件应齐全、完好。

（二）低压电器的安装

低压电器的安装高度，应符合设计规定；当设计无明确规定时，一般落地安装的低压电器，其底部宜高出地面 50 ～ 100mm；操作手柄转轴中心与地面的距离，宜为 1 200 ～ 1 500mm；侧面操作的手柄与建筑物或设备的距离，不宜小于 200mm。

低压电器的固定，一般应符合下列要求：

（1）低压电器安装固定，应根据其不同的结构，采用支架、金属板、绝缘板固定在墙、柱或其他建筑构件上。金属板、绝缘板应平整；当采用卡轨支撑安装时，卡轨应与低压电器匹配，并用固定夹或固定螺栓与壁板紧密固定，严禁使用变形或不合格的卡轨。

（2）当采用膨胀螺栓固定时，应按产品技术要求选择螺栓规格；其钻孔直径和埋设深度应与螺栓规格相符。

（3）紧固件应采用镀锌制品，螺栓规格应选配适当，电器的固定应牢固、平稳。

（4）有防震要求的电器应增加减振装置，其紧固螺栓应采取防松措施。

（5）固定低压电器时，不得使电器内部受额外应力。

（6）成排或集中安装的低压电器应排列整齐；器件间的距离，应符合设计要求，并应便于操作及维护。

（三）低压电器的接线

低压电器的外部接线，应符合下列要求：

（1）接线应按接线端头的标志进行。

（2）接线应排列整齐、清晰、美观；导线绝缘应良好、无损伤。

（3）电源侧进线应接在进线端，即固定触头接线端；负荷侧出线应接在出线端，即可动触头接线端。

（4）电器的接线应采用铜质或有电镀金属防锈层的螺栓和螺钉，连接时应拧紧，且应有防松装置。

（5）外部接线不得使电器内部受到额外应力。

（6）母线与电器连接时，接触面应平整，无氧化膜，并应涂以电力复合脂。

（7）电器的金属外壳、框架的接零或接地应符合《电气装置安装工程接地装置施工及验收规范》（GB 50169—2006）的有关规定。

三、低压断路器安装

低压断路器又称自动开关、空气开关，是一种能够自动切断线路故障的控制保护电器。它用在低压配电线路中作为开关设备和保护元件，也可以用在电动机主回路上作为短路、过载和失压保护用，还可以作为启动电器，故被广泛采用。

根据断路器的结构形式可分为塑料外壳式（装置式）、框架式（万能式）两类。

框架式断路器为敞开式结构，它能实现各种不正常工作情况时的保护（如过电流保护和低电压保护等），并在操作上具有各式各样的传动机构（如直接手动、杠杆连动、电磁铁操作以及压缩空气操作）和不同框架（如敞开式、手车式及其他防护形式），广泛应用于企业、电厂和变电站、舰艇及其他场所。常用断路器有：DW10、DW15 系列框架式断路器；DW15C 系列抽屉式断路器；DWX15 系列万能式限流断路器，等等。

塑料外壳式断路器的结构特点是具有安全保护用的塑料外壳，适用于保护设备的过电流。它除了用于与框架式自动开关相同的场合外，还用于公共建筑物和住宅中的照明电路。常用的有 DZ10 系列、DZ15 系列和 DZ20 系列断路器。

低压断路器可以安装在墙上、柱子上或支架上，通常安装在配电屏（箱）内。其安装要求如下：

（1）低压断路器的安装，应符合产品技术文件的规定；当无明确规定时，宜垂直安装，其倾斜度不应大于 5°。

（2）低压断路器与熔断器配合使用时，熔断器应安装在电源侧。

（3）低压断路器操作机构的安装，应满足下列要求：

①操作手柄或传动杠杆的开、合位置应正确，操作力不应大于产品允许值。

②电动操作机构的接线应正确。在合闸过程中，开关不应跳跃；开关合闸后，限制电动机或电磁铁通电时间的联锁装置应及时动作；使电磁铁或电动机通电时间不超过产品规定值。

③开关辅助接点动作应正确可靠，接触应良好。

④抽屉式断路器的工作、试验、隔离 3 个位置的定位应明显，并应符合产品技术文件的规定。

⑤抽屉式断路器空载时进行抽、拉数次应无卡阻，机械联锁应可靠。

（4）低压断路器的接线应正确、可靠。裸露在箱体外部且易触及的导线端子，应加绝缘保护。有半导体脱扣装置的低压断路器，其接线应符合相序要求，脱扣装置的动作应可靠。

四、漏电保护器安装

漏电保护器是漏电电流动作保护器的简称，是在规定条件下，当漏电电流达到或超过给定值时，能自动断开电路的机械开关电器或组合电器。目前，生产的漏电保护器主要为电流动作型。

漏电保护器是在断路器内增设一套漏电保护元件组成的。因此，漏电保护器除具有漏电保护的功能外，还具有断路器的功能。例如，DZ15L，DZ15LE 均是在 DZ15 型断路器的基础上加装漏电保护而构成的。因此，其基本结构与断路器相同，只是在其下部增加了零序电流互感器、漏电脱扣器和试验装置 3 部分元件，这些元件与主断路器全部装在一个塑料外壳内。

漏电保护器的安装及调整试验，应符合下列要求：①安装前应注意核对漏电保护器的铭牌数据，应符合设计和使用要求，并进行操作检查，其动作应灵活。②在特殊环境中使用的漏电保护器，应采取防腐、防潮或防热等措施。③应按漏电保护器产品标志进行电源侧和负荷侧接线。④带有短路保护功能的漏电保护器安装时，应确保有足够的灭弧距离。⑤电流型漏电保护器安装后，除应检查接线无误外，还应通过试验按钮检查其动作性能，并应满足要求。

五、低压接触器和启动器安装

低压接触器和启动器是电动机电路的主要控制电器。

（一）接触器安装

接触器一般由电磁系统、主触头及灭弧罩、辅助触头、支架和底座组成。按其主触头所控制的电流种类，分为交流接触器和直流接触器。常用的有 CJ10、CJ20 系列交流接触器；B 系列交流接触器；3TB 系列交流接触器。

接触器安装应注意以下 5 点：①安装前清除衔铁板面上的锈斑、油垢，使衔铁的接触面平整、清洁。可动部分应灵活、无卡阻；灭弧罩之间应有间隙。②触头的接触应紧密，固定主触头的触头杆应固定可靠。③当带有常闭触头的接触器闭合时，应先断开常闭触点，后接通主触头；当断开时，应先断开主触头，后接通常闭触头，且三相主触头的动作应一致，其误差应符合产品技术文件的要求。④接触器应垂直安装，其倾斜度不得超过5°，接线应正确。⑤在主触头不带电的情况下，启动线圈间断通电，主触头动作正常，衔铁吸合后应无异常响声。

（二）启动器安装

控制电动机启动与停止或反转的，有过载保护的开关电器，称为启动器。常用启动器有电磁启动器（又称磁力启动器）、自耦减压启动器、星－三角启动器等。

电磁启动器是由交流接触器与热继电器组成的。例如，QC12 系列电磁启动器是由 CJ12 系列交流接触器与 JR0 系列热继电器组成的。因此，电磁启动器的安装要求与接触器的安装要求基本相同。另外应注意，电磁启动器热元件的规格应与电动机的保护特性相匹配；热继电器的电流调节指示位置应调整在电动机的额定电流值上，并应按设计要求进行定值校验。

星－三角启动器有手动和自动两种。星－三角启动器检查调整应注意：①启动器的接线应正确，电动机定子绕组正常工作应为三角形接线。②手动操作的星－三角启动器，应在电动机转速接近运行转速时进行切换；自动转换的启动器应按电动机负荷要求正确调节延时装置。

自耦减压启动器常用的有手动式和自动式。例如，QJ3 系列油浸式手动自耦减压启动器和 QJ10 系列自耦减压启动器都要求垂直安装。调整时，应注意：油浸式启动器的油面不得低于标定油面线；减压抽头在 65% ～ 80% 额定电压下，应按负荷要求进行调整；启动时间不得超过自耦减压启动器允许的启动时间，一般最大启动时间（包括一次或连续累计数）不超过 2min。

六、控制器的安装

控制器是用以改变主回路或激磁回路的接线，或改变接在电路中的电阻值，来控制电动机的启动、调速和反向的开关电器。控制器主要分为两类：平面控制器的转换装置是平面的；凸轮控制器的转换装置是凸轮。常用的是凸轮控制器，如 KTJ1、KTJ15、KTJ16 系列交流凸轮控制器；KT10、KT12 系列交流凸轮控制器。它们主要用于起重设备中控制中小型绕线式转子异步电动机的启动、停止、调速换向及制动，也适用于有相同要求的其他电力拖动场合，如卷扬机等。

控制器通常用底脚螺栓直接安装在地上或支架上，小型凸轮控制器有时安装在操作台上。控制器的安装应符合下列要求：①控制器的工作电压应与供电电源电压相符。②凸轮控制器的安装位置，应便于观察和操作；操作手柄或手轮的安装高度宜为 800 ～1 200mm。③控制器操作应灵活；挡位应明显、准确。带有零位自锁装置的操作手柄，应能正常工作。④操作手柄或手轮的动作方向，宜与机械装置的动作方向一致；操作手柄或手轮在各个不同位置时，其触头的分、合顺序均应符合控制器的开、合表图的要求，通电后应按相应的凸轮控制器件的位置检查电动机，并应运行正常。⑤控制器触头压力应均匀；触头超行程不应小于产品技术文件的规定。凸轮控制器主触头的灭弧装置应完好。⑥控制器的转动部分及齿轮减速机构应润滑良好。

控制器在投入运行前，应用 500 ～1 000V 兆欧表测量其绝缘电阻。绝缘电阻值一般应在 0.5MΩ 以上，同时应根据接线图检查接线是否正确。

控制器的外壳一般都有接地螺栓。安装时，应将其与接地网连接，使其妥善接地。

第三节 不间断电源设备施工

UPS（Uninterruptible Power System）不间断电源设备是当正常交流供电中断时，将蓄电池输出的直流变换成交流持续供电的电源设备。UPS是一种含有储能装置，以逆变器为主要组成部分的恒压恒频的不间断电源。它主要用于给单台计算机、计算机网络系统或其他电力电子设备提供不间断的电力供应。当市电输入正常时，UPS将市电稳压后供给负载使用，此时的UPS就是一台交流稳压器，同时它还向机内电池充电。当市电中断时，UPS立即将机内电池的电能，通过逆变转换的方法向负载继续供应220V交流电，使负载维持正常工作，并保护负载软、硬件不受损坏。

一、UPS基本形式

（一）铁磁共振式（同步式）

铁磁共振式UPS系统框图如图4-7所示。在正常时，交流电源经接触器、铁磁共振变压器向负荷供电，同时蓄电池组经充电器浮充电，当交流电压严重下降或失电时，由蓄电池组经逆变器向负荷供电，铁磁共振变压器具有调节输出电压的功能，而对交流电频率不做调节。当频率偏差超出额定范围时，UPS即按断电处理。因此，铁磁共振式UPS应使用市电电源，而不宜用发电机电源。因若发电机为电源时，输出频率会经常改变，从而频繁消耗电池能量。

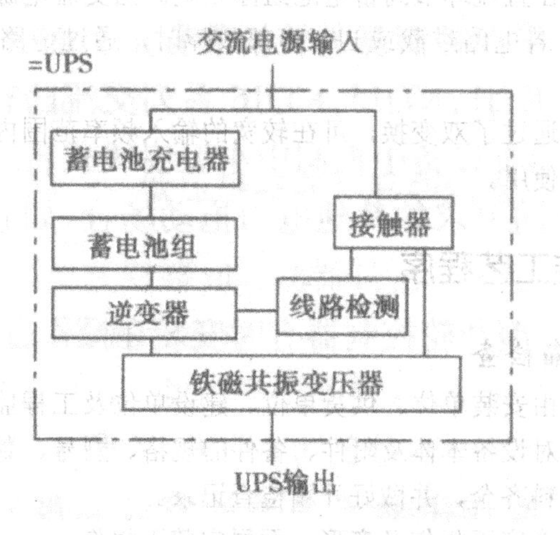

图4-7 铁磁共振式系统框图

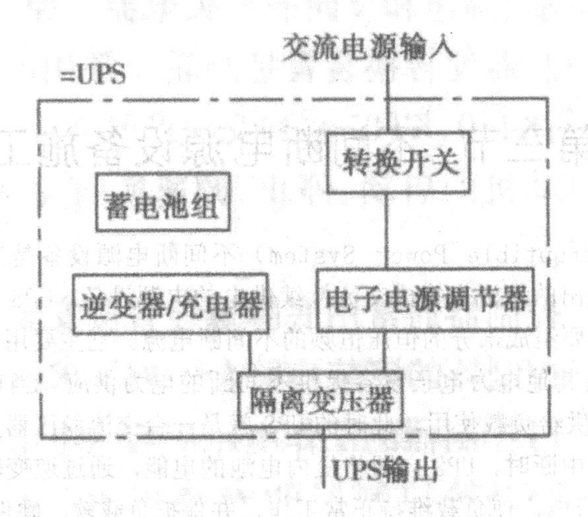

图 4-8　线路交互式系统框图

（二）线路交互式

线路交互式 UPS 系统框图如图 4-8 所示。正常时，交流电源经电子电源调节器、隔离变压器向负荷供电，并通过充电器向蓄电池组浮充电。当交流电源电压严重下降或失电时，蓄电池组通过逆变器向负荷供电，电子电源调压器只对 UPS 输出电压进行调节，而对交流频率不做调节。当频率偏差超出额定范围时，UPS 即按断电处理，因此，线路交互式 UPS 应用市电为电源，而不宜用发电机电源。

（三）双变换式（在线式）

双变换式 UPS 系统在正常时，通过整流器逆变器的交直交双变换过程，提供稳定的电压和频率输出，在直流环节向蓄电池组浮充电。当交流电源失电时，由蓄电池经逆变器向负荷供电。若电路过载或 UPS 内部故障时，通过旁路电路将 UPS 解列，交流电源直接供电。

因双变换式 UPS 通过了双变换，可在较宽的输入频率范围内运行，能提供稳定的输出，因而得到普遍使用。

二、UPS 安装工艺程序

（一）设备开箱检查

设备的开箱检查由安装单位、供货单位、建设单位及工程监理共同进行。按设备清单、设计图纸，核对设备本体及附件、备件的规格、型号、数量，并应符合设计图纸要求；随机技术资料齐全，并做好开箱检查记录。

设备本体外观检查应无损伤及变形，面层完整无损伤。

（二）机柜稳装

将机柜搬运至固定位置，对整流装置、逆变装置和静态开关装置所有紧固件逐个进行紧固。调整机柜的水平度和垂直度，符合要求后进行固定。

（三）设备接线调试

设备接线由安装总包方配合专业厂家进行，设备调试由专业厂家技术人员进行。设备调试应按设计要求，先做模拟调试，各项功能必须达到设计要求。

（四）送电试运行

送电试运行时间为24h全负荷运行，运行期间应及时观察电流、电压波形变化，并且每隔8h记录一次。

三、UPS安装质量标准

（一）主控项目

（1）不间断电源的整流装置、逆变装置和静态开关装置的规格、型号必须符合设计要求。内部接线连接正确，紧固件齐全、可靠，不松动，焊接连接无脱落现象。

（2）不间断电源的输入、输出各级保护系统和输出的电压稳定性、波形畸变系数、频率、相位、静态开关的动作等各项技术性能指标的试验调整，必须符合产品技术文件要求，且符合设计文件要求。

（3）不间断电源装置间连线的线间、线对地间绝缘电阻值应大于0.5 MΩ。

（4）不间断电源输出端的中性线（N极），必须与由接地装置直接引来的接地干线相连接，做重复接地。

（二）一般项目

（1）安放不间断电源的机架组装应横平竖直，水平度、垂直度允许偏差不应大于1.5‰，紧固件齐全。

（2）引入或引出不间断电源装置的主回路电线、电缆和控制电线，电缆应分别穿保护管敷设。在电缆支架上平行敷设应保持150mm的距离；电线、电缆的屏蔽护套接地连接可靠，与接地干线就近连接，紧固件齐全。

（3）不间断电源装置的可接近裸露导体应接地（PE）或接零（PEN）可靠，且有标志。

（4）不间断电源正常运行时产生的A声级噪声，不应大于45dB；输出额定电流为5A及以下的小型不间断电源噪声，不应大于30dB。

第四节 柴油发电机组施工

一、柴油发电机组安装工艺流程

柴油发电机组安装的工艺流程是：基础验收→开箱检查→主机安装→排烟、燃油、冷却系统安装→电气设备安装→地线安装→机组接线→机组调试→机组试运行。

二、基础验收

根据设计图纸、产品样本或柴油发电机组本体实物对设备基础进行全面检查，应在符合安装尺寸要求时，才能进行机组的安装。

三、设备开箱检验

设备开箱检验应由安装单位、供货单位、建设单位及工程监理共同进行，并做好开箱检查记录。依据装箱单核对主机、附件、专用工具、备品、备件及随机技术文件，查验合格证和出厂试运行记录，发电机及其控制柜应有出厂试验记录。做好外观检查，机组有铭牌，机身无缺件，表面涂层完整。柴油发电机组及其附属设备均应符合设计要求。

四、机组主体安装

现场允许吊车作业的，可用吊车将机组整体吊起，把随机配的减振器装在机组的底下，然后将机组放置在验收合格的基础上。一般情况下，减振器无须固定，只需在减振器下垫一薄的橡胶板即可。如果需要固定，应事先将减振器的地脚孔做好，并埋好地脚螺栓，将机组吊起，使地脚螺栓插入减振器地脚孔，放好机组，调校机组拧紧螺栓即可。

如果现场不允许吊车作业，可利用滚杠将机组滚至基础上，可用千斤顶将机组一端抬高，至底座下的间隙能安装减振器即可。安好减振器释放千斤顶，同样方法再抬高机组另一端，装好剩余的减振器，撤出滚杠，并释放千斤顶。

五、排气、燃油、冷却系统安装

（一）排烟系统的安装

柴油发电机组的排烟系统由法兰连接的管道、支撑件、波纹管和消声器组成。在法兰连接处应加石棉垫圈，排烟管出口应经过打磨，消声器安装正确。机组与排烟管之间连接的波纹管不能受力，排烟管外侧宜包一层保温材料。

（二）燃油、冷却系统的安装

主要包括储油罐、机油箱、冷却水箱、电加热器、泵、仪表及管路的安装。

六、电气设备的安装

（1）发电机控制箱（屏）是发电机的配套设备，主要是控制发电机送电及调压。根据现场实际情况，小容量发电机的控制箱直接安装在机组上，大容量发电机的控制屏则固定在机房的地面基础上，或安装在与机组隔离的控制室内。安装方法与成套配电柜安装一样。

（2）一般500kW以下的柴油发电机组，随机组配有配套的控制箱（屏）和励磁箱，对于500kW以上的机组，机组生产商一般提供控制屏。

（3）根据控制屏和机组安装的位置安装金属桥架，用来敷设导线。

七、地线安装

（1）将发电机的中性线与接地母线用专用地线及螺母连接，螺栓防松装置齐全，并设置标志。

（2）将发电机本体和机械部分的可接近裸露导体与保护接地（PE）可靠连接。

八、机组接线

（1）按要求敷设电源回路、控制回路的电缆，并与设备进行连接。

（2）发电机及控制箱接线应正确可靠。馈电线两端的相序必须与原供电系统的相序一致。

（3）发电机随机的配电柜和控制柜接线应正确无误，所有紧固件应牢固、无遗漏脱落，开关、保护装置的型号、规格必须符合设计要求。

九、机组调试

（1）将所有接线端子螺钉再检查一次。用兆欧表测试发电机至配电柜的馈电线路的相间、相对地间的绝缘电阻，其绝缘电阻值必须大于0.5MΩ。塑料绝缘电缆馈电线路直流耐压试验为2.4kV，时间15min，泄漏电流稳定，无击穿现象。

（2）用机组的启动装置手动启动柴油发电机进行无负荷试车，检查机组的转向和机械转动有无异常，供油和机油压力是否正常，冷却水温是否过高，转速自动和手动控制是否符合要求；如发现问题，及时解决。

（3）检查机组电压、电池电压、频率是否在误差范围内，否则应进行适当调整。

（4）检测自动化机组的冷却水、机油加热系统。接通电源，如水温低于15℃，加热器应自动启动加热，当温度达30℃时，加热器应自动停止加热。对机油加热器的要求与冷却水加热器的要求一致。

（5）检测机组的保护性能。采用仪器分别发出机油压力低、冷却水温高、过电压、缺相、过载、短路等信号，机组应立即启动保护功能，并进行报警。

（6）检测机组补给装置。将装置的手／自动开关切换到自动位置，人为放水或油至低液位，系统自动补给。与液面上升至高液位时，补给应自动停止。

（7）采用相序表对市电与发电机电源进行核相，相序应一致。

（8）与系统联动调试。人为切断市电电源，主用机组应能在设计要求的时间内自动启动并向负载供电，恢复市电，备用机组自动停机。

（9）试运行验收。对受电侧的开关设备、自动或手动切换装置和保护装置等进行试验。试验合格后，按设计的备用电源使用分配方案，进行负荷试验，机组和电气装置连续运行12h无故障，方可交接验收。

自启动柴油发电机应做自启动试验，并符合设计要求。

第五章　变配电室施工

第一节　变压器施工

一、油浸式变压器安装

变压器安装基础及基础轨道埋设多由土建施工，变压器安装前应根据变压器尺寸对基础进行验收，尺寸符合设计并与变压器本体尺寸相符后，即可进行变压器安装。

（一）变压器的搬运

10kV 配电变压器单台容量多为 1 000kVA 左右，质量较轻，均为整体运输，整体安装。因此施工现场对这种小型变压器的搬运，均采用起重运输和机械，其注意事项如下：

（1）小型变压器一般均采用吊车装卸。在起吊时，应使用油箱壁上的吊耳，严禁使用油箱顶盖上的吊环。吊钩应对准变压器中心，吊索与铅垂线的夹角不得大于 30°，若不能满足时，应采用专用横梁挂吊。

（2）当变压器吊起约 30mm 时，应停车检查各部分是否有问题，变压器是否平衡等，若不平衡，应重新找正。确认各处无异常，即可继续起吊。

（3）变压器装到拖车上时，其底部应垫以方木，且应用绳索将变压器固定，防止运输过程中发生滑动或倾倒。

（4）在运输过程中车速不可太快，特别是上、下坡和转弯时，车速应放慢，一般为 10 ～ 15km/h，以防因剧烈冲击和严重振动而损坏变压器内部绝缘构件。

（5）变压器短距离搬运可利用底座滚轮在搬运轨道上牵引，前进速度不应超过 0.2km/h。牵引的着力点应在变压器重心以下。

（二）变压器安装前的检查与保管

变压器到达现场后，应及时进行下列检查：

（1）变压器应有产品出厂合格证，技术文件应齐全；型号、规格应和设计相符，附件、备件应齐全完好。

（2）变压器外表无机械损伤，无锈蚀。

（3）油箱密封应良好。带油运输的变压器，油枕油位应正常，无渗漏油现象，瓷体无损伤。

（4）变压器轮距应与设计轨距相符。

如果变压器运到现场不能很快安装，应妥善保管。如果 3 个月内不能安装，应在 1 个月内检查油箱密封情况，测量变压器内油的绝缘强度和测量绕组的绝缘电阻值。对于充气运输的变压器，如不能及时注油，可继续充入干燥洁净的与原充气体相同的气体保管，但必须有压力监视装置，压力可保持为 0.01 ～ 0.03MPa，气体的露点应低于 -40℃。变压器在长期保管期间，应经常检查，检查变压器有无渗油，油位是否正常，外表有无锈蚀，并应每 6 个月检查一次油的绝缘强度。充气保管的变压器应经常检查气体压力，并做好记录。

（三）变压器器身检查

变压器到达现场后，应进行器身检查。进行器身检查的目的是检查变压器是否有因长途运输和搬运，由于剧烈振动或冲击使芯部螺栓松动等一些外观检查不出来的缺陷，以便及时处理，保证安装质量。但是，变压器器身检查工作是比较繁杂而麻烦的，特别是大型变压器，进行器身检查需耗用大量人力和物力，因此，现场不检查器身的安装方法是个方向，凡变压器满足下列条件之一时，可不进行器身检查。其条件是：①制造厂规定不进行器身检查者。②就地生产仅作短途运输的变压器，且在运输过程中进行了有效的监督，无紧急制动、剧烈振动、冲撞或严重颠簸等异常情况者。

10kV 配电变压器的器身检查均采用吊芯检查。这样器身就要暴露在空气中，就会增加器身受潮的机会。因此，做器身检查应选择良好天气和环境，并做好充分的准备工作，尽量缩短器身在空气中暴露的时间。

（四）变压器的干燥

新装变压器是否需要进行干燥，应根据新装电力变压器不需干燥的条件进行综合分析判断后确定。

1. 带油运输的变压器

（1）绝缘油电气强度及微量水试验合格。

（2）绝缘电阻及吸收比符合规定。

（3）介质损失角正切值 $\tan\delta(\%)$ 符合规定（电压等级在 35kV 以下及容量在 4 000kVA 以下者不作要求）。

2. 充氮运输的变压器

（1）器身内压力在出厂至安装前均保持正压。

（2）残油中微量水不应大于0.003%；电气强度试验在电压等级为330kV及以下者不低于30kV。

（3）变压器注入合格油后：绝缘油电气强度及微量水符合规定；绝缘电阻及吸收比符合规定；介质损失角正切值 $\tan\delta(\%)$ 符合规定。

当变压器不能满足上述条件时，则应进行干燥。

电力变压器常用干燥方法较多，有铁损干燥法、铜损干燥法、零序电流干燥法、真空热油喷雾干燥法、煤油气相干燥法、热风干燥法及红外线干燥法等。干燥方法的选用应根据变压器绝缘受潮程度及变压器容量大小、结构形式等具体条件确定。

对整体运输和安装的10kV配电变压器极少碰到需干燥的情况，加之干燥工艺过程比较复杂，在此就不再赘述。

（五）变压器油的处理

需要进行干燥的变压器，都是因为绝缘油不合格。因此，在进行芯部干燥的同时，应进行绝缘油的处理。

（六）变压器就位安装

变压器经过上述一系列检查之后，若无异常现象，即可就位安装。对于中小型变压器一般多是在整体组装状态下运输的，或者只拆卸少量附件，所以安装工作相应地要比大型变压器简单得多。

变压器就位安装应注意以下问题：

（1）变压器推入室内时，要注意高、低压侧方向应与变压器室内的高低压电气设备的装设位置一致，否则变压器推入室内之后再调转方向就困难了。

（2）变压器基础导轨应水平，轨距应与变压器轮距相吻合。装有气体继电器的变压器，应使其顶盖沿气体继电器气流方向有1%～1.5%的升高坡度（制造厂规定不需安装坡度者除外）。主要是考虑当变压器内部发生故障时，使产生的气体易于进入油枕侧的气体继电器内，防止气泡积聚在变压器油箱与顶盖间，只要在油枕侧的滚轮下用垫铁垫高即可。垫铁高度可由变压器前后轮中心距离乘以1%～1.5%求得。抬起变压器可使用千斤顶。

（3）装有滚轮的变压器，其滚轮应能灵活转动，就位后，应将滚轮用能拆卸的制动装置加以固定。

（4）装接高、低压母线。母线中心线应与套管中心线相符。母线与变压器套管连接，应用两把扳手。一把扳手固定套管压紧螺母，另一把扳手旋转压紧母线的螺母，以防止套管中的连接螺栓跟着转动。应特别注意不能使套管端部受到额外拉力。

（5）接地装置引出的接地干线与变压器的低压侧中性点直接连接；变压器基础轨道也应和接地干线连接。接地线的材料可用铜绞线或扁钢，其接触处应搪锡，以免锈蚀，并应连接牢固。

（6）当需要在变压器顶部工作时，必须用梯子上下，不得攀拉变压器的附件。变压器顶盖应用油布盖好，严防工具材料跌落，从而损坏变压器附件。

（7）变压器油箱外表面如有油漆剥落，应进行喷漆或补刷。

（七）变压器投入运行前的检查及试运行

在变压器投入试运行前，安装工作应全部结束，并进行必要的检查和试验。

1. 补充注油

在施工现场给变压器补充注油应通过油枕进行。为防止过多的空气进入油中，开始时，先将油枕与油箱间联管上的控制阀关闭，把合格的绝缘油从油枕顶部注油孔经净油机注入油枕，至油枕额定油位。让油枕里面的油静止 15 ～ 30min，使混入油中的空气逐渐逸出。然后，适当打开联管上的控制阀，使油枕里面的绝缘油缓慢地流入油箱。重复这样的操作，直到绝缘油充满油箱和变压器的有关附件，并且达到油枕额定油位为止。

补充注油工作全部完成以后，在施加电压前，应保持绝缘油在电力变压器里面静置 24h，再拧开瓦斯继电器的放气阀，检查有无气体积聚，并加以排放，同时，从变压器油箱中取出油样做电气强度试验。在补充注油过程中，一定要采取有效措施，使绝缘油中的空气尽量排出。

2. 整体密封检查

变压器安装完毕，补充注油以后应在油枕上用气压或油压进行整体密封试验，其压力为油箱盖上能承受 0.03MPa 压力，试验持续时间为 24h，应无渗漏。

整体运输的变压器，可不进行整体密封试验。

3. 试运行前的检查

变压器试运行，是指变压器开始带电，并带一定负荷即可能的最大负荷，连续运行 24h 所经历的过程。试运行是对变压器质量的直接考验，因此，变压器在试运行前，应进行全面检查，确认其符合运行条件后，方可投入试运行。

4. 变压器试运行

新装电力变压器，只有在试运行中不发生异常情况，才允许正式投入生产运行。

变压器第一次投入，如有条件时应从零起升压。但在安装现场往往缺少这一条件，可全电压冲击合闸。冲击合闸时，一般宜由高压侧投入。接于中性点接地系统的变压器，在进行冲击合闸时，其中性点必须接地。

变压器第一次受电后，持续时间应不少于 10min，变压器无异常情况，即可继续进行。变压器应进行 5 次空载全电压冲击合闸，应无异常情况；励磁涌流不应引起保护装置的误动。

冲击合闸正常，带负荷运行 24h，无任何异常情况，则可认为试运行合格。

二、干式变压器安装

干式变压器安装工艺和油浸式变压器安装工艺基本相同，只是有些工序没有了。

（一）干式变压器安装应具备的作业条件

（1）变压器室内、墙面、屋顶、地面工程等应完毕，屋顶防水应无渗漏，门窗及玻璃安装完好，地坪抹光工作结束，室外场地平整，设备基础按工艺配制图施工完毕，受电后无法进行再装饰的工程以及影响运行安全的项目施工完毕。

（2）预埋件、预留孔洞等均已清理并调整至符合设计要求。

（3）保护性网门，栏杆等安全设施齐全，通风、消防设置安装完毕。

（4）与电力变压器安装有关的建筑物、构筑物的建筑工程质量应符合现行建筑工程施工质量验收规范的规定，当设备及设计有特殊要求时，应符合其他要求。

（二）开箱检查

（1）开箱检查应由施工安装单位、供货单位、建设单位和监理单位共同进行，并做好记录。

（2）开箱检查应根据施工图、设备技术资料文件、设备及附件清单，检查变压器及附件的规格、型号、数量是否符合设计要求，部件是否齐全，有无损坏丢失。

（3）按照装箱单清点变压器的安装图纸、使用说明书，产品出厂试验报告、出厂合格证书、箱内设备及附件的数量等，与设备相关的技术资料文件均应齐全。并应登记造册。

（4）被检验的变压器及设备附件均应符合国家现行规范的规定。变压器应无机械损伤、裂纹、变形等缺陷，油漆应完好无损。变压器高压、低压绝缘瓷件应完整无损伤、无裂纹等。

（5）变压器有无小车、轮距与轨道设计距离是否相等，如不相符应调整轨距。

（三）变压器安装

1. 基础型钢的安装

根据设计要求或变压器本体尺寸，决定基础型钢的几何尺寸。

2. 变压器二次搬运

机械运输。注意事项参照油浸式变压器。

3. 变压器本体安装

（1）变压器安装可根据现场实际情况进行，如变压器室在首层则可直接吊装进屋内；如果在地下室，可采用预留孔吊装变压器或预留通道运至室内就位到基础上。

（2）变压器就位时，应按设计要求的方位和距墙尺寸就位，横向距墙不应小于800mm，距门不应小于1 000mm；并应考虑推进方向。开关操作方向应留有1 200 mm以上的净距。

4. 变压器附件安装

（1）干式变压器一次元件应按产品说明书位置安装，二次仪表装在便于观测的变压器护网栏上。软管不得有压扁或死弯，富余部分应盘圈并固定在温度计附近。

（2）干式变压器的电阻温度计，一次元件应预装在变压器内，二次仪表应安装在值班室或操作台上，温度补偿导线应符合仪表要求，并加以适当的附加温度补偿电阻，校验调试合格后方可使用。

5. 电压切换装置安装

（1）变压器电压切换装置各分接点与线圈连接线压接正确，牢固可靠，其接触面接触紧密良好；切换电压时，转动触点停留位置正确，并与指示位置一致。

（2）有载调压切换装置转动到极限位置时，应装有机械联锁和带有限位开关的电子联锁。

（3）有载调压切换装置的控制箱，一般应安装在值班室或操作台上，接线正确无误，并应调整好，手动、自动工作正常，挡位指示正确。

6. 变压器接线

（1）变压器的一次、二次接线，地线、控制管线均应符合现行国家施工验收规范规定。

（2）变压器的一次、二次引线连接，不应使变压器套管直接承受应力。

（3）变压器中性线在中性点处与保护接地线接在一起，并应分别敷设；中性线宜用绝缘导线，保护地线宜用黄／绿相间的双色绝缘导线。

（4）变压器中性点的接地回路中，靠近变压器处宜做一个可拆卸的连接点。

（四）变压器送电调试运行

1. 变压器送电前的检查

（1）变压器试运行前应做全面检查，确认各种试验单据齐全、数据真实可靠，变压器一次、二次引线相位、相色正确，接地线等压接接触截面符合设计和国家现行规范规定。

（2）变压器应清理、擦拭干净，顶盖上无遗留杂物，本体及附件无缺损。通风设施安装完毕，工作正常，消防设施齐备。

（3）变压器的分接头位置处于正常电压挡位。保护装置整定值符合规定要求，操作及联动试验正常。

2. 变压器空载调试运行

（1）全电压冲击合闸。高压侧投入，低压侧全部断开，受电持续时间应不少于10min，经检查应无异常。

（2）变压器受电无异常，每隔5min进行一次冲击。连续进行3～5次全电压冲击合闸，励磁涌流不应引起保护装置误动作，最后一次进行空载运行。

（3）变压器全电压冲击试验，是检验其绝缘和保护装置。但应注意，有中性点接地变压器在进行冲击合闸前，中性点必须接地。否则冲击合闸时，将会发生变压器损坏事故。

（4）变压器空载运行的检查方法：主要是听声音进行辨别变压器空载运行情况，正常时发出“嗡嗡”声，异常时有以下几种情况发生：声音比较大而均匀时，可能是外加电压偏高；声音比较大而嘈杂时，可能是芯部有松动；有“滋滋”放电声音，可

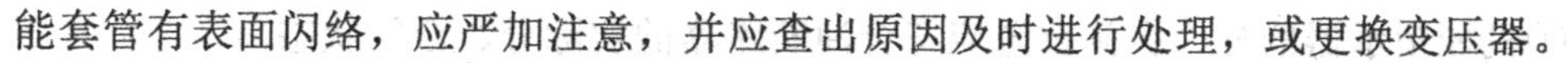

能套管有表面闪络，应严加注意，并应查出原因及时进行处理，或更换变压器。

（5）做冲击试验中应注意观测冲击电流、空载电流、一次二次侧电压、变压器温度等，并做好详细记录。

经过空载冲击试验运行 24 ～ 28h，确认无异常情况，即可转入带负荷试运行，将变压器负载逐渐投入，至半负载时停止加载，进行运行观察，符合安全运行后，再进行满负荷调试运行。

第二节　高压开关设备施工

10kv 变配电所所用高压开关设备主要是断路器、负荷开关、隔离开关和熔断器等。这些开关设备在多数情况下是根据配电系统的需要与其他电器设备组合，安装在柜子内，形成各种型号的成套高压开关柜。因此，在施工现场碰到的多是成套配电柜的安装和这些开关设备的调整。

一、高压断路器安装调整

建筑内 10kV 变配电所使用的高压断路器有少油断路器、空气断路器、真空断路器及六氟化硫断路器等。

（一）少油断路器的安装调整

10kV 少油断路器安装时，对制造厂规定不做解体且有具体保证的可不做解体检查，安装固定应牢靠，外表清洁完整；电气连接应可靠且接触良好；油位正常，无渗油现象。

（1）断路器导电部分，应符合下列要求：

①触头的表面应清洁，镀银部分不得锉磨；触头上的铜钙合金不得有裂纹、脱焊或松动。

②触头的中心应对准，分、合闸过程中无卡阻现象，同相各触头的弹簧压力应均匀一致，合闸时触头接触紧密。

（2）弹簧缓冲器或油缓冲器应清洁、固定牢靠、动作灵活、无卡阻回跳现象，缓冲作用良好；油缓冲器注入油的规格及油位应符合产品的技术要求。油标的油位指示应正确、清晰。

（3）油断路器和操动机构连接时，其支撑应牢固，且受力均匀；机构应动作灵活，无卡阻现象。断路器和操动机构的联合动作，应符合下列要求：

①在快速分、合闸前，必须先进行慢分、合的操作。

②在慢分、合过程，应运动缓慢、平稳，不得有卡阻、滞留现象。

③产品规定无油严禁快速分、合闸的油断路器，必须充油后才能进行快速分、合闸操作。

④机械指示器的分、合闸位置应符合油断路器的实际分、合闸状态。

⑤在操作调整过程中应配合进行测量检查行程、超行程、相间和同相各断口间接触的同期性以及合闸后，传动机构杠杆与止钉间的间隙。

(4) 手车式少油断路器的安装还应符合以下要求：

①轨道应水平、平行，轨距应与手车轮距相配合，接地可靠，手车应能灵活轻便地推入或拉出，同型产品应具有互换性。

②制动装置应可靠，且拆卸方便，手车操动时应灵活、轻巧。

③隔离静触头的安装位置准确，安装中心线应与触头中心线一致，接触良好，其接触行程和超行程应符合产品的技术规定。

④工作和试验位置的定位应准确可靠，电气和机械联锁装置动作应准确可靠。

(二) 真空断路器安装与调整

真空断路器安装与调整，应符合下列要求：

(1) 安装应垂直，固定应牢靠，相间支持瓷件在同一水平面上。

(2) 三相联动连杆的拐臂应在同一水平面上，拐臂角度一致。

(3) 安装完毕后，应先进行手动缓慢分、合闸操作，无不良现象时方可进行电动分、合闸操作。断路器的导电部分，应符合下列要求：

①导电部分的可挠铜片不应断裂，铜片间无锈蚀，固定螺栓应齐全紧固。

②导电杆表面应洁净，导电杆与导电夹应接触紧密。

③导电回路接触电阻值应符合产品技术要求。

(4) 测量真空断路器的行程、压缩行程及三相同期性，应符合产品技术规定。

(三) 断路器操动机构的安装

断路器所用操动机构有手动机构、气动机构、液压机构、电磁机构及弹簧机构等。各种类型操动机构的安装都有其特殊的要求，但均要符合以下规定：

(1) 操作机构固定应牢靠，底座或支架与基础间的垫片不宜超过 3 片，总厚度不应超过 20mm，并与断路器底座标高相配合，各片间应焊牢。

(2) 操动机构的零部件应齐全，各转动部分应涂以适合当地气候条件的润滑脂。

(3) 电动机转向应正确。

(4) 各种接触器、继电器、微动开关、压力开关及辅助开关的动作应准确可靠，接点应接触良好，无烧损或锈蚀。

(5) 分、合闸线圈的铁芯应动作灵活，无卡阻。

(6) 加热装置的绝缘及控制元件的绝缘应良好。

(四) 断路器交接试验

1. 10kV 少油断路器

10kV 少油断路器交接试验主要项目如下：

(1) 交流耐压试验，在分闸状态下按 27kV 进行断口耐压 1min。

(2) 测量分、合闸时间。

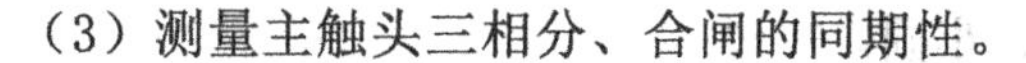
（3）测量主触头三相分、合闸的同期性。

2. 真空断路器

真空断路器交接试验项目如下：

（1）测量绝缘拉杆的绝缘电阻，1 200MΩ。

（2）测量每相导电回路的电阻，应符合产品技术条件的规定。

（3）交流耐压试验：在合闸状态下进行试验，试验电压按 27kV；在分闸状态下进行时，真空灭弧室断口间的试验电压应按产品技术条件的规定，试验中不应发生贯穿性放电。

（4）测量断路器主触头分、合闸时间：在额定操作电压下进行，实测数值符合产品技术条件的规定。

（5）测量断路器主触头分、合闸的同期性。

（6）测量断路器合闸时触头的弹跳时间。

（7）断路器电容器的试验。

（8）测量分、合闸线圈及合闸接触器线圈的绝缘电阻：不应低于 10MΩ；直流电阻值与产品出厂试验值相比应无明显差别。

二、隔离开关和负荷开关安装调整

10kV 高压隔离开关和负荷开关的安装施工程序如图 5-1 所示。

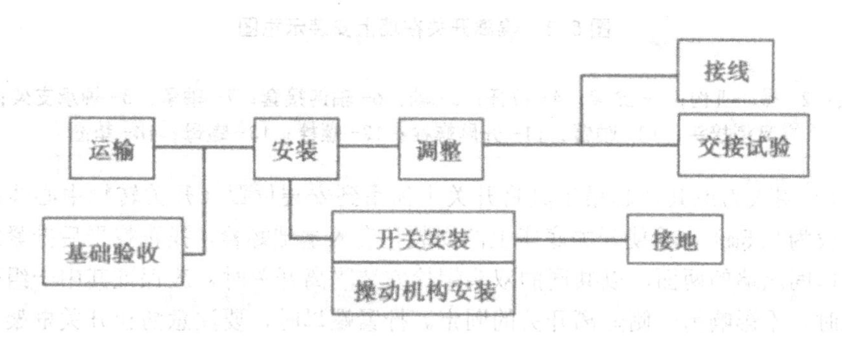

图 5-1 高压隔离开关和负荷开关安装程序图

（一）开关安装前的检查

开关安装前的检查，应符合下列要求：

（1）开关的型号、规格、电压等级等与设计相符。

（2）接线端子及载流部分应清洁，且接触良好，触头镀银层无脱落。

（3）绝缘子表面应清洁，无裂纹、破损、焊接残留斑点等缺陷，瓷铁黏合应牢固。

（4）操动机构的零部件应齐全，所有固定连接部件应紧固，转动部分应涂以适合当地气候的润滑脂。

安装前除对开关本体进行以上检查外，还要对安装开关用的预埋件（螺栓或支架）

进行检查。要求螺栓或支架埋设平正、牢固。

（二）开关安装

隔离开关和负荷开关在墙上安装如图 5-2 所示。其安装步骤如下：

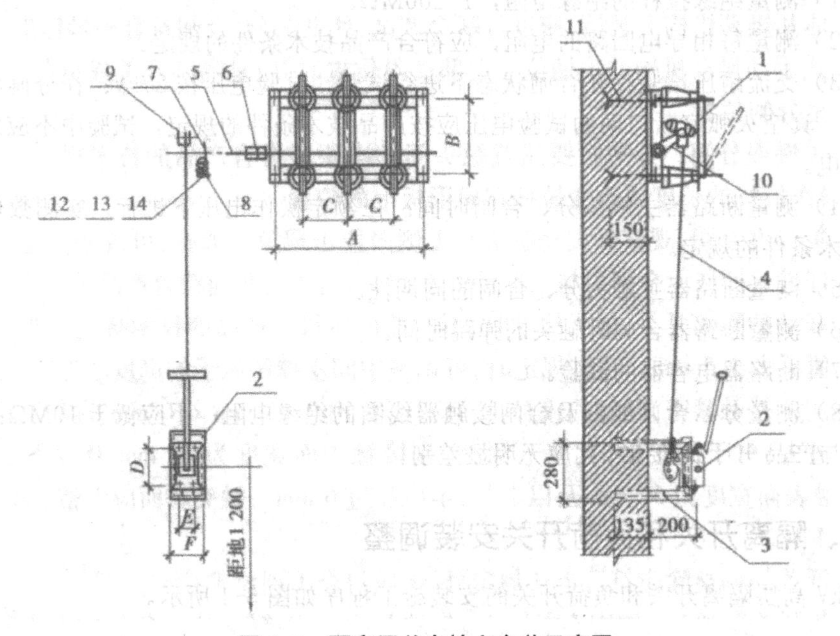

图 5-2　隔离开关在墙上安装示意图

1- 开关；2- 操动机构；3- 支架；4- 拉杆；5- 轴；6- 轴连接套；7- 轴承；8- 轴承支架；9- 直叉型接头；10- 轴臂；11- 开尾螺栓；12- 螺栓；13- 螺母；14- 垫圈

（1）用人力或其他起吊工具将开关本体吊到安装位置（开关转轴中心线距地面高度一般为 2.5m），并使开关底座上的安装孔套入基础螺栓，找正找平后拧紧螺母。当在室内间隔墙的两面，以共同的双头螺栓安装隔离开关时，应保证其中一组隔离开关拆除时，不影响另一侧隔离开关的固定。拧紧螺母时，要注意防止开关框架变形，否则操作时会出现卡阻现象。

（2）安装操动机构。户内高压隔离开关多配装拉杆式手动操动机构。操动机构的固定轴距地面高度一般为 1 ～ 1.2m。

将操动机构固定在事先埋设好的支架上，并使其扇形板与装在开关转轴上的轴臂在同一平面上。

（3）配制延长轴。当开关转动轴需要延长时，可采用同一规格的圆钢（一般多为ϕ30的圆钢）进行加工。延长轴用轴套与开关转动轴相连接，并应增设轴承支架支撑，两轴承的间距不得大于 1m，在延长轴末端约 100mm 处应安装轴承支架。延长轴、轴承、轴套、中间轴轴承及拐臂等传动部件，安装位置应正确，固定应牢靠。

（4）配装操作拉杆。操作拉杆应在开关处于完全合闸位置、操动机构手柄到达合闸终点处装配。拉杆两端采用直叉型接头分别和开关的轴臂、操动机构扇形板的舌头连接。拉杆的内径应与操动机构轴的直径相配合，两者间的间隙不应大于 1mm，连接部分的销子不应松动。

操作拉杆一般采用直径为 20mm 的焊接钢管制作（一般不用镀锌管）。拉杆应校直，但当它与带电部分的距离小于《电气装置安装工程母线装置施工及验收规范》（GB 50149-2010）中规定的安全距离时允许弯曲，但应弯成与原杆平行。

（5）将开关底座及操动机构接地。

（三）开关调整

开关本体和操动机构安装后，应进行联合调试，使开关分、合闸符合质量标准。

（1）拉杆式手动操动机构的手柄位于上部极限位置时，应是隔离开关或负荷开关的合闸位置；反之，应是分闸位置。

（2）将开关慢慢分闸。分闸时要注意触头间的净距应符合产品的技术规定。如不符合要求，可调整操作拉杆的长度或改变拉杆在扇形板上的位置。

（3）将开关慢慢合闸，观察开关动触头有无侧向撞击现象。如有，可改变固定触头的位置，以使刀片刚好进入插口。合闸后触头间的相对位置、备用行程应符合产品的技术规定。

（4）三相联动的隔离开关，触头接触时，不同期值应符合产品的技术规定。当无规定时，其不同期允许值不大于 5mm。超过规定时，可调整中间支撑绝缘子的高度。

（5）触头间应接触紧密，两侧的接触压力应均匀，用 0.05mm×10 mm 的塞尺检查，对于线接触应塞不进去；对于面接触，其塞入深度：在接触表面宽度为 50 mm 及以下时，不应超过 4mm；在接触表面宽度为 60mm 及以上时，不应超过 6mm。触头表面应平整、清洁，并应涂以薄层中性凡士林。

（6）负荷开关的调整除应符合上述规定外，还应符合下列要求：

①在负荷开关合闸时，主固定触头应可靠地与主刀刃接触，应无任何撞击现象。分闸时，手柄向下转约 150° 时，开关应自动分离，即动触头抽出消弧腔时，应突然以高速跳出，之后仍以正常速度分离，否则需检查分闸弹簧。

②负荷开关的主刀片和灭弧刀片的动作顺序是：合闸时灭弧刀片先闭合，主刀片后闭合；分闸时，则是主刀片先断开，灭弧刀片后断开，且三相的灭弧刀片应同时跳离固定灭弧触头。合闸时，主刀片上的小塞子应正好插入灭弧装置的喷嘴内，不应剧烈地碰撞喷嘴。

③灭弧筒内产生气体的有机绝缘物应完整无裂纹；灭弧触头与灭弧筒的间隙应符合要求。

（7）开关调整完毕，应经 3 ～ 5 次试操作，完全合格后，将开关转轴上轴臂位置固定，将所有螺栓拧紧，开口销分开。

第三节 成套配电柜施工

一、配电柜的安装

（一）基础型钢制作安装

配电柜（屏）的安装通常是以角钢或槽钢作基础。为便于今后维修拆换，则多采用槽钢。

埋设之前应将型钢调直，除去铁锈，按图纸要求尺寸下料钻孔（不采用螺栓固定者不钻孔）。型钢的埋设方法，一般有下列两种：

（1）随土建施工时在混凝土基础上根据型钢固定尺寸，先预埋好地脚螺栓，待基础混凝土强度符合要求后再安放型钢。也可在混凝土基础施工时预先留置方洞，待混凝土强度符合要求后，将基础型钢与地脚螺栓同时配合土建施工进行安装，再在方洞内浇注混凝土。

（2）随土建施工时预先埋设固定基础型钢的底板，待安装基础型钢时与底板进行焊接。基础型钢安装如图 5-3 所示。型钢顶部宜高出室内抹平地面 10mm，手车式柜应按产品技术要求执行，一般宜与抹平地面相平。

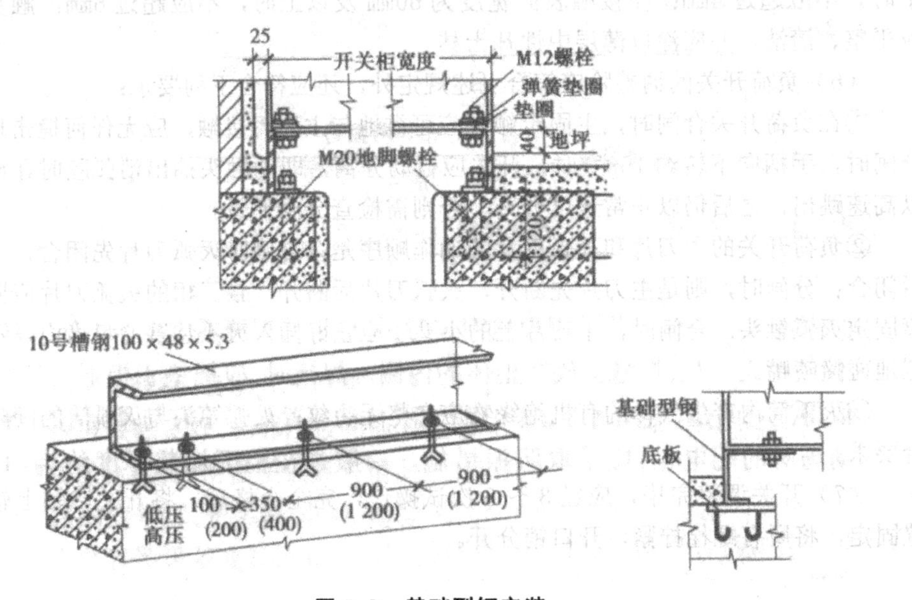

图 5-3 基础型钢安装

（二）配电柜的搬运和检查

搬运配电柜（屏）应在较好的天气进行，以免柜内电器受潮。在搬运过程中，要防止配电柜倾倒，且应采取防振、防潮、防止框架变形和漆面受损等安全措施，必要时可将装置性设备和易损元件拆下单独包装搬运。

吊装、运输配电柜一般使用吊车和汽车。起吊时的吊绳角度通常小于45°。配电柜放到汽车上应直立，不得侧放或倒置，并应用绳子进行可靠固定。

配电柜运到现场后应进行开箱检查。开箱时要小心谨慎，不要损坏设备。开箱后用抹布把配电柜擦干净，检查其型号、规格应与工程设计相符，制造厂的技术文件、附件备件应齐全、无损伤。整个柜体应无机械损伤，柜内所有电器应完好。

仪表、继电器可从柜上拆下送交试验室进行检验和调校，等配电柜安装固定完毕后再装回。

（三）配电柜安装

在浇注基础型钢的混凝土凝固之后，即可将配电柜就位。就位时应根据图纸及现场条件确定就位次序，一般情况是以不妨碍其他柜（屏）就位为原则，先内后外，先靠墙处后靠入口处，依次将配电柜放在安装位置上。

配电柜就位后，应先调到大致的水平位置，然后再进行精调。当柜较少时，先精确地调整第一台柜，再以第一台柜为标准逐个调整其余柜，使其柜面一致、排列整齐、间隙均匀。当柜较多时，宜先安装中间一台柜，再调整安装两侧其余柜。

配电柜的固定多用螺栓。若采用焊接固定时，每台柜的焊缝不应少于4处，每处焊缝长约100mm。为保持柜面美观，焊缝宜放在柜体的内侧。焊接时，应把垫于柜下的垫片也焊在基础型钢上。值得注意的是，主控制柜、继电保护盘、自动装置盘等不宜与基础型钢焊死。

装在振动场所的配电柜，应采取防振措施。一般是在柜下加装厚度约为10mm的弹性垫。

成套柜的安装应符合下列要求：①机械闭锁、电气闭锁应动作准确、可靠。②动触头与静触头的中心线应一致，触头接触紧密。③二次回路辅助开关的切换接点应动作准确，接触可靠。④柜内照明齐全。

（四）配电柜接地安装

配电柜的接地应牢固良好。每台柜宜单独与基础型钢做接地连接，每台柜从后面左下部的基础型钢侧面焊上鼻子，用不小于6 mm^2 铜导线与柜上的接地端子连接牢固。基础型钢是用-40×4镀锌扁钢做接地连接线，在基础型钢的两端分别与接地网用电焊焊接，搭接面长度为扁钢宽度的2倍，且至少应在3个棱边焊接。

配电柜上装有电器的可开启的门，应以裸铜软线与接地的金属构架可靠地连接。

成套柜应装有供检修用的接地装置。

二、配电柜上的电器安装

配电柜上电器的安装应符合下列要求：

（1）电器元件质量良好，型号、规格应符合设计要求，外观应完好，且附件齐全，排列整齐，固定牢固，密封良好。

（2）各电器应能单独拆装更换而不应影响其他电器及导线束的固定。

（3）发热元件宜安装在散热良好的地方；两个发热元件之间的连线应采用耐热导线或裸铜线套瓷管。

（4）熔断器的熔体规格、自动开关的整定值应符合设计要求。

（5）切换压板应接触良好，相邻压板间有足够安全距离，切换时不应碰及相邻的压板；对于一端带电的切换压板，应使在压板断开情况下，活动端不带电。

（6）信号回路的信号灯、光字牌、电铃、电笛、事故电钟等应显示准确，工作可靠。

（7）盘上装有装置性设备或其他有接地要求的电器，其外壳应可靠接地。

（8）带有照明的封闭式盘、柜应保证照明完好。

三、柜上二次回路结线

（一）端子排的安装

端子排是用来作为所有交、直流电源及盘与盘之间转线时连接导线的元件。端子排的安装应符合下列要求：①端子排应无损坏，固定牢固，绝缘良好。②端子应有序号，端子排应便于更换且接线方便；离地高度宜大于350mm。③回路电压超过400V者，端子板应有足够的绝缘并涂以红色标志。④强、弱电端子宜分开布置；当有困难时，应有明显标志并设空端子隔开或设加强绝缘的隔板。⑤正、负电源之间以及经常带电的正电源与合闸或跳闸回路之间，宜以一个空端子隔开。⑥电流回路应经过试验端子，其他需断开的回路宜经特殊端子或试验端子。试验端子应接触良好。⑦潮湿环境宜采用防潮端子。⑧接线端子应与导线截面匹配，不应使用小端子配大截面导线。

（二）二次回路结线

1. 配线

二次回路结线的敷设一般应在柜上仪表、继电器和其他电器全部安装好后进行。配线宜采取集中布线方式，即柜、盘上同一排电器的连接线都应汇集到同一水平线束中，各排水平线束再汇集成一垂直总线束，当总线束垂直向下走至端子排区域时，再按上述相反次序逐步分散至各排端子排上。柜内同一安装单位各设备可直接用导线连接，柜内与柜外回路的连接应通过端子排，柜内导线一般接端子排的内侧（端子排竖放）或上侧（端子排横放）。

敷线时，先根据安装接线图确定导线敷设位置及线夹固定位置，线夹间距一般为150mm（水平敷设）或200mm（垂直敷设），再按导线实际需要长度切割导线，并将其拉直。用一个线夹将导线的一端夹住，使其成束（单层或多层），然后逐步将导线沿敷设方向都用线夹夹好，并对导线进行修整，使线束横平竖直，按规定进行分列和连接。

所谓导线分列，是指导线由线束引出，并有顺序地与端子相连。分列的形式通常有下面几种：

当接线端子不多，而且位置较宽时，可采用单层分列法，如图 5-4 所示。为使导线分列整齐美观，一般分列时应从外侧端子开始，使导线依次装在相应的端子上。

当位置比较狭窄，且有大量导线需要接向端子时，宜采用多层分列法，如图 5-5 所示。

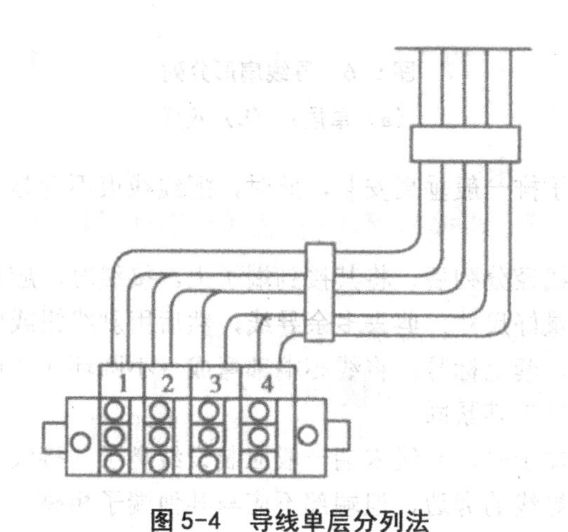

图 5-4　导线单层分列法

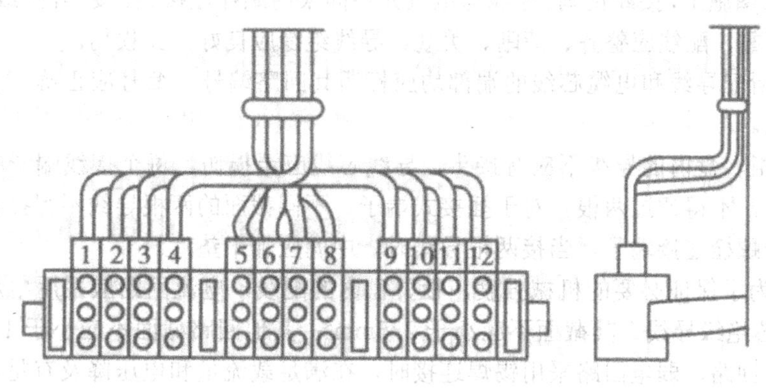

图 5-5　导线多层分列法

除单层和双层分列外，在不复杂的单层或双层配线的线束中，也可采用扇形分列法，如图 5-6 所示。此法接线简单，外形整齐。

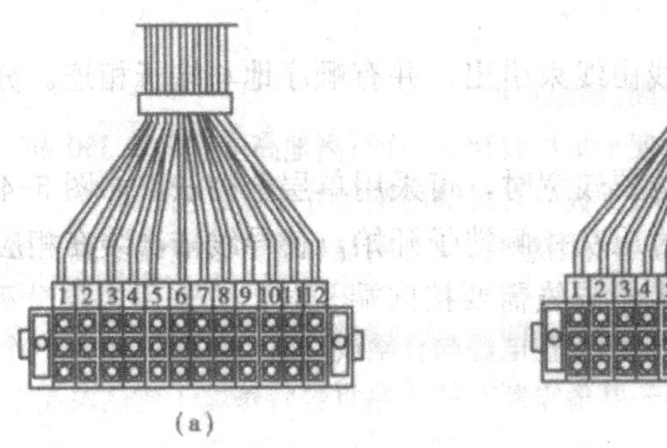

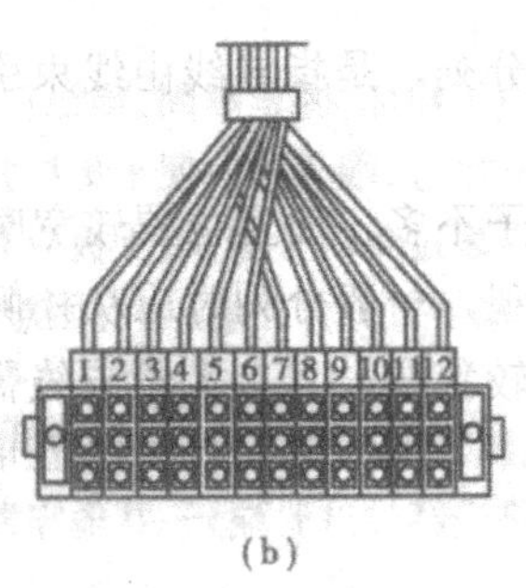

图 5-6　导线扇形分列

（a）单层；（b）双层

在配电柜内，端子排一般垂直安装，此时，配线线束不管是单层还是多层，均应采用垂直分列法。

从线束引出的导线经分列后，将其接到端子上。接线时，应根据线束到端子的距离（包括弯曲部分）量好尺寸，剪去多余导线，然后用剥线钳或电工刀去掉绝缘层，清除线芯上的氧化层，套上标号，将线芯端部弯成一小圆环（弯曲方向应和螺钉旋转方向相同），套入螺钉将其紧固。

多股软导线接入端子时，导线末端一般应装设线鼻子（接线端子）。备用导线可卷成螺旋形放在其他导线的旁边，但端部不应与其他端子相碰。

2. 二次回路结线要求

（1）按图施工，接线正确。导线与电气元件间采用螺栓连接、插接、焊接或压接等，均应牢固可靠，配线应整齐、清晰、美观，导线绝缘应良好，无损伤。

（2）所配导线和电缆芯线的端部均应标明其回路编号。编号应正确，字迹清晰且不易脱色。

（3）柜、盘内的导线不应有接头，导线芯线应无损伤。每个接线端子的每侧接线宜为一根，不得超过两根。对于插接式端子，不同截面的两根导线不得接在同一端子上；对于螺栓连接端子，当接两根导线时，中间应加平垫片。

（4）为了保证必要的机械强度，柜、盘内的配线，电流回路应采用电压不低于500V 的铜芯绝缘导线，其截面不应小于 2.5mm^2；其他回路截面不应小于 1.5mm^2，对电子元件回路、弱电回路采用锡焊连接时，在满足载流量和电压降及有足够机械强度的情况下，可使用不小于 0.5mm^2 的绝缘导线。

（5）用于连接可动部位（门上电器、控制台板等）的导线还应满足下列要求：

①应采用多股软导线，敷设长度应有适当余量。

②线束应有加强绝缘层（如外套塑料管）。

③与电器连接时，端部应绞紧，并应加终端附件，不得松散、断股。

④在可动部位两端应用卡子固定。

（6）引进柜、盘内的控制电缆及其芯线应符合下列要求：

①引进柜、盘的电缆应排列整齐，编号清晰，避免交叉，并应固定牢固，不得使所接的端子排受到机械应力。

②铠装电缆的钢带不应进入柜、盘内，铠装钢带切断处的端部应扎紧，并应将钢带接地。

③用于晶体管保护、控制等逻辑回路的控制电缆应采用屏蔽电缆。其屏蔽层应按设计要求的接地方式接地。

④橡皮绝缘芯线应用外套绝缘管保护。

⑤柜、盘内的电缆芯线，应按垂直或水平有规律地配置，不得任意歪斜交叉连接。备用芯线长度应留有适当余度。

⑥强、弱电回路不应使用同一根电缆，并应分别成束分开排列。

3．二次结线绝缘电阻测量及交流耐压试验

绝缘电阻测量及交流耐压试验方法和以前讲过的一样，只是要注意对48V及以下的回路应使用不超过500V的兆欧表。对绝缘电阻值的要求是：小母线在断开所有其他并联支路时，不应小于10MΩ；二次回路的每一支路和断路器、隔离开关的操动机构的电源回路等，均不应小于1MΩ。在比较潮湿的地方，可不小于0.5MΩ。

交流耐压试验电压标准为1 000V。当回路绝缘电阻在10MΩ以上时，可采用2500V兆欧表代替，试验持续时间为1min。一般情况，若回路简单，可将所有回路进行一次耐压试验；若回路复杂，则需分开各回路并一一进行试验。48V及以下的回路可不做交流耐压试验。当回路中有电子元器件设备的，试验时应将插件拔出或将其两端短接。

试验时应注意：

（1）将各被试线路并联，各部分设备和线路都能得到电压。

（2）若回路中有功率表和电度表，其电压线圈和电流线圈要同时加压（将两线圈并联加压）。

（3）将回路中各接地线打开，所有熔断器全部拔出。

（4）将柜内通往信号装置的各小母线及联络线的端子解开，以防止在耐压时，电压从这些小母线串到别的柜上去。

（5）加压时，在升压到500V时应仔细查看接线系统有无放电火花，判断无异常情况后，再将电压升高至1 000V，耐压1min。如试验中电流突然增加，电压下降，表示绝缘有接地，应立即停电，寻找故障。

（6）试压前后均需测绝缘电阻。

第四节 互感器施工

在供配电系统中，使用互感器的目的在于扩大测量仪表的量程和使测量仪表与高压电路绝缘，以保证工作人员的安全，并能避免测量仪表和继电器直接受短路电流的危害，同时也可使测量仪表、继电器等规格统一。

一、互感器分类

互感器按用途可分为电压互感器和电流互感器两大类。

（一）电压互感器

电压互感器的构造原理与小型电力变压器相似。原绕组为高压绕组，匝数较多；副绕组为低压绕组，匝数较少。各种仪表（如电压表、功率表等）的电压线圈皆彼此并联地与副绕组相接，使它们都受同一副边电压的作用。为使测量仪表标准化，电压互感器的副边额定电压均为100V。

电压互感器按其绝缘形式，可分为油浸式、干式和树脂浇注式等；按相数，可分为单相和三相；按安装地点，可分为户内和户外。

（二）电流互感器

电流互感器的原绕组匝数甚少（有的直接穿过铁芯，只有一匝），而副边绕组匝数较多，各种仪表（如电流表、功率表等）的电流线圈皆彼此串联接在副绕组回路中，使它们都通过同一大小的电流。为使仪表统一规格，电流互感器副边额定电流大多为5 A。

由于各种仪表电流线圈的阻抗很小，因此，电流互感器的运行状态和电力变压器的短路情况相似。

电流互感器的类型很多。按安装地点可分为户内式和户外式；按原边绕组的匝数，可分为单匝式和多匝式；按整体结构及安装方法可分为穿墙式、母线式、套管式及支持式；按一次电压高低可分为高压和低压；按准确度级可分为0.2、0.5、1、3、10等级；按绝缘形式可分为瓷绝缘、浇注绝缘、树脂浇注及塑料外壳等。

二、互感器安装

（一）电压互感器安装

电压互感器一般多装在成套配电柜内或直接安装在混凝土台上。装在混凝土台上的电压互感器要等混凝土干固并达到一定强度后，才能进行安装工作，且应对电压互感器本身做仔细检查。但一般只做外部检查，如经试验判断有不正常现象时，则应做内部检查。

电压互感器外部检查可按下列各项进行：

（1）互感器外观应完整，附件应齐全，无锈蚀或机械损伤。

（2）油浸式互感器油位应正常，密封应良好，无渗油现象。

（3）互感器的变比分接头位置应符合设计规定。

（4）二次接线板应完整，引出端子应连接牢固，绝缘良好，标志清晰。

油浸式互感器安装面应水平，并列安装的互感器应排列整齐，同一组互感器的极性方向应一致，二次接线端子及油位指示器的位置应位于便于检查的一侧。具有均压环的互感器，均压环应装置牢固、水平，且方向正确。

接线时应注意，接到套管上的母线，不应使套管受到拉力，以免损坏套管，并应注意接线正确：

第一，电压互感器二次侧不能短路，一般在一、二次侧都应装设熔断器作为短路保护。

第二，极性不应接错。

第三，二次侧必须有一端接地，以防止一、二次线圈绝缘击穿，一次侧高压串入二次侧，危及人身及设备的安全。互感器外壳亦必须妥善接地。

（二）电流互感器安装

电流互感器的安装应视设备配置情况而定，一般有下列几种情况：

（1）安装在金属构架上（如母线架上）。

（2）在母线穿过墙壁或楼板的地方，将电流互感器直接用基础螺栓固定在墙壁或楼板上，或者先将角钢做成矩形框架，埋入墙壁或楼板中，再将与框架同样大小的钢板（厚约 4mm）用螺栓固定在框架上，然后将电流互感器固定在钢板上。

（3）安装在成套配电柜内。

电流互感器在安装之前亦应像电压互感器一样进行外观检查，符合要求之后再进行安装。安装时应注意下面 5 点：

①电流互感器安装在墙孔或楼板孔中心时，其周边应有 2 ～ 3mm 的间隙，然后塞入油纸板以便于拆卸，同时也可以避免外壳生锈。

②每相电流互感器的中心应尽量安装在同一直线上，各互感器的间隔应均匀一致。

③零序电流互感器的安装，不应使构架或其他导磁体与互感器铁芯直接接触，或与其构成分磁回路。

④当电流互感器二次线圈的绝缘电阻低于 10 ～ 20 MΩ 时，必须干燥，使其恢复绝缘。

⑤接线时应注意不使电流互感器的接线端子受到额外拉力，并保证接线正确。对于电流互感器应特别注意：极性不应接错，避免出现测量错误或引起事故；二次侧不应开路，且不应装设熔断器；二次侧的一端和互感器外壳应妥善接地，以保证安全运行。备用的电流互感器的二次绕组端子也应短路后接地。

互感器安装结束后即可进行交接试验，试验合格后即可投入运行。

第五节 并联电容器施工

一、并联电容器的结构

电容器由外壳和芯子组成。外壳用薄钢板密封焊接而成，外壳盖上装有出线瓷套，在两侧壁上焊有供安装的吊耳。一侧吊耳上装有接地螺栓。外形如图 5-7 所示。

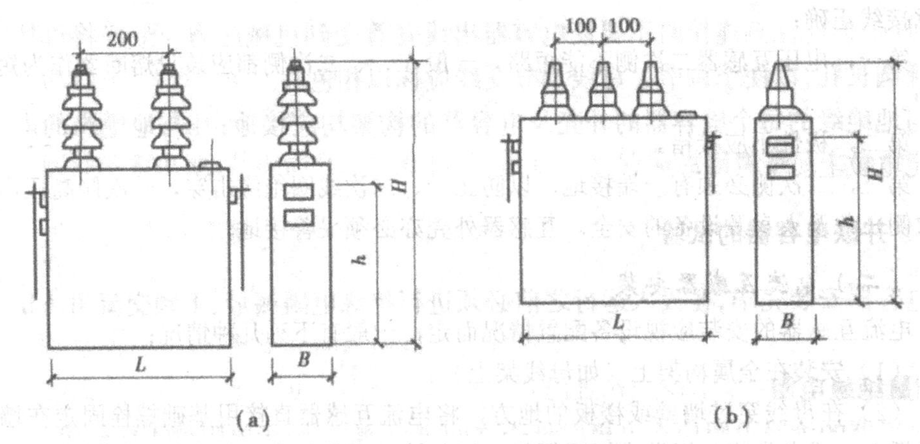

图 5-7 并联电容器外形

（a）单相并联电容器；（b）三相并联电容器

芯子由若干个元件和绝缘件叠压而成。元件用电容器纸或膜纸复合或纯薄膜作介质、铝车白作极板卷制而成。为适应各种电压，元件可接成串联或并联。

电容器内部设有放电电阻，电容器自电网断开时能自行放电。一般情况下 10 min 后即可降至 75V 以下。

二、并联电容器的安装

并联电容器在电力系统中的装设位置，有高压集中补偿、低压集中补偿和单独就地补偿 3 种方式。高压 10kV 母线上的集中补偿设高压电容器室，当电容器组容量较小时，可设置在高压配电室内，电容器组采用△接线，装在成套的高压电容器柜内。低压集中补偿多使用低压电容器柜，安装在低压配电室内（只有电容器柜比较多时才考虑单设房间）。电容器柜的安装与配电柜的安装完全一样。但应注意对电容器的检查和接线。

（一）电容器安装前的检查

电容器安装之前应首先核对其规格、型号，应符合设计要求。外表无锈蚀，且外壳应无凹凸缺陷，所有接缝均不应有裂缝或渗油现象。出线套管芯棒应无弯曲或滑扣现象；引出线端连接用的螺母、垫圈应齐全。

若检查发现有缺陷或损伤的应更换或修理，但在检查过程中不得打开电容器油箱。

（二）电容器的安装

电容器安装时，首先应根据每个电容器铭牌上所示的电容量按相分组，应尽量将三相电容量的差值调配到最小，其最大与最小的差值不应超过三相平均电容值的5%，设计有要求时，应符合设计的规定，然后将电容器放在构架上。电容器构架应保持其应有的水平及垂直位置，固定应牢靠，油漆应完整。电容器水平放置行数一般为一行，同一行电容器之间的距离一般不应小于100mm；上下层数不得多于3层，上、中、下3层电容器的安装位置要一致，以保证散热良好，且忌层与层之间放置水平隔板，避免阻碍通风。

电容器的放置应使其铭牌面向通道一侧，并应有顺序编号。

电容器端子的连接线应符合设计要求，接线应对称一致，整齐美观。电容器组与电网连接可采用铝母线，但应注意连接时不要使电容器出线套管受到机械应力。最好将母线上的螺栓孔加工成椭圆长孔，以便于调节。母线及分支线应标以相色。

凡不与地绝缘的每个电容器的外壳及电容器的构架均应接地；凡与地绝缘的电容器外壳应接到固定电位上。

第六节 蓄电池组施工

蓄电池作为二次回路的直流操作电源，常使用在高压配电装置中。常用蓄电池主要有铅酸蓄电池和镉镍蓄电池。铅酸蓄电池由于在充电时要排出氢和氧的混合气体，有爆炸危险，而且随着气体带出硫酸蒸气，有强腐蚀性，对人身健康和设备安全都有很大影响，所以已很少使用。而镉镍蓄电池除不受供电系统运行情况的影响、工作可靠外，还有大电流放电性能好，功率大，机械强度高，使用寿命长，腐蚀性小，可组装于屏内，配以测量、监察、信号等装置，组成镉镍电池直流屏，与其他柜（屏）同置于控制室内。因此，在供电系统中应用比较普遍。本节主要介绍镉镍蓄电池的安装。

一、镉镍蓄电池安装前的检查

蓄电池组的安装应按已批准的设计进行施工。蓄电池运到现场后，应在规定期限内做验收检查，并应在产品规定的有效保管期限内进行安装和充电。安装前应按下列要求进行外观检查：

（1）蓄电池外壳应无裂纹、损伤、漏液等现象。清除壳表面污垢时，对用合成树脂制作的外壳，应用脂肪烃、酒精擦拭，不得用芳香烃、煤油、汽油等有机溶剂清洗。

（2）蓄电池的正、负极性必须正确，壳内部件应齐全无损伤，有孔气塞通气性能应良好。

（3）连接条、螺栓及螺母应齐全，无锈蚀。

（4）带电解液的蓄电池，其液面高度应在两液面线之间，防漏运输螺塞应无松动、脱落。

二、镉镍蓄电池安装

镉镍蓄电池组的安装要求如下：①蓄电池放置的平台、基架及间距应符合设计要求。②蓄电池安装应平稳，同列电池应高低一致，排列整齐。每个蓄电池应在其台座或外壳表面用耐碱材料标明编号。③连接条及抽头的接线应正确，接头连接部分应涂以电力复合脂，螺母应紧固。④有抗震要求时，其抗震设施应符合有关规定，并牢固可靠。

三、电解液的配制和灌注

配制电解液应采用符合现行国家标准的 3 级，即化学纯的氢氧化钾（KOH）（其技术条件应符合表 5-1 的规定）和蒸馏水或去离子水。所用器具均为耐腐蚀器具。

表 5-1　氢氧化钾技术条件

指标名称	化学纯	指标名称	化学纯
氢氧化钾（KOH）/%	＞80	硅酸盐（SiO_3）/%	≤0.1
碳酸盐（以 K_2CO_3 计）/%	≤3	钠（Na）/%	≤2
氯化物（Cl）/%	≤0.025	钙（Ca）/%	≤0.02
硫酸盐（S04）/%	≤0.01	铁（Fe）/%	≤0.002
氮化合物（N）/%	≤0.001	重金属（以 Ag 计）/%	≤0.003
磷酸盐（PO_4）/%	≤0.01	澄清度试验	合格

配制是应先将蒸馏水倒入容器，再将碱慢慢倾入水中，严禁将水倒入碱中。配制好的电解液应加盖存放在容器内沉淀 6h 以上，取其澄清液或过滤液使用。对电解液有怀疑时应化验，应符合表 5-2 所规定的标准。

表 5-2　碱性蓄电池用电解液标准

项目	新电解液	使用极限值
外观	无色透明，无悬浮物	
密度	1.19 ～ 1.25（25℃）	1.19 ～ 1.21（25℃）
含量	KOH240 ～ 270g/L	KOH240 ～ 270g/L
Cl^-	＜ 0.1g/L	＜ 0.2g/L
CO_2^-	＜ 8g/L	＜ 50g/L
Ca·Mg	＜ 0.1g/L	＜ 0.3g/L
氨沉淀物 Al/KOH	＜ 0.02%	＜ 0.02%
Fe/KOH	＜ 0.05%	＜ 0.05%

电解液注入蓄电池时应注意：

（1）电解液温度不宜高于 30℃；当室温高于 30℃时，不得高于室温。

（2）注入蓄电池的电解液的液面高度应在两液面线之间。

蓄电池注入电解液之后，宜静置 1 ～ 4h 方可进行初充电。

四、镉镍蓄电池充放电

由于各制造厂规定的碱性蓄电池初充电的技术条件有一定差异，故蓄电池的初充电应按产品的技术要求进行，并符合下列要求：

（1）充电电源应可靠。

（2）室内不得有明火。因在充电期间，特别是在过充时，电解液中的水被电解，放出氢气和氧气，为防止爆炸，故规定室内不得有明火。

（3）装有催化栓的蓄电池应将催化栓旋下，待初充电全过程结束后重新装上。催化栓的作用是将蓄电池放出的氢和氧生成水再返回电池本体去，以达到少维护的目的，但它处理氢、氧的能力是按浮充方式时设计的，故初充电时要取下，否则要损坏壳体。

（4）带有电解液并配有专用防漏运输螺塞的蓄电池，初充电前应取下运输螺塞换上有孔气塞，并检查液面不应低于下液面线。

（5）充电期间电解液的温度宜为（20±10）℃；当电解液的温度低于 5℃或高于 35℃时，不宜进行充电。

当蓄电池初充电时间达到产品技术条件规定的时间，充入容量和电压也达到产品技术条件的规定，即可认为充电结束。

蓄电池初充电结束后，应按产品技术条件规定进行容量校验，高倍率蓄电池还应进行倍率试验，并应符合下列要求：

①碱性蓄电池在初充电时要经过多次充放电循环才能达到额定容量。一般在 5 次充、放电循环内，放电容量在（20±5）℃时应不低于额定容量。当放电且电解液初始温度低于 15℃时，放电容量应按制造厂提供的修正系数进行修正。

②用于有冲击负荷，如断路器操作电源的高倍率蓄电池倍率放电。在电解液温度为（20±5）℃条件下，以0.5C5电流值先放电1h情况下，继以6C5电流值放电0.5s，其单体蓄电池的平均电压应为：超高倍率蓄电池不低于1.1V；高倍率蓄电池不低于1.05V。

③按0.2C5电流值放电终结时，单体蓄电池的电压应符合产品技术条件的规定，电压不足1.0V的电池数不应超过电池总数的5%，且最低不得低于0.9V。

蓄电池充电结束后，电解液的液面会发生变化。为保证蓄电池的正常使用，需要蒸馏水或去离子水将液面调整至上液面线。

在整个充放电期间，应按规定时间记录每个蓄电池的电压、电流及电解液温度和环境温度。并绘制整组充、放电特性曲线，供以后维护时参考，同时也作为技术资料、移交运行单位。

第六章 室内布线系统施工

第一节 母线槽

一、安装

（一）要求

封闭式母线布线适用于干燥、无腐蚀气体、无冷热急剧变化的场所。

封闭式母线不得敷设在易燃、易爆的气体管道上方。

封闭式母线的插接分支点应设在安全可靠及安装维修方便的地方。

封闭式母线的连接不应在穿过楼板或墙壁处进行。

母线与母线间，母线与电气接线端连接应牢固，搭接面应清洁并涂以电力复合脂。

除采用扭剪型螺栓外，连接母线的螺栓应采用力矩扳手拧紧，紧固力矩值应符合现行国家标准 GB 50149—2010《电气装置安装工程母线装置施工及验收规范》的有关规定。

（二）支架

固定母线用的支架、吊架和部件的构造应符合产品技术文件的要求，水平或垂直敷设的固定点间距均不宜大于 2m，距拐弯 0.5m 处应设置支架；支架、吊架设置应使母线有伸缩的活动余地；母线直线段距离超过 80m 时，每 50 ～ 60m 应设置膨胀节。

当制造厂有特殊要求时，应按产品技术文件的要求执行。

母线槽支架安装应符合下列规定：

（1）除设计要求外，承力建筑钢结构构件上不得熔焊连接母线槽支架，且不得热加工开孔。

（2）与预埋铁件采用焊接固定时，焊缝应饱满；采用膨胀螺栓固定时，选用的螺栓应适配，连接应牢固。

（3）支架应安装牢固、无明显扭曲，采用金属吊架固定时应有防晃支架，配电母线槽的圆钢吊架直径不得小于 8mm；照明母线槽的圆钢吊架直径不得小于 6mm。

（4）金属支架应进行防腐，位于室外及潮湿场所应按设计要求做特殊处理。

（三）水平安装

母线槽安装应符合下列规定：

（1）母线槽不宜安装在水管正下方。

（2）母线应与外壳同心，允许偏差为 ±5mm。

（3）当段与段连接时，两相邻段母线及外壳宜对准，相序应正确，连接后不应使母线及外壳受额外应力。

（4）母线的连接方法应符合产品技术文件要求。

（5）母线槽连接用部件的防护等级应与母线槽本体的防护等级一致。

封闭式母线水平敷设时距地的高度一般不宜低于 2.2m，垂直敷设时距地 1.8m 以下部分应采取防止机械损伤措施，但敷设在配电室、电机室、电气竖井等电气专用房间内时不受此限制。

封闭式母线水平敷设时支撑点间距不应大于 2m，当母线转弯时，应在其两侧 500mm 左右处采用支架固定；垂直敷设时应在通过楼板处采用专用附件支撑，其固定间距不应小于 2.5m，垂直敷设的封闭式母线，当进线盒、箱及末端悬空时应采用支架固定。

水平或垂直敷设的母线槽固定点每段设置一个，且每层不得少于一个支架，其间距应符合产品技术文件规定，距拐弯 0.4 ～ 0.6m 处设置支架，固定点位置不应设置在母线槽的连接处或分接单元处。

母线直线段的连接，馈电部件、支接部件、端封部件、柔性连接等的连接以及固定于母线上的灯具安装等，均应按产品技术文件进行操作，并应确保其连接的可靠性。

母线可侧装于建筑物或构筑物墙体表面，也可吊装于吊顶下部，应采用配套的支持件固定，固定点间距应均匀，固定点距离不宜大于 2m。

母线槽跨越建筑物变形缝处，应设置补偿装置；母线槽直线敷设长度超过 80m，每 50 ～ 60m 宜设置伸缩节。

母线槽上无插接部件的接插口及母线端部应用专用的封板封堵完好。不接馈电单元的母线端部应封闭完好，端部离建筑物或构筑物的可操作距离不应小于 200mm。

母线段与段的连接以及与支架、吊架等的固定不应强行组装，不应使母线受到额外的附加应力。

（四）垂直安装

母线槽垂直安装时，接头距地面垂直距离不应小于 0.6m。

母线槽在楼层间垂直安装时，母线槽单根直线长度不应大于 3.6m；单层超过 3.6m 的楼层，应分两节以上制作，层间应安装中间固定支架。

母线槽垂直安装时，应先将弹簧支架安装于母线槽上，再将母线槽及弹簧支架固定于槽钢固定架上，锁紧支架的弹簧螺母；待安装 4～5 层后，由上向下逐层松开螺母，使母线槽重量自然承载于支架弹簧上。母线槽连接紧固后，其弯曲度不大于 1 mm/m。

两条垂直相邻安装的母线槽，边间距不应小于 0.1m。

母线槽段与段的连接口不应设置在穿越楼板或墙体处，垂直穿越楼板处应有与建（构）筑物固定的专用部件支座，其孔洞四周应设置高度为 50mm 及以上的防水台，并有防火封堵措施，如图 6-1 所示。

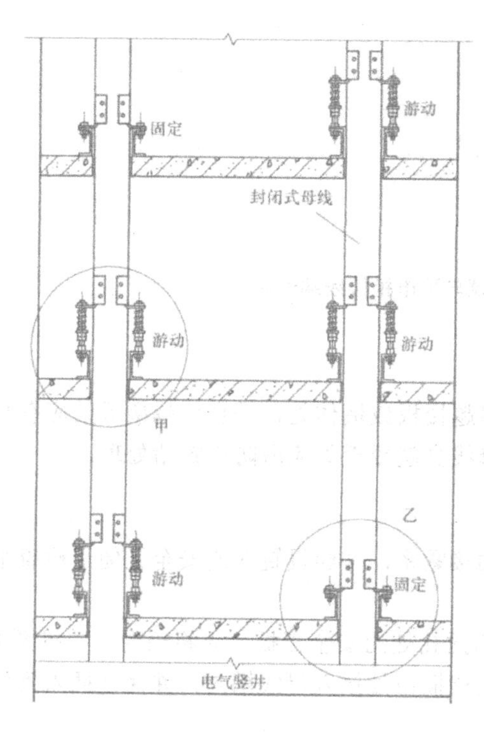

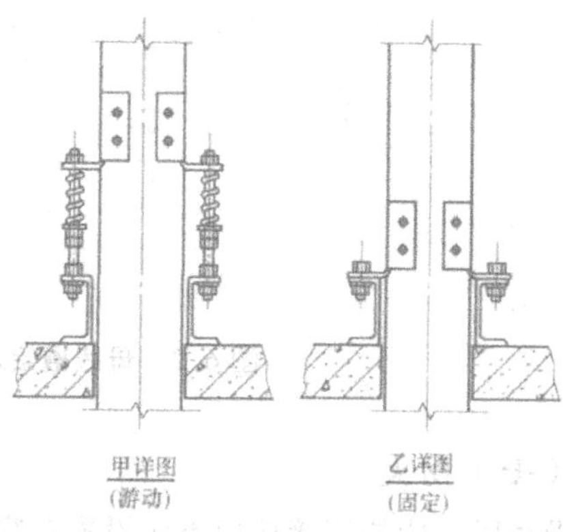

注：为减少高层建筑(柔性构造部分)因自身持有振动性和随动性及抗震性等因素对竖井内封闭式母线的作用，建议母线的固定方式是每3～4层固定支持，中间采用游动支持方式。

图 6-1 母线槽竖井内安装

（五）偏差

组对连接后的母线导体应与外壳同心，其偏差不应大于 5mm。

母线槽直线段安装应平直，水平度与垂直度偏差不宜大于 1.5‰，全长最大偏差不宜大于 20mm。

照明用母线槽水平偏差全长不应大于 5mm，垂直偏差不应大于 10mm。

（六）连接

封闭式母线与变压器的连接应采用软连接。

母线槽始端与配电柜接线端连接，应采用镀锡硬铜排过渡连接，如图 6-2 所示。

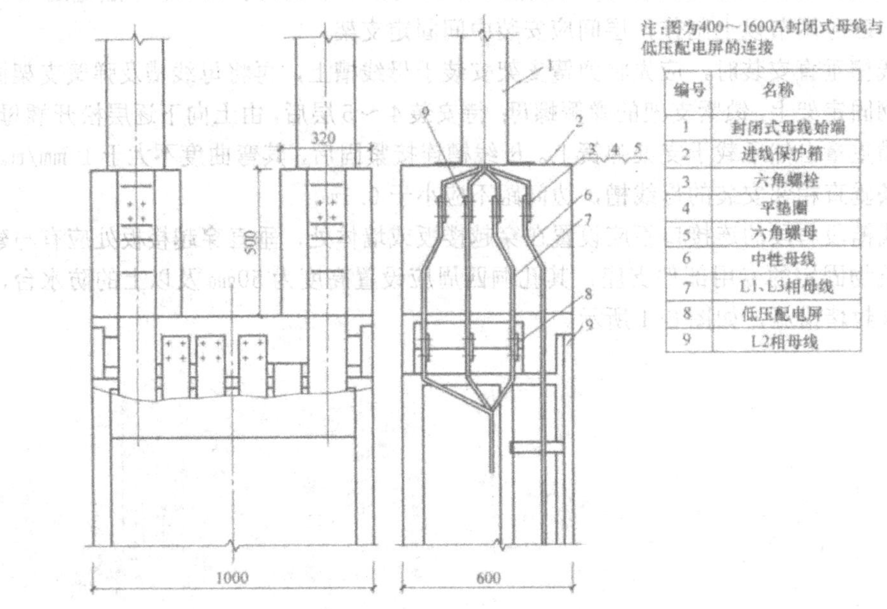

编号	名称
1	封闭式母线始端
2	进线保护箱
3	六角螺栓
4	平垫圈
5	六角螺母
6	中性母线
7	L1、L3相母线
8	低压配电屏
9	L2相母线

图 6-2　母线槽始端与配电柜接线端连接

（七）防火

母线段与段的连接接口不应设置在穿越楼板或墙体处，垂直穿越楼板处应有与建筑物或构筑物相固定的专用部件支座，母线穿越楼板处应做防火封堵处理。

（八）插接箱的安装

插接式开关箱或母线的分支接口应插接紧密，并应设置在既安全又便于检查维护的位置。

母线槽插接箱安装前，应打开母线槽插孔处的安全挡板，先将箱内开关推至 OFF 断开挡位置，将插接箱插脚按相序从母线槽插口处插入母线槽内，并保证插入到位。禁止带电插拔。

插接箱安装后，应将其前后两处爪形卡板固定于母线槽两侧，并拧紧螺钉。内装大型开关的插接箱，其垂直安装时，底部应加装承重托臂；水平安装时，应加装承重包箍。

（九）接地

（1）母线槽的外壳等外露可导电部分应与保护导体可靠连接，且应符合下列要求：

①每段母线槽的金属外壳间应连接可靠，且母线槽全长不应少于 2 处与保护导体可靠连接，分支端部也应做接地保护；母线的金属外壳不应作为接地的接续导体。

②连接导体的材质、截面积应符合设计要求。

（2）当设计将母线槽的金属外壳作为保护接地导体（PE）时，其外壳导体应具有连续性且符合 GB 7251.1—2013《低压成套开关设备和控制设备第 1 部分：总则》

的规定。

(3)应用1kV绝缘电阻测试仪测量每个单元母线槽的绝缘电阻(含相间，相地间，相零间和零地间绝缘电阻)。绝缘电阻值必须在20MΩ以上。安装后母线槽绝缘电阻值不应小于20MΩ。封闭式母线整体连接后，应检查其接地电阻。

二、检验或试验

母线槽通电运行前应进行下列检验或试验，并符合下列规定：

(1) 高压母线交流工频耐压试验应按规定交接试验合格。

(2) 低压母线绝缘电阻值不应小于0.5MΩ。

(3) 检查分接单元插入时，接地触头应先于相线触头接触，且触头连接紧密，退出时，接地触头应后于相线触头脱开。

(4) 检查母线槽与配电柜、电气设备的接线相序应一致。

第二节 梯架、托盘和槽盒

一、支架

(一) 要求

当设计无要求时，梯架、托盘、槽盒及支架安装尚应符合下列规定：

(1) 电缆梯架、托盘和槽盒宜敷设在易燃易爆气体管道和热力管道的下方，与各类管道的最小净距应符合表6-1的规定。

表6-1 导管或配线槽盒与热水管、蒸汽管间的最小距离(单位：mm)

导管或配线槽盒的敷设位置	管道种类	
	热水	蒸汽
在热水、蒸汽管道上面平行敷设	300	1000
在热水、蒸汽管道下面或水平平行敷设	200	500
与热水、蒸汽管道交叉敷设	不应小于其平行的净距	

注：1. 对有保温措施的热水管、蒸汽管．其最小距离不宜小于200mm。

2. 导管或配线槽盒与不含可燃及易燃易爆气体的其他管道的距离，平行或交叉敷设不应小于100mm。

3. 导管或配线槽盒与可燃及易燃易爆气体不宜平行敷设，交叉敷设处不应小于100mm。

4. 达不到规定距离时应采取可靠有效的隔离保护措施。

（2）配线槽盒与水管同侧上下敷设时，宜安装在水管的上方；与热水管、蒸汽管平行上下敷设时，应敷设在热水管、蒸汽管的下方，当有困难时，可敷设在热水管、蒸汽管的上方。相互间的最小距离宜符合表 6-1 的规定。

（3）敷设在竖井内穿楼板处和穿越不同防火区的梯架、托盘和槽盒，应有防火隔堵措施。

（4）敷设在垂直竖井内的电缆梯架或托盘，其固定支架不应安装在固定电缆的横担上，且每隔 3 ～ 5 层应设置承重支架。

（5）敷设在室外的梯架、托盘和槽盒，当进入室内或配电箱（柜）时应有防雨水措施，槽盒底部应有泄水孔。

（6）承力建筑钢结构构件上不得熔焊支架，且不得热加工开孔。

（7）水平安装的支架间距宜为 1.5 ～ 3m；垂直安装的支架间距不应大于 2m。

（8）采用金属吊架固定时，圆钢直径不得小于 8mm，并应有防晃支架，在分支处或端部 0.3 ～ 0.5m 处应有固定支架。

（二）间距

电缆层架间距：

（1）6 ～ 10kV 交联聚乙烯绝缘电缆 200 ～ 250mm。

（2）控制电缆为 120mm，当采用槽盒时，层架间距为 h +80mm（h 表示槽盒外壳高度）。

直线段钢制或塑料梯架、托盘和槽盒长度超过 30m、铝合金或玻璃钢制梯架、托盘和槽盒长度超过 15m 应设置伸缩节；梯架、托盘和槽盒跨越建筑物变形缝处，应设置补偿装置。

二、槽盒

（一）要求

槽盒及其部件应平整，无扭曲、变形等现象，内壁应光滑、无毛刺。

金属槽盒表面应经防腐处理，涂层应完整无损伤。

槽盒安装时应保证外形平直，敷设前应清理槽内杂物，安装时要进行整体调平，各配件间应做好防水密封处理。避免浇灌混凝土时砂浆进入槽盒内。并应有防止土建等专业施工造成槽盒移位的措施。

（二）敷设

槽盒不宜敷设在易受机械损伤、高温场所，且不宜敷设在潮湿或露天场所。金属槽盒不宜敷设在有腐蚀介质的场所。

槽盒的敷设应符合下列规定：

（1）槽盒的转角、分支、终端以及与箱柜的连接处等宜采用专用部件。

（2）槽盒敷设应连续无间断，沿墙敷设时每节槽盒直线段固定点不应少于 2 个，在转角、分支处和端部均应有固定点；槽盒在吊架或支架上敷设，直线段支架间间距不应大于 2m，槽盒的接头、端部及接线盒和转角处均应设置支架或吊架，且离其边缘的距离不应大于 0.5m。

（3）槽盒的连接处不应设置在墙体或楼板内。

（4）槽盒的接口应平直、严密，槽盖应齐全、平整、无翘角；连接或固定用的螺钉或其他紧固件，均应由内向外穿越，螺母在外侧。

槽盒的分支接口或与箱柜接口的连接端应设置在便于人员操作的位置。

（5）槽盒敷设应平直整齐，水平或垂直敷设时，塑料槽盒的水平或垂直偏差均不应大于 5‰，金属槽盒的水平或垂直偏差均不应大于 2‰，且全长均不应大于 20mm。

（6）金属槽盒应接地可靠，且不得作为其他设备接地的接续导体，槽盒全长不应少于 2 处与接地保护干线相连接。全长大于 30m 时，应每隔 20 ～ 30m 增加与接地保护干线的连接点；槽盒的起始端和终点端均应可靠接地。

（7）非镀锌槽盒连接板的两端应跨接铜芯软线接地线，接地线截面积不应小于 $4mm^2$，镀锌槽盒可不跨接接地线，其连接板的螺栓应有防松螺母或垫圈。

（8）金属槽盒与各种管道平行或交叉敷设时，其相互间最小距离应符合表 6-1 的规定。

（9）槽盒直线段敷设长度大于 30m 时，应设置伸缩补偿装置或其他温度补偿装置。沿墙垂直安装的槽盒宜每隔 1 ～ 1.2m 用线卡将导线、电缆束固定于槽盒或槽盒接线盒上，以免由于导线电缆自重使接线端受力。

（三）金属槽盒

槽盒的敷设应符合下列规定：

金属槽盒适用于预制墙板无法安装暗配线或需要便于维修和更换线路等场所。

金属槽盒及金属附件均应镀锌。金属槽盒沿墙敷设如图 6-3 所示。

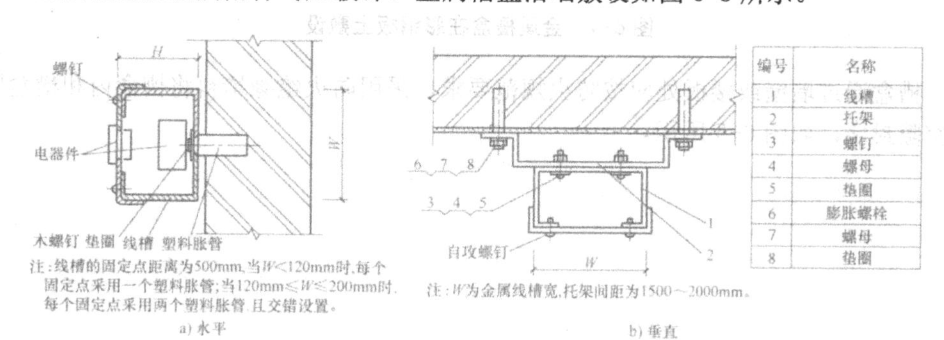

图 6-3　金属槽盒沿墙敷设

金属槽盒吊装支架安装间距，直线段不大于 2000mm 及槽盒接头处，首末端 500mm 处及槽盒走向改变或转角处应加装吊装支架。

金属槽盒在彩钢板上敷设时，槽盒吊装支架安装间距要求：直线段一般1500～2000mm，在槽盒始端及末端200mm处，槽盒走向改变或转角处应加装吊装支架。线槽规格不宜大于200mm×100mm。屋面檩条在侧面开孔，如图6-4所示。

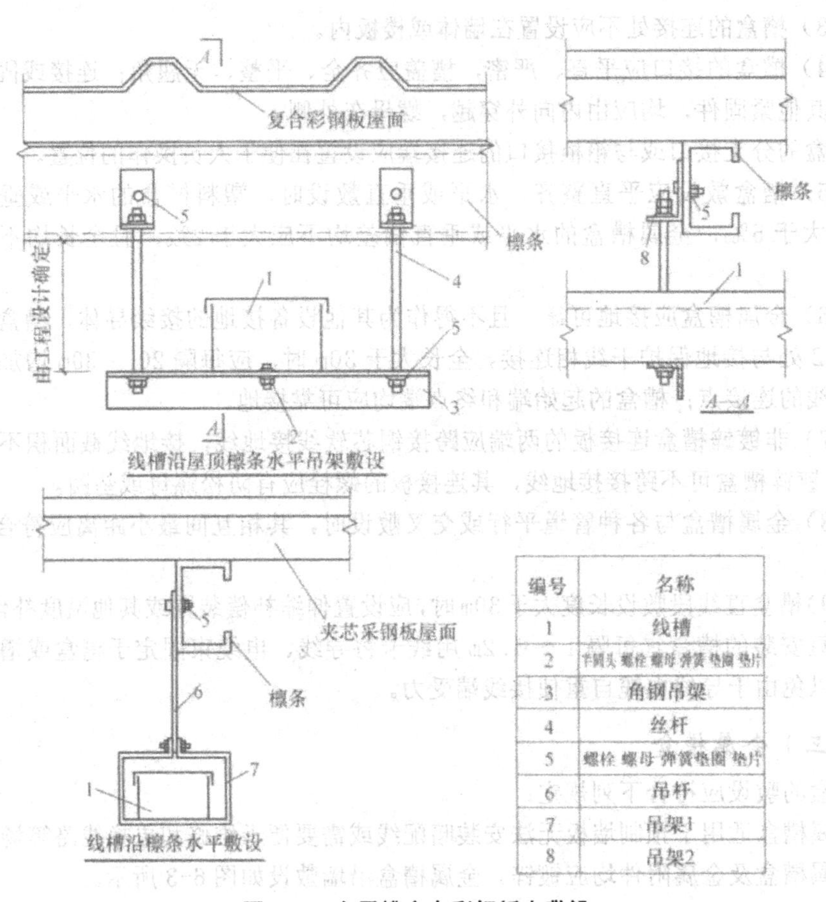

编号	名称
1	线槽
2	半圆头 螺栓 螺母 弹簧 垫圈 垫片
3	角钢吊架
4	丝杆
5	螺栓 螺母 弹簧垫圈 垫片
6	吊杆
7	吊架1
8	吊架2

图6-4　金属槽盒在彩钢板上敷设

槽盒通过墙壁或楼板处应按防火规范要求，采用防火绝缘堵料将槽盒内和槽盒四周空隙封堵，如图6-5所示。

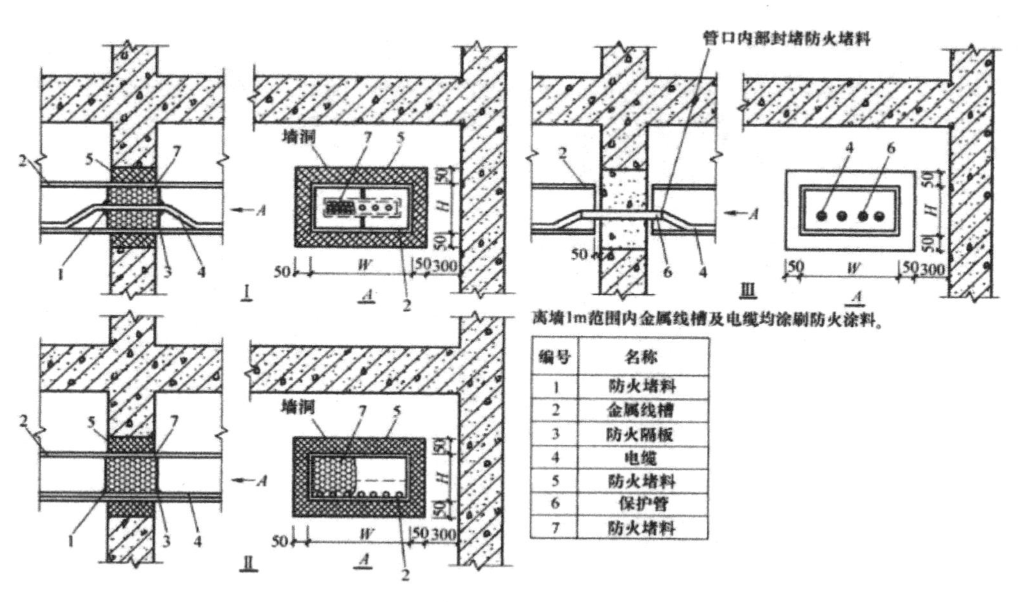

图 6-5 槽盒通过墙壁或楼板防火

金属槽盒的外壳仅作承载用，不得作为保护接地导体（PE 线）用，但应用截面积不小于 4mm^2 的编织铜带跨接作等电位联结。

（四）地面槽盒

地面槽盒适用在厚度≥ 150mm 的现浇混凝土楼板内或现浇及预制楼板垫层厚度≥ 70mm 的垫层内安装。当垫层为 45 ～ 70mm 时适宜采用地面出线盒。

地面金属槽盒应采用配套的附件，槽盒在转角、分支等处应设置分线盒。施工浇灌混凝土前宜在分线盒、箱及连接器件等连接处，用密封胶做防水密封处理，如图 6-6 所示。

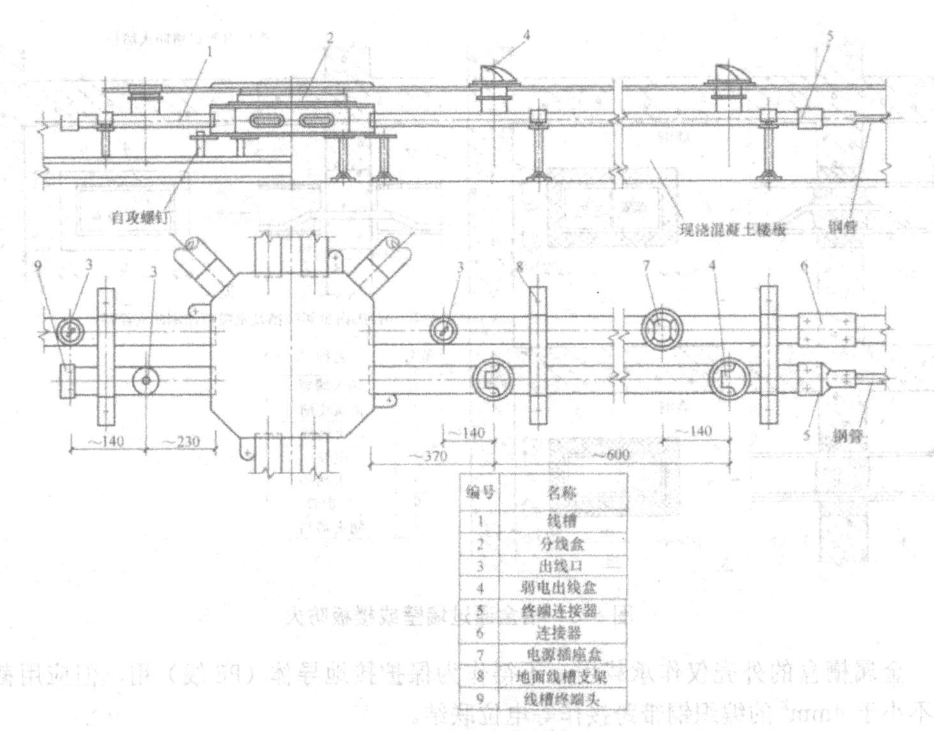

编号	名称
1	线槽
2	分线盒
3	出线口
4	弱电出线盒
5	终端连接器
6	连接器
7	电源插座盒
8	地面线槽支架
9	线槽终端头

图 6-6　地面金属槽盒

槽盒的直线段长度超过 6m 时宜加装接线盒。

地面槽盒的强电回路宜加装剩余电流动作保护。强、弱电回路应该分槽盒敷设，两种线路交叉处应设置有屏蔽分线板的分线盒，两种线路在分线盒内应分置于不同空间，不得直接接触，宜每隔 500mm 分别绑扎成束，并且加标记或编号以便检修。地面槽盒支架安装间距在现浇层内一般为 1500m，垫层内为 1000mm 槽盒首末端 500mm 处及槽盒走向改变或转角处应加装支架。

地面金属槽盒不宜穿越不同的防火分区及伸缩缝。

（五）塑料槽盒

塑料线槽适用于预制墙板无法安装暗配线或需要便于维修和更换线路等场所。塑料槽盒的氧指数应为 27 以上，其中 25mm 宽塑料槽盒适用于弱电及照明配线。

（六）导线

同一配电回路的所有相导体和中性导体应敷设在同一槽盒内。同一路径无电磁兼容要求的配电线路，可敷设于同一槽盒内。

槽盒内电线或电缆的总截面（包括外护层）积不应超过槽盒内截面积的 20%。载流导体不宜超过 30 根，控制和信号线路的电线或电缆的总截面积不应超过槽盒内截面积的 50%。电线或电缆根数不限。有电磁兼容要求的线路与其他线路敷设于同一金属槽盒内时，应用金属隔板隔离或采用屏蔽电线、电缆。

槽盒内的导线或电缆不应有接头，接头应在分线盒内或出线口进行。

三、桥架

（一）安装

沿电缆桥架水平走向的支吊架左右偏差不大于10mm，高低不大于5mm。

电缆桥架水平敷设时宜按荷载曲线选择最佳跨距进行支撑，跨距一般为1.5～3m，垂直敷设时其固定点间距不宜大于2m。

敷设在电缆桥架上的下列部位应固定：水平敷设电缆的首端和尾端、转弯处两侧、其他部位每隔5～10m处。垂直敷设电缆的上端，全塑电缆和控制电缆每隔1.0m，其他电缆每隔1.5m。

电缆桥架在首尾端部200mm处及转弯处应加装吊装支架。

电缆桥架上部距离顶棚或其他障碍物应不小于300mm。

电缆桥架水平敷设时距地的高度一般不宜低于2.5m，垂直敷设时距地1.8m以下部分应加金属盖板保护，但敷设在电气专用房间（如配电室、电气竖井、技术层等）内时除外。

（二）间距

电缆桥架不宜敷设在有腐蚀性气体管道和热力管道的上方及腐蚀性液体管道的下方，否则应采取防腐、隔热措施，电缆桥架不得敷设在易燃、易爆的气体管道上。

电缆桥架与各种管道平行或交叉时，其最小净距应符合表6-1的要求。

电缆桥架多层敷设时其层间距离一般为控制电缆间不小于0.2m，电力电缆间不小于0.3m，弱电电缆与电力电缆间不小于0.5m（有屏蔽可减少到0.3m）。

（三）防火

室内电缆桥架不应采用易延燃材料外护层的电缆，在工程防火要求较高的场所，不宜采用铝合金电缆桥架。

电缆桥架在穿过防火墙及防火楼板时，应采取防火封堵措施。

（四）接地

金属梯架、托盘或槽盒间连接应牢固、接触可靠，并与保护导体可靠连接，且必须符合下列规定：

（1）梯架、托盘和槽盒全长不大于30m时，不应少于2处与保护导体可靠连接，全长大于30m时，应每隔20～30m增加连接点，起始端和终点端均应可靠接地。

（2）非镀锌梯架、托盘和槽盒本体间连接板的两端应设置专用保护联结导体的连接螺栓，保护联结导体的截面积应符合设计要求。

（3）镀锌梯架、托盘和槽盒本体间连接板的两端可不跨接保护联结导体，但连接板每端不应少于2个有防松螺母或防松垫圈的连接固定螺栓。

（五）伸缩节

钢制电缆桥架直线段长度超过30m、铝合金或玻璃钢制电缆桥架超过15m时，宜设置伸缩节，经过伸缩沉降缝时电缆桥架应断开，断开距离为100mm左右，两端必须做好跨接接地线，并留有伸缩余量。

第三节 导管敷设

一、导管

（一）种类

电气工程中，常用的电线导管主要有金属和塑料电线管两种。

1. 金属管

焊接钢管、水煤气钢管、黑铁电线管、套接紧定式镀锌铁管、薄壁镀锌铁管。

2. 塑料管

聚氯乙烯硬质管、聚氯乙烯塑料波纹管。

（二）预制加工

1. 制弯

镀锌管的管径为20mm及以下时，要拗棒弯管；管径为25mm使用液压弯管器；塑料管采用配套弹簧操作。

2. 管子切断

钢管应用钢锯、割管锯、砂轮锯进行切割；将需要切割的管子量好尺寸，放入钳口内牢固进行切割，切割口应平整不歪斜，管口刮铿光滑、无毛刺，管内铁屑除净。塑料管采用配套截管器操作。

3. 钢管套丝

钢管套丝采用套丝板，应根据管外径选择相应板牙，套丝过程中，要均匀用力。

导管的加工弯曲处，不应有折皱、凹陷和裂缝，且弯扁程度不应大于管外径的10%。

（三）盒、箱定位

1. 测定盒、箱位置

应根据设计要求确定盒、箱轴线位置，以土建弹出的水平线为基准，挂线找正，标出盒、箱实际尺寸位置。

2. 固定盒、箱

先稳定盒、箱，然后灌浆，要求砂浆饱满牢固、平整、位置正确。现浇混凝土板墙固定盒、箱加支铁固定；现浇混凝土楼板，将盒子堵好随底板钢筋固定牢固，管路配好后，随土建浇筑混凝土施工同时完成。

管路暗敷设时接线盒的备用敲落孔一律不应散落，中间接线盒应加盖封闭。

（四）导管支架

导管支架安装应符合下列要求：

（1）除设计要求外，承力建筑钢结构构件上不得熔焊导管支架，且不得热加工开孔。

（2）导管采用金属吊架固定时，圆钢直径不得小于 8mm，并应有防晃支架，在距离盒（箱）、分支处或端部 0.3 ～ 0.5m 处应有固定支架。

（3）金属支架应进行防腐，位于室外及潮湿场所应按设计要求做特殊处理。

（4）导管支架应安装牢固，无明显扭曲。

（五）施工一般要求

（1）施工中应遵守国家现行相关的规范和标准，工程中使用的电缆、管材、母线、桥架等均应符合国家和相关部门的产品技术标准。要求 CCC 强制认证的需有相应的认证标志。

（2）内线工程使用的金属配件，金属管材等均应做防腐处理，除设计另有要求外，均应刷防锈底漆一道，明敷时应刷灰色面漆两道，潮湿场所等还可采取镀锌处理。钢管内外壁均应做防腐处理，暗敷于混凝土中的钢管外壁无须做防腐处理。

（3）配线工程的支持件应采用预埋螺栓、预埋铁件、膨胀螺栓等方法固定，严禁使用木塞法固定。

（4）各种金属构件的安装螺孔不得采用电气焊开孔。

（5）导线在管内不应有接头，接头应在接线盒内进行。

（6）导管的弯曲半径应符合下列规定：

①明配的导管，其弯曲半径不宜小于管外径的 6 倍，当两个接线盒间只有一个弯曲时，其弯曲半径不宜小于管外径的 4 倍。

②暗配的导管，当埋设于混凝土内时，其弯曲半径不应小于管外径的 6 倍；当埋设于地下时，其弯曲半径不应小于管外径的 10 倍。

（7）当导管敷设遇下列情况时，中间宜增设接线盒或拉线盒，且盒子的位置应便于穿线。

①导管长度每大于 40m，无弯曲。

②导管长度每大于 30m，有 1 个弯曲。

③导管长度每大于 20m，有 2 个弯曲。

④导管长度每大于 10m，有 3 个弯曲。

（8）垂直敷设的导管遇下列情况时，应设置固定电线用的拉线盒：

①管内电线截面积为 $50mm^2$ 及以下，长度大于 30m。

②管内电线截面积为 70 ～ $95mm^2$，长度大于 20m。

③管内电线截面积为 120 ～ $240mm^2$，长度大于 18m。

(9) 敷设在潮湿或多尘场所，导管管口、盒（箱）盖板及其他各连接处均应密封。

(10) 导管不宜穿越设备或建筑物、构筑物的基础，当必须穿越时，应采取保护措施。

(11) 金属导管不宜穿越常温与低温的交界处，当必须穿越时在穿越处应有防止产生冷桥的措施。

二、钢保护管

钢管配线适用于工业与民用建筑正常、多尘、潮湿的场所，用钢管作为电气线路明暗敷设保护管。

（一）要求

潮湿场所明配或埋地暗配的钢导管其壁厚不应小于 2.0mm，干燥场所明配或暗配的钢导管其壁厚不宜小于 1.5mm。

钢导管严禁对口熔焊连接；镀锌钢导管或壁厚小于或等于 2mm 的钢导管不得套管熔焊连接。

钢管、接线盒、配件等均应按工程设计规定镀锌或涂漆，若无特殊要求可刷樟丹一道、灰漆一道，防腐要求较高的场所宜采用热镀锌钢管及配件。非镀锌钢导管内壁、外壁均应做防腐处理。当埋设于混凝土内时，钢导管外壁可不做防腐处理；镀锌钢导管的外壁锌层剥落处应用防腐漆修补。

钢导管不应有折扁和裂缝，管内壁光滑无铁屑和棱刺，加工的切口端面应平整，管口无毛刺。

（二）连接

(1) 钢导管的连接应符合下列规定：

①采用螺纹联接时，管端螺纹长度不应小于管接头的 1/2；联接后，其螺纹宜外露 2 ～ 3 扣。螺纹表面应光滑，无明显缺损现象。螺纹联接不应采用倒扣联接，联接困难时应加装盒（箱），如图 6-7 所示。

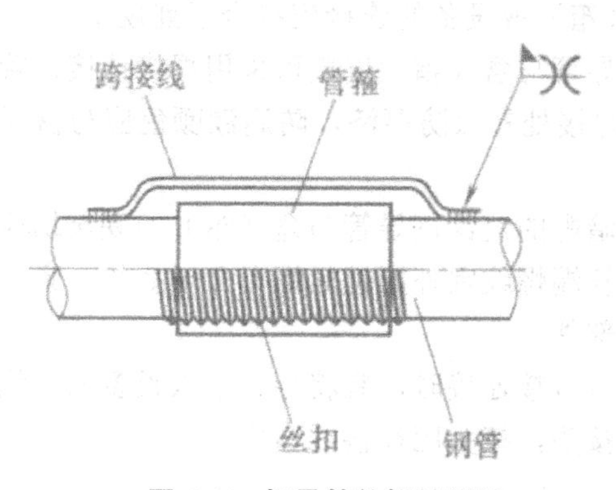

图 6-7　钢导管的螺纹联接

②采用套管焊接时，套管长度不应小于管外径 D 的 2.2 倍，管与管的对口处应位于套管的中心，焊缝密实，外观饱满，如图 6-8 所示。

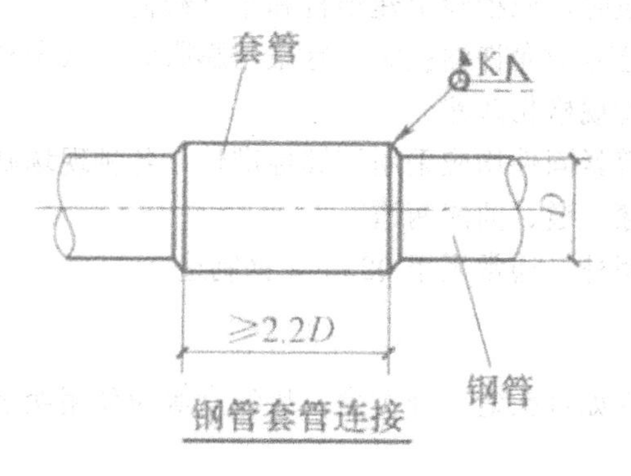

图 6-8　钢导管的套管焊接

③钢导管不得对口熔焊连接；壁厚小于或等于 2.0mm 的钢导管不得采用套管熔焊连接。

④镀锌钢导管对接应采用螺纹联接或其他形式的机械连接，埋入现浇混凝土中的接头连接处应有防止混凝土浆液渗入的措施。

套接紧定式钢导管管径 DN ≥ 32mm 时，连接套管每端的紧定螺钉不应少于 2 个，套接扣压式薄壁钢导管管径 DN ＜ 25mm 时，每端扣压点不应少于 2 处；管径 DN ≥ 32mm 时，每端扣压点不应少于 3 处，连接扣压点深度不应小于 1.0mm，管壁扣压形成时，每端扣压点不应少于 3 处，连接扣压点深度不直小于 1.0mm，管壁扣压形成的凹、凸点不应有毛刺。

套接扣压式薄壁钢导管暗敷时，接口处的缝隙在扣压时应采用封堵措施，可采用导电胶封堵或采用胶带纸封包，紧定式薄壁钢导管考虑工艺要求，不宜在混凝土中暗敷。

在潮湿场所内钢导管之间的连接，以及钢管与接线盒等的连接处，应做防水防腐密封处理。

（2）钢导管与盒（箱）或设备的连接应符合下列规定：

①暗配的非镀锌钢导管与盒（箱）连接可采用焊接连接，管口宜凸出盒（箱）内壁 3 ～ 5mm，且焊后在焊接处补涂防腐漆，防腐漆颜色应与盒（箱）面漆的颜色基本一致。

②明配的钢导管或暗配的镀锌钢导管与盒（箱）的联接均应采用螺纹联接，用锁紧螺母进行联接固定，管端螺纹宜外露锁紧螺母 2 ～ 3 扣。紧定式或扣压式镀锌钢导管均应选用标准的连接部件。

③钢导管与用电设备直接连接时，宜将导管配入设备的接线盒内。

导线在管内不应有接头，接头应在接线盒内。

（三）土建预埋

混凝土构件中有预埋件或建筑钢构件上允许焊接时，宜将各种支架与预埋件或钢构件焊接，而不采用抱箍或螺栓紧固方案。

多管排列吊杆敷设时，应校验土建结构和吊杆载荷。

混凝土构件上土建专业允许钻孔时，宜采用膨胀螺栓或塑料胀管作为紧固方案，并且钻孔直径应与胀管规格相匹配。

所有螺钉、螺栓等紧固件均应采用镀锌标准件，各种现场制作的金属支架及钢构件应除锈，刷防锈底漆一道、油漆两道。

钢制零配件除注明外，通常采用 Q235-A 钢制造。

（四）明敷

明配管使用的附件如灯头盒、开关盒、接线盒等应使用明装式，吊顶内配管附件按暗配管处理。

明敷或暗敷于潮湿场所的导管，应采用焊接钢管，且宜采用热镀锌焊接钢管，明配或暗配于干燥场所的导管，可采用电线管，暗配于楼板内的钢管宜采用焊接钢管，并且钻孔直径应与胀管规格相配合。

明配导管的布设宜与建筑物、构筑物的棱线相协调，对水平或垂直敷设的导管，其水平或垂直偏差均不应大于 1.5‰，全长偏差不应大于 10mm。

（五）暗敷

钢管埋入土层和有腐蚀性的垫层应采用水泥砂浆全面保护或采取其他防护措施。砖砌体内的钢管无防腐层或防腐层脱落处应刷防锈底漆一道。

导管暗配宜沿最近的路径敷设，并应减少弯曲。除特定情况外，埋入建筑物、构筑物的导管，与建筑物、构筑物表面的距离不应小于 15mm。管在砖墙内剔槽敷设时必须采用 M10 水泥砂浆保护；消防控制、通信、报警线路采用暗敷时应敷设在不燃烧体的结构内，且保护层厚度不小于 30mm。

管路暗敷设时宜沿最短路径敷设，并应减少弯曲和重叠交叉，管路超过规定长度时需加大管径或加装接线盒。

进入落地式柜、台、箱、盘内的导管管口，箱底无封板的，管口应高出柜、台、箱或盘的基础面 50 ～ 80mm。

（六）隔墙内

导管穿越密闭或防护密闭隔墙时应设置预埋套管，预埋套管的制作和安装应符合设计要求，套管长度宜为 30 ～ 50mm，导管穿越密闭穿墙套管的两侧应设置过线盒，并应做好封堵。

（七）吊顶内

吊顶内盒子位置正确，管路的固定采用支架、吊架，管路固定间距在 1200 ～ 1500mm 之间，在管子进盒处及弯曲部位两端 150 ～ 300mm 处加吊杆及固定卡固定，末端的灯头盒要单独加设固定吊杆。

灯头盒距灯具（或其他用电设备）距离不超过 200mm，在吊顶加设接线盒时，要便于维修，不可拆卸的吊顶应预留检查口。

水平安装时，应适当设置防晃装置。

吊顶内敷设的导管，槽盒应有单独的吊挂或支撑装置，但直径 20mm 及以下的焊接钢管，直径 25mm 及以下电线管（含 JDG 和 KGB 钢管），可利用吊顶内的吊杆或主龙骨，吊顶内的接线盒等应单独固定。

（八）接地

钢导管的接地连接应符合下列规定：

（1）金属导管应与弯曲金属导管和金属柔性导管不得熔焊连接。

（2）非镀锌钢导管采用螺纹联接时，联接处的两端应熔焊焊接保护连接导体。

（3）镀锌钢导管的跨接接地线不得采用熔焊连接，宜采用专用接地线卡跨接，跨接接地线应采用截面积不小于 $4mm^2$ 的铜芯软线。

（4）机械连接的金属导管，管与管、管与盒（箱）体的连接配件应选用配套部件，其连接应符合产品技术文件要求，连接处的接触电阻值满足现行国家标准 GB/T 20041.1—2015《电缆管理用导管系统第 1 部分：通用要求》的相关要求时，连接处可不设置保护连接导体，但导管不应作为保护导体的接续导体。

（5）金属导管与金属梯架、托盘连接时，镀锌材质的连接端宜用专用接地卡固定保护连接导体，非镀锌材质的连接处应熔焊焊接保护连接导体。

（6）以专用接地卡固定的保护连接导体应为铜芯软导线，截面积不应小于 $4mm^2$；以熔焊焊接的保护连接导体宜为圆钢，直径不应小于 6mm，其搭接长度应为圆钢直径的 6 倍。

金属管接地如图 6-9 所示。

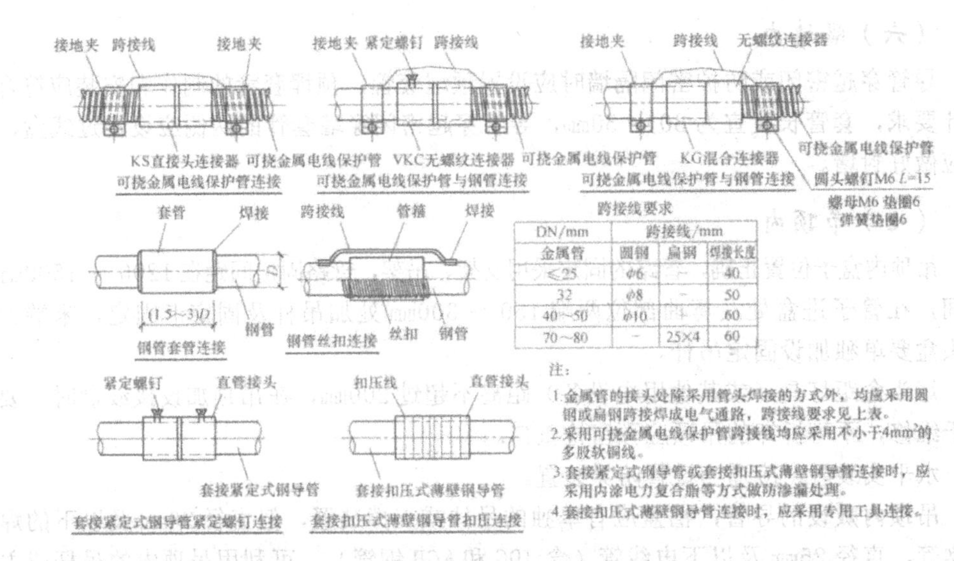

DN/mm	跨接线/mm		
金属管	圆钢	扁钢	焊接长度
≤25	φ6	-	40
32	φ8	-	50
40~50	φ10	-	60
70~80	-	25×4	60

图 6-9　金属管接地

三、可弯曲金属导管及金属软管

（一）应用

钢导管与电气设备器具间可采用可弯曲金属导管或金属软管等做过渡连接，其两端应有专用接头，连接可靠牢固、密闭良好。潮湿或多尘场所应采用能防水的导管。过渡连接的导管长度，动力工程不宜超过 0.8m，照明工程不宜超过 1.2m。

（二）敷设

可弯曲金属导管的敷设应符合下列规定：

（1）敷设在干燥场所可采用基本型可弯曲金属导管；敷设在潮湿场所或直埋地下应采用防水型可弯曲金属导管；敷设在混凝土内可采用基本型或防水型可弯曲金属导管。

（2）明配的可弯曲金属导管在有可能受到重物压力或有明显机械撞击的部位，应采取加套钢管或覆盖角钢等保护措施。

（3）当可弯曲金属导管弯曲敷设时，在两盒（箱）之间的弯曲角度之和不应大于 270°，且弯曲处不应多于 4 个，最大的弯曲角度不应大于 90°。

（4）可弯曲金属导管间和盒（箱）间的连接应采用与导管型号规格相适配的专用接头，连接应牢固可靠，并用配套的专用接地线卡跨接。

（5）可弯曲金属导管不应作为接地线的接续导体。

（6）可弯曲金属导管沿建筑钢结构明配时，应按施工设计详图做好防护措施。

（7）明配的可弯曲金属导管固定点间距应均匀，不应大于 1m，管卡与设备、器具、弯头中点和管端等边缘的距离应小于0.3m。

（三）固定

金属软管固定点间距应均匀，不应大于1m，管卡与设备、器具、弯头中点、管端的距离宜小于0.3m。吊顶内接线盒至灯具距离小于1.2m的金属软管中间可不予固定。

（四）接地

金属软管不应退绞、松散、有中间接头；不应埋入地下、混凝土内和墙体内；可敷设在干燥场所，其长度不宜大于2m；金属软管应接地良好，并不得作为接地的接续导体。

第四节　电缆敷设

一、电缆

（一）外观

（1）电缆敷设严禁有绞拧、铠装压扁、护层断裂和表面严重划伤等缺陷。

（2）电缆敷设可能受到机械外力损伤、振动、浸水及腐蚀性或污染时，应采取防护措施。

（3）除设计要求外，并联使用的电力电缆其型号、规格、长度应相同。

（二）支架

（1）金属电缆支架必须与保护导体可靠连接。

（2）电缆支架安装应符合下列规定：

①除设计要求外，承力建筑钢结构构件上不得熔焊支架，且不得热加工开孔。

②当设计无要求时，电缆支架层间最小距离应符合相关的规定，层间净距不应小于2倍电缆外径加10mm，35kV电缆不应小于2倍电缆外径加50mm。

（3）最上层电缆支架距构筑物顶板或梁底的最小净距应满足电缆引接至上方盘柜时电缆弯曲半径的要求；距其他设备的最小净距应不小于300mm，当无法满足要求时应设置防护板。

（4）支架与预埋件焊接固定时，焊缝应饱满；用膨胀螺栓固定时，螺栓应选用适配、连接紧固、防松零件齐全，支架安装应牢固、无明显扭曲。

（5）金属支架应进行防腐，位于室外及潮湿场所应按设计要求做特殊处理。

二、敷设

（一）要求

敷设的路径尽量避开和减少穿越热力管道、上下水管道、煤气管道和通信电缆等。

交流单芯电缆或分相后的每相电缆不得单独穿于钢导管内，固定用的夹具和支架，不应形成闭合磁路。

当电缆穿过零序电流互感器时，电缆金属护层和接地线应对地绝缘。对穿过零序电流互感器后制作的电缆头，其电缆接地线应回穿互感器后接地；对尚未穿过零序电流互感器的电缆接地线应在零序电流互感器前直接接地。

电缆的敷设和排布应符合设计要求，矿物绝缘电缆敷设在温度变化大的场所或振动场所或穿越建筑物变形缝时应采取“S”或“Ù”弯。

电缆敷设应符合下列规定：

（1）电缆的敷设排列应顺直、整齐，宜少交叉。

（2）电缆转弯处的最小弯曲半径应符合表 6-2 的规定。

表 6-2　电缆最小允许弯曲半径

<table>
<tr><th colspan="4">电缆型式</th><th>多芯</th><th>单芯</th></tr>
<tr><td rowspan="2">塑料绝缘电缆</td><td colspan="3">无铠装</td><td>15D</td><td>20D</td></tr>
<tr><td colspan="3">有铠装</td><td>12D</td><td>15D</td></tr>
<tr><td colspan="4">橡皮绝缘电缆</td><td colspan="2">10D</td></tr>
<tr><td rowspan="3">控制电缆</td><td colspan="3">非铠装型、屏蔽型软电缆</td><td>6D</td><td rowspan="3">—</td></tr>
<tr><td colspan="3">铠装型、铜屏蔽型</td><td>12D</td></tr>
<tr><td colspan="3">其他</td><td>10D</td></tr>
<tr><td colspan="4">铝合金导体电力电缆</td><td colspan="2">ID</td></tr>
<tr><td rowspan="5">矿物绝缘电缆</td><td rowspan="4">氧化镁绝缘 - 刚性</td><td rowspan="4">电缆外径 D/mm</td><td>D < 7</td><td></td><td>2D</td></tr>
<tr><td>7 ≤ D < 12</td><td></td><td>3D</td></tr>
<tr><td>12 ≤ 0 < 15</td><td></td><td>4D</td></tr>
<tr><td>D ≥ 15</td><td></td><td>6D</td></tr>
<tr><td colspan="3">其他</td><td></td><td>15D</td></tr>
</table>

（3）在电缆沟或电缆竖井内垂直敷设或大于 45° 倾斜敷设的电缆应在每个支架上固定。

（4）在梯架、托盘或槽盒内大于 45° 倾斜敷设的电缆应每隔 2m 固定，水平敷设的电缆，首尾两端、转弯两侧及每隔 5 ～ 10m 处应设固定点。

（5）无挤塑外护层电缆金属护套与金属支（吊）架直接接触的部位应有防电化腐蚀的措施。

（6）电缆出入电缆沟、竖井、建筑物、柜（盘）、台处以及管子管口处等部位应有防火或密封措施。

（7）电缆出入电缆梯架、托盘、槽盒及配电箱柜处应做固定。

（8）电缆通过墙、楼板或室外敷设穿导管保护时，导管的内径不应小于电缆外径的 1.5 倍。

（二）支持点间距离

当设计无要求时，电缆支持点间距，不应大于表 6-3 的规定。

表 6-3　电缆支持点间距（单位：mm）

电缆种类 水平 垂直			敷设方式	
电力电缆	全塑型电缆		400	1000
	除全塑型外的电缆		800	1500
	铝合金联锁铠装的铝合金电缆		1800	1800
控制电缆			800	1000
矿物绝缘电缆	电缆外径 D/mm	D ＜ 9	600	800
		9 ⩽ D ＜ 15	900	1200
		15 ⩽ D ＜ 20	1500	2000
		D ⩾ 20	2000	2500

（三）敷设

电缆在支架上水平敷设时，电力电缆间净距不小于 35mm，且不应小于电缆外径。

控制电缆间净距不做规定，在沟底敷设时，1kV 以上的电力电缆与控制电缆间净距不应小于 100mm。

35kV 及以下电缆明敷时，在首末端、转弯及接头两侧应加以固定，直线段固定点间距宜⩽ 100m，垂直敷设时应在上、下端和中间适当数量位置处设固定点。

敷设电缆和计算电缆长度时，均应留有一定的裕量。

对运行中可能遭受机械损伤的电缆部位（如在非电气人员经常活动的地坪 2m 及地中引出的地坪下 0.2m 范围）应采取保护措施。

下列不同电压、不同用途的电缆不宜敷设在同一层桥架上：

（1）1kV 以上和 1kV 以下的电缆。

（2）向同一负荷供电的两回路电源电缆。

（3）应急照明和其他照明的电缆。

（4）强电和弱电电缆（如需安装在同一层桥架上时，应用隔板隔开）。

（四）填充率

电缆在电缆桥架内横断面的填充率：电力电缆不宜大于40%，控制电缆不应大于50%，宜预留10%～25%工程发展裕量。

（五）标记

电缆桥架内的电缆应在首端、尾端、转弯及每隔50m处设有注明电缆编号、型号、规格和起止点等的标记牌。

（六）电缆构筑物

电缆构筑物中的电缆敷设：

不应在有易燃、易爆及可燃的气体或液体管道的沟道或隧道内敷设电缆；不应在热力管道的沟道或隧道内敷设电力电缆。

电缆沟应考虑分段排水，底部向集水井应有不小于0.5%的坡度，每隔50m设一集水井。

（七）排列

电缆在支架上敷设时，电力电缆在上，控制电缆在下，1kV以下的电力电缆和控制电缆可以并列敷设，当双侧设有电缆支架时，1kV以下的电力电缆和控制电缆，尽可能与1kV以上的电力电缆分别敷设于不同侧支架，当并列敷设时，其净距不应小于150mm。

三、电缆阻火

电缆进入沟、隧道、夹层、竖井、工作井、建筑物以及配电屏、开关柜、控制屏和保护屏时，应做阻火封堵，电缆穿入保护管时管口应密封。

在电缆隧道及重要回路电缆沟中，应在下列部位设置防火墙：

（1）电缆沟、隧道的分支处。

（2）电缆进入控制室、配电装置室、建筑物和厂区围墙处。

（3）长距离电缆沟，隧道每相距100m处应设置带防火门的阻火墙。

竖井中宜每隔7m设置阻火隔层。

阻火封堵和阻火隔层、阻火墙，均应满足等效工程条件下标准试验的耐火极限不低于1h。

各种金属构件、配件均需采取有效的防腐措施。

四、电缆的连接

电力电缆通电前必须按国家标准的规定确定耐压试验合格。

（一）与保护导体连接

电力电缆的铜屏蔽层和铠装护套及矿物绝缘电缆的金属护套和金属配件应采用铜绞线或镀锡铜编织线与保护导体做连接，其保护联结导体的截面积不应小于表 6-4 的规定。当铜屏蔽层和铠装护套及矿物绝缘电缆的金属护套和金属配件作保护导体时，其连接导体的截面积应符合设计要求。

表 6-4　电缆导体和保护联结导体截面积（单位：mm^2）

电缆相导体截面积	保护联结导体截面积
W16	与电缆导体截面积相同
16～120	16
≥150	25

（二）与设备或器具连接

与设备或器具连接应符合导体相互连接的规定。

电缆头应可靠固定，不应使电器元器件或设备端子承受额外应力。

铝、铝合金电缆头及端子压接应符合下列规定：

（1）铝、铝合金电缆的联锁铠装不应作为保护接地导体（PE）使用，联锁铠装应与保护接地导体（PE）可靠连接。

（2）导线压接面应去除氧化层并涂抗氧化剂，压接完成后应清洁表面。

（3）导线压接工具及模具应与附件相匹配。

五、预分支电缆

预分支电缆安装顺序如下：

（1）将吊钩安装在吊挂横梁上。将吊挂横梁安装在预定位置，并按设计要求做承载试验，图 6-10 是单芯电缆和多芯电缆的吊钩安装图。

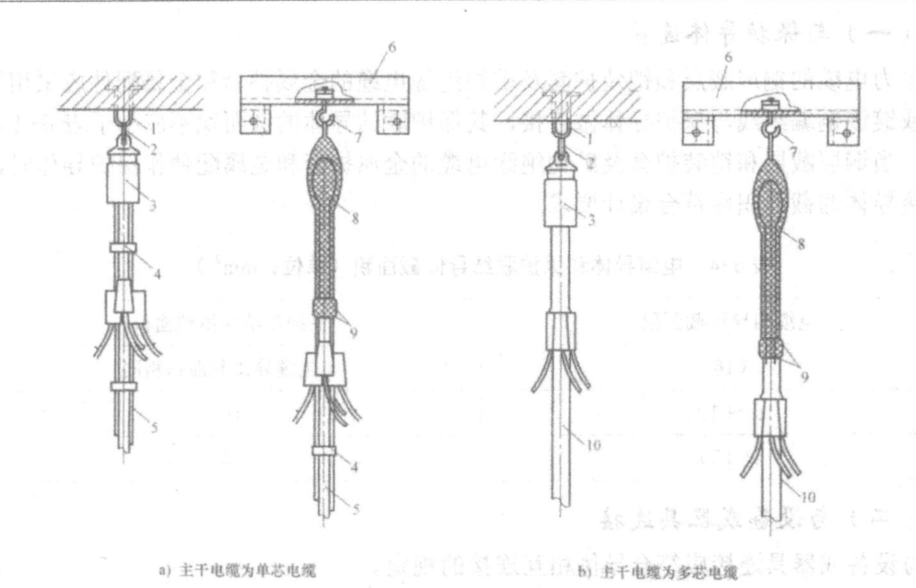

图 6-10　吊钩安装

1- 预埋吊钩；2-U 形吊环；3- 吊具或吊挂装置；4- 绑扎扣件；5- 预制分支电力电缆；6- 吊钩横担；7- 吊钩；8- 钢丝网吊具；9- 绑扎带；10- 预制分支电力电缆吊钩及预埋吊钩安全系数≥ 4

在电缆井或电缆通道中，按主电缆截面积 300mm^2 的每 2m 间距，400mm^2 每 1.5m 间距的要求，将支架固定在建筑物上。起吊到预定位置后将吊头挂于挂钩之上。

分支电缆绑扎在主干电缆上，待主干电缆安装固定后，再将分支电缆绑扎解开，按各分支电缆的走向要求理顺方向，用缆夹将主电缆紧固到支架上。

电缆固定后在其中端未加固定支座的位置按电缆的型号设置定位扣件（带橡胶护圈）。

电缆垂直和水平敷设时，穿楼板和墙体处应按防火规范要求，采用防火堵料将四周封堵。

电缆安装完毕后，在每层配电间或管道井内对主电缆做标志，标明电缆的走向、型号、用途以及线相，以利于以后的维护工作。

第五节　矿物绝缘电缆敷设

一、要求

矿物绝缘电缆敷设、布线的一般要求：

矿物绝缘电缆建议单独敷设，如无法与其他绝缘电缆分开敷设时，建议采用隔板分隔，当矿物绝缘电缆与其他绝缘电缆使用温度不一致时，应单独敷设或隔板分隔。

电缆在敷设前，均应检查电缆是否完好，且均应测试电缆的绝缘电阻是否达到相关标准规定的要求。

电缆在下列场合敷设时，由于环境条件可能造成电缆振动和伸缩，应考虑将电缆敷设成“S”或“Ù”弯，其弯曲半径应不小于电缆外径的6倍。

（1）在温度变化大的场合，如北方地区室外敷设。

（2）有振动源设备的布线，如电动机进线或发电机出线。

（3）建筑物的沉降缝和伸缩缝之间。

电缆敷设时，在转弯处、中间连接器以及电缆分支接线箱、盒两侧应加以固定。电缆终端、中间连接器、分支接线箱、盒及敷设用配件宜由电缆生产厂家配套供应，施工专用工具可由电缆生产厂家提供。

计算敷设电缆所需长度时，应留有适当的余量。

二、敷设

（一）沿支架卡设

电缆在支架上卡设时，要求每一个支架处都有电缆卡子将其固定。固定用的角钢支架在某些场合需考虑耐火等级，如图6-11所示。

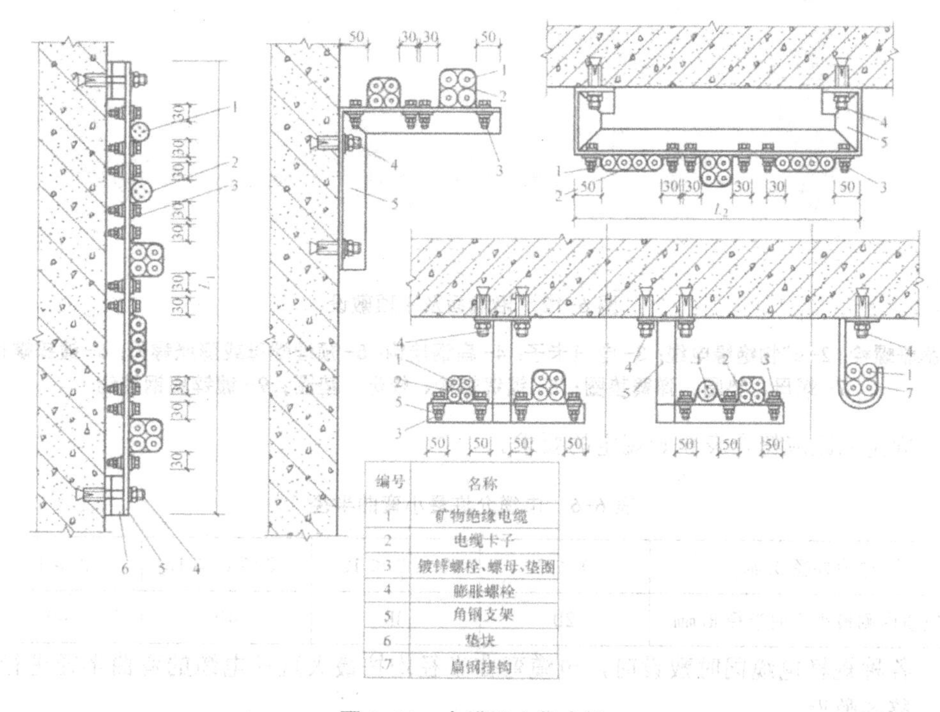

编号	名称
1	矿物绝缘电缆
2	电缆卡子
3	镀锌螺栓、螺母、垫圈
4	膨胀螺栓
5	角钢支架
6	垫块
7	扁钢挂钩

图6-11　电缆沿支架卡设

钢制电缆卡子只能用于单芯电缆三相一起固定，不能用于单根单芯电缆的固定，单侧固定的卡子除外。支架间距应符合表 6-5 的规定。

表 6-5 固定点之间间距

电缆外径 D/mm		D＜9	9≤D＜15	D≥15
固定点之间的最大间距 /mm	水平	600	900	1500
	垂直	800	1200	2000

在明敷设部位，如果相同走向的电缆大、中、小规格都有，从整齐、美观方面考虑，可按最小规格电缆标准要求固定，也可分档距固定。若电缆倾斜敷设，电缆与垂直方向成 30° 及以下时，按垂直间距固定；当大于 30° 时，按水平间距固定。

（二）沿墙面及平顶

沿墙面及平顶敷设时，首先必须将矿物绝缘电缆矫直，而后再牢靠地固定于墙面或平顶上，如图 6-12 所示。

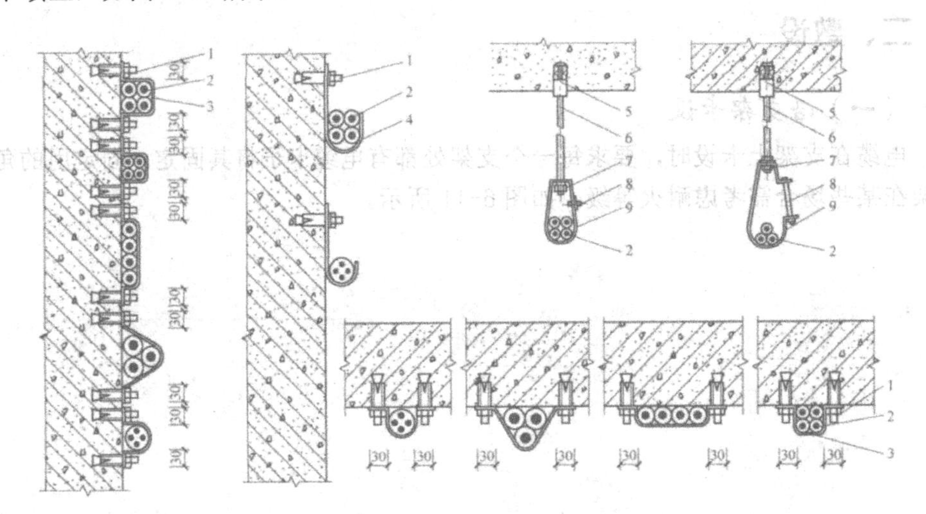

图 6-12 沿墙面及平顶敷设

1- 膨胀螺栓；2- 矿物绝缘电缆；3- 电缆卡子；4- 扁钢挂钩；5- 预埋螺母或膨胀螺母；6- 镀锌螺杆；7- 螺母、垫圈、弹簧垫圈；8- 镀锌螺栓、螺母、垫圈；9- 镀锌扁钢挂钩

固定间距应符合表 6-6 规定的要求。

表 6-6 电缆允许最小弯曲半径

电缆外径 D/mm	D＜7	7≤D＜12	12≤0＜15	D≥15
电缆内侧最小弯曲半径 R/mm	2D	3D	4D	6D

各种规格电缆同时敷设时，电缆弯曲半径均按最大直径电缆的弯曲半径进行弯曲、整齐敷设。

多根不同外径的矿物绝缘电缆相同走向时，为达到整齐、美观的目的，电缆的弯曲半径参照外径最大的电缆的走向进行调整并符合相应的最小弯曲半径要求。

（三）沿电缆桥架

电缆沿桥架敷设分水平敷设和垂直敷设两种，如图 6-13 所示。

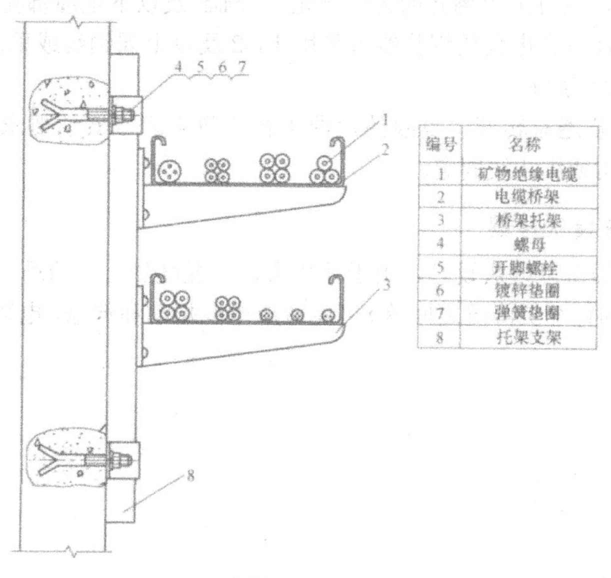

编号	名称
1	矿物绝缘电缆
2	电缆桥架
3	桥架托架
4	螺母
5	开脚螺栓
6	镀锌垫圈
7	弹簧垫圈
8	托架支架

a) 沿电缆桥架水平敷设

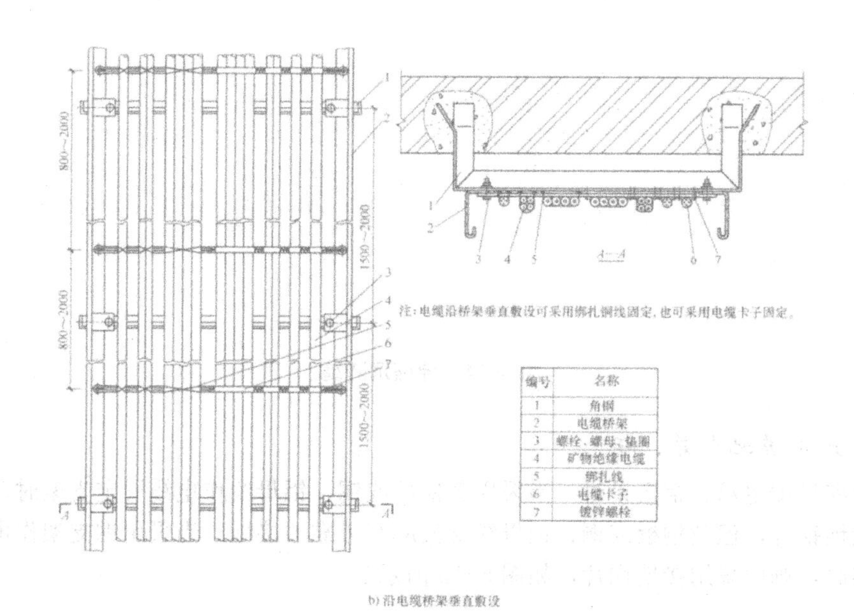

编号	名称
1	角钢
2	电缆桥架
3	螺栓、螺母、垫圈
4	矿物绝缘电缆
5	绑扎线
6	电缆卡子
7	镀锌螺栓

b) 沿电缆桥架垂直敷设

图 6-13　沿墙面及平顶敷设

电缆敷设要求横平竖直，无交错、重叠。敷设时，若桥架内全部是矿物绝缘电缆，则不必考虑电缆本身的防火、阻火措施，桥架及其配件根据现场使用条件，由设计考虑确定。

电缆沿桥架垂直敷设可采用铜线绑扎固定，也可采用电缆卡子固定。

（四）沿钢索架空

架空敷设时电缆的镀锌钢索应按要求架设，其所有的配件均应镀锌。电缆的固定可采用专用挂钩，也可采用绑扎的方法固定，95mm^{2}及以下电缆绑扎线可采用2.5mm^{2}裸铜线，120mm^{2}及以上电缆的绑扎线可采用4mm2及以上裸铜线或采用塑料绝缘铜线，其固定电缆的间距为1m。

电缆架空时若遇有转弯，电缆的弯曲半径应符合表6-6的要求，其弯头的两侧100mm处再用挂钩或绑扎线固定。

（五）过伸缩沉降缝

电缆通过伸缩沉降缝敷设时，由于环境条件（温度变化大的场合、有振动源设备的布线、建筑物的伸缩沉降缝之间等）可能造成电缆振动和伸缩，电缆敷设，如图6-14所示。

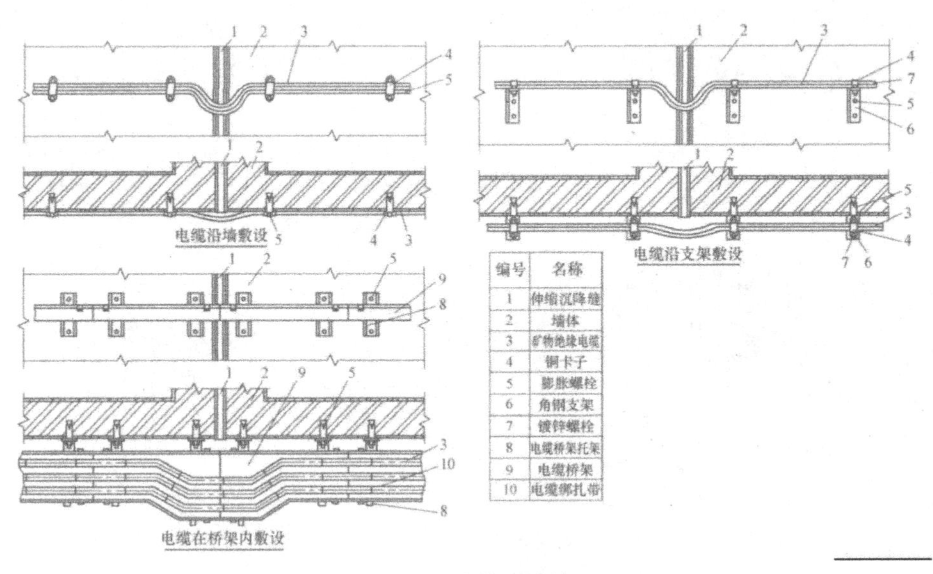

图6-14 伸缩沉降缝

（六）进配电箱、柜

电缆进配电箱、柜敷设时，当采用黄铜板或铜、铝母线作电缆固定支架时，可不采用接地铜片，但黄铜板或铜、铝母线支架应有可靠的接地。当采用钢支架作电缆固定支架时，则应采用接地铜片，如图6-15所示。

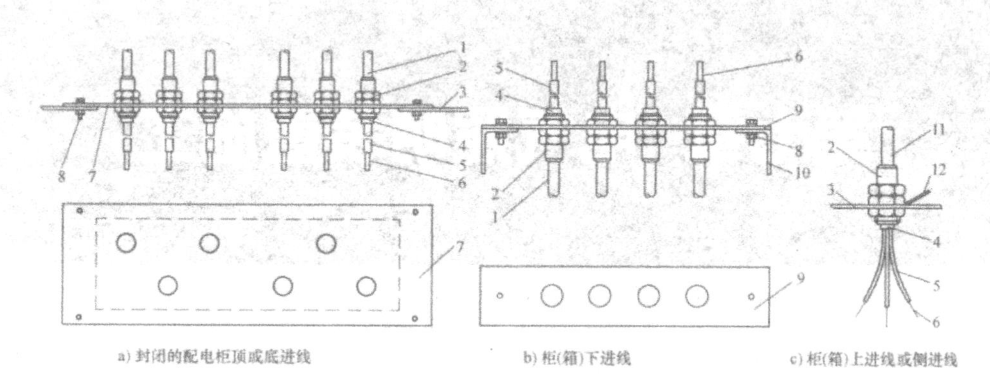

图 6-15　电缆进配电箱、柜敷设

1- 矿物绝缘电缆（单芯）；2- 填料函；3- 配电柜或箱壳体；4- 封端；5- 导线绝缘套管；6- 电缆芯线；7- 黄铜板（2 ～ 4mm）；8- 镀锌螺栓、螺母、垫圈；9- 电缆固定及接地支架；10- 配电柜内的固定支架；11- 矿物绝缘电缆（多芯）；12- 接地铜片

第七章　电气照明装置施工

第一节　照明灯具施工

进行照明装置安装之前，土建应具有如下条件：第一，对灯具安装有妨碍的模板、脚手架应拆除；第二，顶棚、墙面等的抹灰工作及表面装饰工作已完成，并结束场地清理工作。

照明装置安装施工中使用的电气设备及器材，均应符合国家或部颁的现行技术标准，并具有合格证件，设备应有铭牌。所有电气设备和器材到达现场后，应做仔细的验收检查，不合格或有损坏的均不能用以安装。

一、灯具的安装要求

（一）灯具的安装要求

（1）用钢管作灯具的吊杆时，钢管内径不应小于10mm，钢管壁厚不应小于1.5mm。

（2）吊链灯具的灯线不应受拉力，灯线应与吊链编叉在一起。

（3）软线吊灯的软线两端应做保护扣，两端芯线应搪锡。

（4）同一室内或场所成排安装的灯具，其中心线偏差不应大于5mm。

（5）荧光灯和高压汞灯及其附件应配套使用，安装位置应便于检修。

（6）灯具固定应牢固可靠，每个灯具固定用的螺钉或螺栓不应少于2个；若绝缘台直径为75mm以下，可采用1个螺钉或螺栓固定。

（7）室内照明灯距地面高度不得低于2.5m，受条件限制时可减为2.2m，低于此高度时，应进行接地或接零加以保护，或用安全电压供电。当在桌面上方或其他人不能够碰到的地方时，允许高度可减为 1.5m。

（8）安装室外照明灯时，一般高度不低于 3m，墙上灯具允许高度可减为 2.5m，不足以上高度时，应加保护措施，同时尽量防止风吹而引起的摇动。

（二）螺口灯头的接线要求

（1）相线应接在中心触点的端子上，中性线应接在螺纹端子上。

（2）灯头的绝缘外壳不应有破损和漏电。

（3）对带开关的灯头，开关手柄不应有裸露的金属部分。

（三）其他要求

（1）灯具及配件应齐全，且无机械损伤、变形、油漆剥落和灯罩破裂等缺陷。

（2）根据灯具的安装场所及用途，引向每个灯具的导线线芯最小截面面积应符合表 7-1 的规定。

表 7-1 导线线芯最小截面面积 mm^2

灯具的安装场所及用途 铜芯软线		线芯最小截面面积		
		铜线	铝线	
灯头线	民用建筑室内	0.5	0.5	2.5
	工业建筑室内	0.5	1.0	2.5
	室外	1.0	1.0	2.5

（3）灯具不得直接安装在可燃构件上，当灯具表面高温部位靠近可燃物时，应采取隔热、散热措施。

（4）在变电所内，高压、低压配电设备及母线的正上方，不应安装灯具。

（5）对装有白炽灯泡的吸顶灯具，灯泡不应紧贴灯罩，当灯泡与绝缘台之间的距离小于 5mm 时，灯泡与绝缘台之间应采取隔热措施。

（6）公共场所用的应急照明灯和疏散指示灯，应有明显的标志。无专人管理的公共场所照明宜装设自动节能开关。

（7）每套路灯应在相线上装设熔断器，由架空线引入路灯的导线，在灯具入口处应做防水弯。

（8）固定在移动结构上的灯具，其导线宜敷设在移动构架的内侧，当移动构架活动时，导线不应受拉力和磨损。

（9）当吊灯灯具质量超过 3kg 时，应采取预埋吊钩或螺栓固定；当软线吊灯灯具质量超过 1kg 时，应增设吊链。

（10）投光灯的底座及支架应固定牢靠，枢轴应沿需要的光轴方向拧紧固定。

（11）安装在重要场所的大型灯具的玻璃罩，应按设计要求采取防止碎裂后向下溅落的措施。

二、灯具的安装

（一）吊灯的安装

根据灯具的悬吊材料不同，吊灯分为软线吊灯、吊链吊灯和钢管吊灯。

1. 位置的确定

成套（组装）吊链荧光灯，灯位盒埋设，应先考虑好灯具吊链开档的距离。安装简易直管吊链荧光灯的两个灯位盒中心之间的距离应符合下列要求：

（1）20W荧光灯为600mm。

（2）30W荧光灯为900mm。

（3）40W荧光灯为1 200mm。

2. 白炽灯的安装

质量在0.5kg及以下的灯具可以使用软线吊灯安装。当灯具质量大于0.5kg时，应增设吊链。软线吊灯由吊线盒、软线和吊式灯座及绝缘台组成。除敞开式灯具外，其他各类灯具灯泡容量在100W及以上者采用瓷质灯头。

软线吊灯的组装过程及要点如下：

（1）准备吊线盒、灯座、软线、焊锡等。

（2）截取一定长度的软线，两端剥出线芯，把线芯拧紧后挂锡。

（3）打开灯座及吊线盒盖，将软线分别穿过灯座及吊线盒盖的孔，然后打一保险结，以防线芯接头受力。

（4）软线一端线芯与吊线盒内接线端子连接，另一端的线芯与灯座的接线端子连接。

（5）将灯座及吊线盒盖拧好。

塑料软线的长度一般为2m，两端剥出线芯拧紧挂锡，将吊线盒与绝缘台固定牢，把线穿过灯座和吊线盒盖的孔洞，打好保险扣，将软线的一端与灯座的接线柱连接，另一端与吊线盒的两个接线柱相连接，将灯座拧紧盖好。

灯具一般由瓷质或胶木吊线盒、瓷质或胶木防水软线灯座、绝缘台组成。在暗敷设管路灯位盒上安装灯具时需要橡胶垫。使用瓷质吊线盒时，把吊线盒底座与绝缘台固定好，把防水软线灯灯座软线直接穿过吊线盒盖并做好保险扣后接在吊线盒的接线柱上。

使用胶木吊线盒时，导线须直接通过吊线盒与防水吊灯座软线相连接，把绝缘台及橡胶垫（连同线盒）固定在灯位盒上。接线时，把电源线与防水吊灯座的软线两个接头错开30～40mm。软线吊灯的软线两端应做保护扣，两端芯线应搪锡。

吊链白炽灯一般由绝缘台、上下法兰、吊链、软线和吊灯座及灯罩或灯伞等组成。

拧下灯座将软线的一端与灯座的接线柱进行连接，把软线由灯具下法兰穿出，拧好灯座。将软线相对交叉编入链孔内，穿入上法兰，把灯具线与电源线进行连接包扎后，将灯具上法兰固定在绝缘台上，拧上灯泡，安装好灯罩或灯伞。

吊杆安装的灯具由吊杆、法兰、灯座或灯架及白炽灯等组成。采用钢管做吊杆时，钢管内径一般不小于10mm；钢管壁厚度不应小于1.5mm。导线与灯座连接好后，另一端穿入吊杆内，由法兰（或管口）穿出，导线露出吊杆管口的长度不小于150mm。安装时先固定木台，把灯具用木螺钉固定在木台上。超过3kg的灯具，吊杆应吊挂在预埋的吊钩上。灯具固定牢固后再拧好法兰顶丝，使法兰在木台中心，偏差不应大于2mm。灯具安装好后吊杆应垂直。

3. 荧光灯的安装

吊杆安装荧光灯与白炽灯安装方法相同。双杆吊杆荧光灯安装后双杆应平行。

同一室内或场所成排安装的灯具，其中心线偏差不应大于5mm。灯具固定应牢固可靠，每个灯具固定用的螺钉或螺栓不应少于2个。

组装式吊链荧光灯包括铁皮灯架、起辉器、镇流器，灯管管座和起辉器座等附件。现在常用电子镇流、启动荧光灯，不另带起辉器、镇流器。

4. 吊式花灯的安装

当吊灯灯具质量大于3kg时，应采用预埋吊钩或螺栓固定。花灯均应固定在预埋的吊钩上，吊钩圆钢的直径，不应小于灯具吊挂销的直径，且不得小于6mm。

将灯具托（或吊）起，把预埋好的吊钩与灯具的吊杆或吊链连接好，连接好导线并应将绝缘层包扎严密，向上推起灯具上部的法兰，将导线的接头扣于其内，并将上法兰紧贴顶棚或绝缘台表面，拧紧固定螺栓，调整好各个灯位，上好灯泡，最后再配上灯罩并挂好装饰部件。

（二）吸顶灯的安装

1. 位置的确定

（1）现浇混凝土楼板，当室内只有一盏灯时，其灯位盒应设在纵、横轴线中心的交叉处；当有两盏灯时，灯位盒应设在长轴线中心与墙内净距离1/4的交叉处。设置几何图形组成的灯位，灯位盒的位置应相互对称。

（2）预制空心楼板内配管管路需沿板缝敷设时，要安排好楼板的排列次序，调整好灯位盒处板缝的宽度，使安装对称。室内只有一盏灯时，灯位盒应尽量设在室内中心的板缝内。当灯位无法设在室内中心时，应设在略偏向窗户一侧的板缝内。如果室内设有两盏（排）灯时，两灯位之间的距离应尽量等于灯位盒与墙距离的2倍。室内有梁时，灯位盒距梁侧面的距离应与距墙的距离相同。楼（屋）面板上，设置3个及以上成排灯位盒时，应沿灯位盒中心处拉通线定灯位，成排的灯位盒应在同一条直线上，允许偏差不应大于5mm。

（3）住宅楼厨房灯位盒应设在厨房间的中心处。卫生间吸顶灯灯位盒，应配合给水排水、暖通专业，确定适当的位置；在窄面的中心处，灯位盒及配管距预留孔边缘不应小于200mm。

2. 大（重）型灯具预埋件设置

（1）在楼（屋）面板上安装大（重）型灯具时，应在楼板层管子敷设的同时，预埋悬挂吊钩。吊钩圆钢的直径不应小于灯具吊挂销钉的直径，且不应小于6mm，吊钩应弯成 T 形或Ã形，吊钩应由盒中心穿下。

（2）现浇混凝土楼板内预埋吊钩时，应将Ã形吊钩与混凝土中的钢筋相焊接，如无条件焊接时，应与主筋绑扎固定。

（3）在预制空心板板缝处预埋吊钩时，应将Ã形吊钩与短钢筋焊接，或者使用 T 形吊钩。吊扇吊钩在板面上与楼板垂直布置，使用 T 形吊钩还可以与板缝内钢筋绑扎或焊接。如图 7-1 所示，将圆钢的上端弯成弯钩，挂在混凝土内的钢筋上。

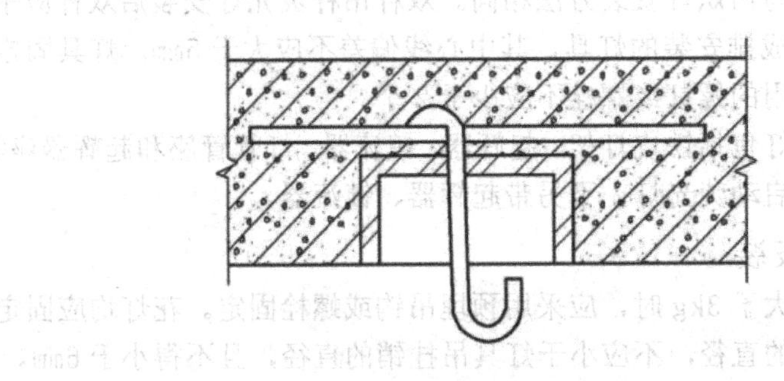

图 7-1　现浇楼板灯具吊钩做法

（4）大型花灯吊钩应能承受灯具自重 6 倍的重力，特别是重要的场所和大厅中的花灯吊钩，应做到安全可靠。一般情况下，吊钩圆钢直径最小不宜小于 12mm，扁钢不宜小于 50mm×5mm。

（5）当壁灯或吸顶灯、灯具本身虽质量不大，但安装面积较大时，有时也需在灯位盒处的砖墙上或混凝土结构上预埋木砖，如图 7-2 所示。

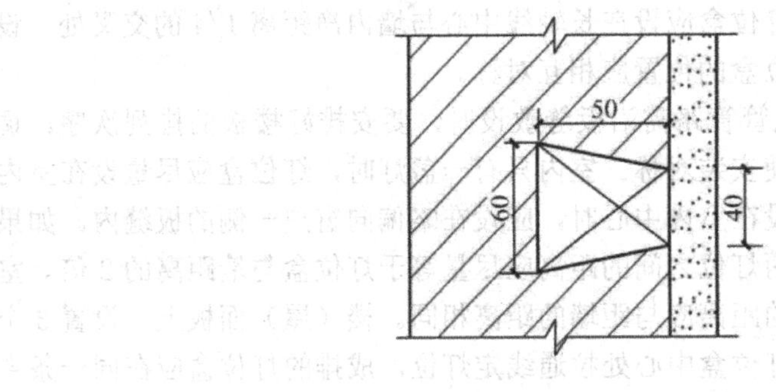

图 7-2　预埋木砖

3. 方法与步骤

（1）把吸顶灯安装在砖石结构中时，要采用预埋螺栓，或用膨胀螺栓、尼龙塞或塑料塞固定，不可以使用木楔，因为木楔太不稳固，时间长也容易腐烂，并且上述固定件的承载能力应与吸顶灯的重量相匹配，以确保吸顶灯固定牢固、可靠，并可延长其使用寿命。

（2）如果是用膨胀螺栓固定时，钻孔直径和埋设深度要与螺栓规格相符。钻头的尺寸要选择好，否则不稳定。

（3）固定灯座螺栓的数量不应少于灯具底座上的固定孔数，且螺栓直径应与孔径相配；底座上无固定安装孔的灯具（安装时自行打孔），每个灯具用于固定的螺栓或螺钉不应少于2个，且灯具的重心要与螺栓或螺钉的重心相吻合；只有当绝缘台的直径在75mm及以下时，才可采用1个螺栓或螺钉固定。

（4）吸顶灯不可直接安装在可燃的物件上。有的家庭为了美观用油漆后的三夹板衬在吸顶灯的背后，这实际上很危险，必须采取隔热措施；如果灯具表面高温部位靠近可燃物时，也要采取隔热或散热措施。

（5）吸顶灯安装前还应检查以下几点：

①引向每个灯具的导线线芯的截面，铜芯软件不小于0.4mm^2，铜芯不小于0.5 mm^2，否则引线必须更换。

②导线与灯头的连接、灯头间并联导线的连接要牢固，电气接触应良好，以免由于接触不良出现导线与接线端之间产生火花而发生危险。

（6）如果吸顶灯中使用的是螺口灯头，则其接线还要注意以下两点：

①相线应接在中心触点的端子上，零线应接在螺纹的端子上。

②灯头的绝缘外壳不应有破损和漏电，以防更换灯泡时触电。

（7）安装有白炽灯泡的吸顶灯具，灯泡不应紧贴灯罩；灯泡的功率也应按产品技术要求选择，不可太大，以避免灯泡温度过高，玻璃罩破裂后向下溅落伤人。

（8）与吸顶灯电源进线连接的两个线头，电气接触应良好，还要分别用黑胶布包好，并保持一定的距离。如果有可能尽量不将两线头放在同一块金属片下，以免短路发生危险。

注意事项：安装吸顶灯的各配件一定要是配套的，不能使用别的替代。安装吸顶灯时，要注意安全，要有别人在旁边帮助。

4. 白炽灯的安装

灯座又称灯头，品种繁多，可按使用场所进行选择。

平灯座上有两个接线桩，一个与电源的中性线连接；另一个与来自开关的一根（相线）连接。白炽灯平灯座在灯位盒上安装时，把平灯座与绝缘台先组装在一起，相线（来自开关控制的电源线）通过绝缘台的穿线孔由平灯座的穿线孔穿出，接到与平灯座中心触点的端子上，零线应接在灯座螺口的端子上，应将固定螺钉或铆钉拧紧，余线盘圆放入盒内，把绝缘台固定在灯位盒的缩口盖上。当灯泡与绝缘台间距小于5 mm时，灯泡与绝缘台间应采取隔热措施。

插口平灯座上的两个接线桩，可任意连接上述两个线头，而螺口平灯座上的两个接线桩，为了使用安全，必须将电源中性线线头连接在连接螺纹圈的接线桩上，将来自开关的连接线线头连接在连接中心簧片的接线桩上。如图7-3所示为螺口平灯座的安装。

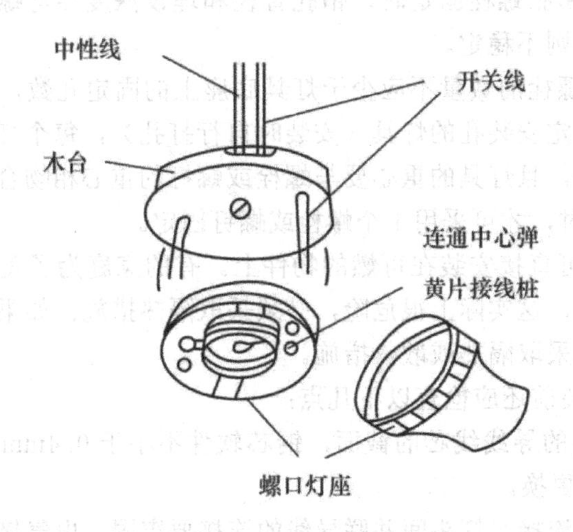

图 7-3　螺口平灯座的安装

5. 荧光灯的安装

圆形（也可称环形）吸顶灯可直接到现场安装。成套环形日光灯吸顶安装是直接拧到平灯座上，可按白炽灯平灯座安装的方法安装。方形、矩形荧光吸顶灯，需按国家标准进行安装。

安装时，在进线孔处套上软塑料管保护导线，将电源线引入灯箱内，灯箱紧贴建筑物表面上固定后，将电源线压入灯箱的端子板（或瓷接头）上，反光板固定在灯箱上，装好荧光灯管，安装灯罩。

（三）壁灯的安装

1. 位置的确定

（1）在室外壁灯安装高度不可低于 2.5m，室内一般不应低于 2.4m。住宅壁灯灯具安装高度可以适当降低，但不宜低于 2.2m，旅馆床头灯不宜低于 1.5m，成排埋设安装壁灯的灯位盒，应在同一条直线上，高低差不应大于 5mm。

（2）壁灯若在柱上安装，则灯位盒应设在柱中心位置上。在柱或窗间墙上设置时，应防止灯位盒被采暖管遮挡。卫生间壁灯灯位盒应躲开给水排水管及高位水箱的位置。

2. 壁灯的安装

（1）壁灯安装在砖墙上时，应用预埋螺栓或膨胀螺栓固定；若壁灯安装在柱上时，应将绝缘台固定在预埋柱内的螺栓上，或打眼用膨胀螺栓固定灯具绝缘台。

（2）将灯具导线一线一孔由绝缘台出线孔引出，在灯位盒内与电源线相连接，塞入灯位盒内，把绝缘台对正灯位盒紧贴建筑物表面固定牢固，将灯具底座用木螺钉直接固定在绝缘台上。

（3）安装在室外的壁灯应有泄水孔，绝缘台与墙面之间应有防水措施。

3. 应急灯的安装

（1）疏散照明采用荧光灯或白炽灯，安全照明采用卤钨灯或瞬时可靠点燃的荧光灯。安全出口标志灯和疏散标志灯应装有玻璃或非燃材料的保护罩，面板亮度均匀度不低于 1 ∶ 10（最低∶最高），保护罩应完整、无裂纹。

（2）疏散照明宜设在安全出口的顶部、疏散走道及其转角处距地 1m 以下的墙面上。当在交叉口处墙面下侧安装，难以明确表示疏散方向时，也可将疏散标志灯安装在顶部。标志灯应有指示疏散方向的箭头标志，灯间距不宜大于 20m（人防工程不宜大于 10m）。在疏散灯周围，不应设置容易混同疏散标志灯的其他标志牌等。当靠近可燃物体时，应采取隔热、散热等防火措施。当采用白炽灯、卤钨灯等光源时，不能直接安装在可燃装修材料或可燃物体上。

（3）楼梯间内的疏散标志灯宜安装在休息平台板上方的墙角处或壁装，并应用箭头及阿拉伯数字清楚标明上、下层层号。疏散标志灯的设置原则如图 7-4 所示。

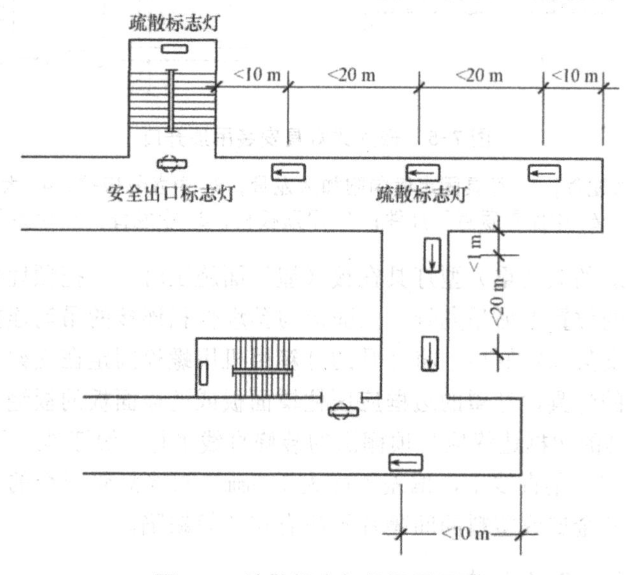

图 7-4　疏散标志灯的设置原则

（4）安全出口标志灯宜安装在疏散门口的上方，在首层的疏散楼梯应安装于楼梯口的里侧上方，距地高度不宜低于 2m。

（5）疏散走道上的安全出口标志灯可明装，而厅室内宜采用暗装。安全出口的标志灯应有图形和文字符号，在有无障碍设计要求时，宜同时设有音响指示信号。可调光型安全出口标志灯宜用于影剧院的观众厅，在正常情况下减光使用，火灾事故时应自动接通至全亮状态。无专人管理的公共场所照明宜装设自动节能开关。

（6）应急照明线路在每个防火分区有独立的应急照明回路，穿越不同防火分区的线路应有防火隔堵措施。其线路应采用耐火电线、电缆，明敷设或在非燃烧体内穿刚性导管暗敷，暗敷保护层厚度不小于 30mm。电线采取额定电压不低于 750V 的铜芯绝缘电线。

（四）嵌入式灯具的安装

小型嵌入式灯具安装在吊顶的顶板上或吊顶内龙骨上，大型嵌入式灯具应安装在混凝土梁、板中伸出的支撑铁架、铁件上。大面积的嵌入式灯具，一般是预留洞口，如图 7-5 所示。

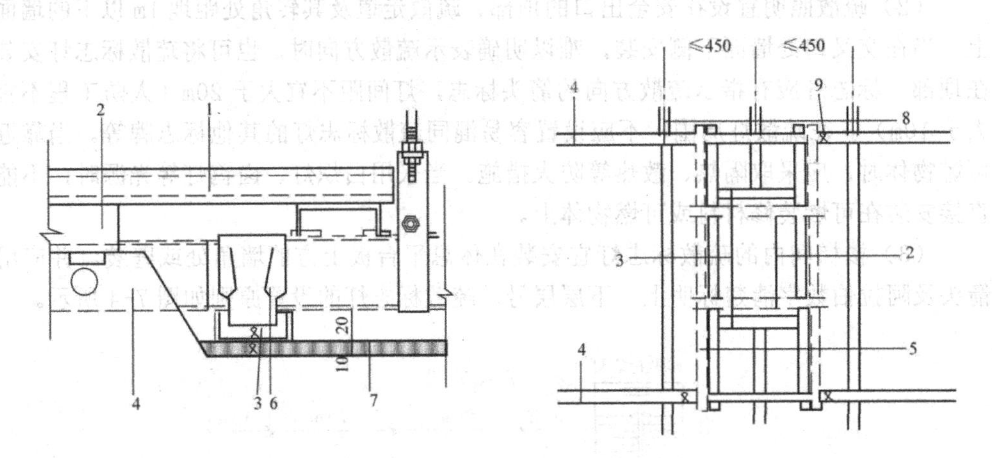

图 7-5　嵌入式灯具安装吊顶开口

1- 横向附加卧放大龙骨；2- 灯具固定横向附加大龙骨；3- 中龙骨横撑；4- 大龙骨；5- 纵向附加大龙骨；6- 中龙骨垂直吊挂件；7- 吊顶板材；8- 中龙骨；9- 大龙骨吊挂点

质量超过 3kg 的大（重）型灯具在楼（屋）面施工时，应把预埋件埋设好，在与灯具上支架相同的位置上另吊龙骨，上面需与预埋件相连接的吊筋连接，下面与灯具上的支架连接。支架固定好后，将灯具的灯箱用机用螺栓固定在支架上连线、组装。

嵌入顶棚内的灯具，灯罩的边框应压住罩面板或遮盖面板的板缝，并应与顶棚面板贴紧。矩形灯具的边框边缘应与顶棚面的装修直线平行，如灯具对称安装时，其纵、横中心轴线应在同一条直线上，偏差不应大于 5mm。日光灯管组合的开启式灯具，灯管排列应整齐，其金属或塑料的间隔片不应有扭曲等缺陷。

（五）装饰灯具的安装

1. 霓虹灯的安装

霓虹灯是一种艺术和装饰用灯。其既可以在夜空显示多种字形，又可以在橱窗里显示各种各样的图案或彩色的画面，广泛用于广告、宣传。霓虹灯由霓虹灯管和高压变压器两大部分组成。

（1）霓虹灯安装的基本要求

①灯管应完好，无破裂。

②灯管应采用专用的绝缘支架固定，且必须牢固、可靠。专用支架可采用玻璃管制成，固定后的灯管与建筑物、构筑物表面的最小距离不宜小于 20mm。

③霓虹灯专用变压器所供灯管长度不应超过允许负载长度。

④霓虹灯专用变压器的安装位置宜隐蔽且方便检修，但不宜装在吊顶内，并不易

被非检修人员触及。明装时，其高度不宜小于 3m；当小于 3m 时，应采取防护措施；在室外安装时，应采取防水措施。

⑤霓虹灯专用变压器的二次导线和灯管间的连接线，应采用额定电压不低于 15 kV 的高压尼龙绝缘导线。

⑥霓虹灯专用变压器的二次导线与建筑物、构筑物表面的距离不应小于 20mm。

（2）霓虹灯管的安装

①霓虹灯管由直径 10 ～ 20mm 的玻璃管弯制作成。灯管两端各装一个电极，玻璃管内抽成真空后，再充入氖、氦等惰性气体作为发光的介质，在电极的两端加上高压，电极发射电子激发玻璃管内惰性气体，使电流导通，灯管发出红、绿、蓝、黄、白等不同颜色的光束。

②霓虹灯管本身容易破碎，管端部还有高电压，因此，应安装在人不易触及的地方，并应特别注意安装牢固、可靠，防止高电压泄漏和气体放电而使灯管破碎，下落伤人。

③安装霓虹灯灯管时，一般用角铁做成框架，框架要既美观又牢固。在室外安装时还要经得起风吹雨淋。安装灯管时，应用各种琉璃或瓷制、塑料制的绝缘支持件固定。有的支持件可以将灯管直接卡入，有的则可用 $\phi0.5$ 的裸细铜丝扎紧，再用螺钉将灯管支持件固定在木板或塑料板上，如图 7-6 所示。

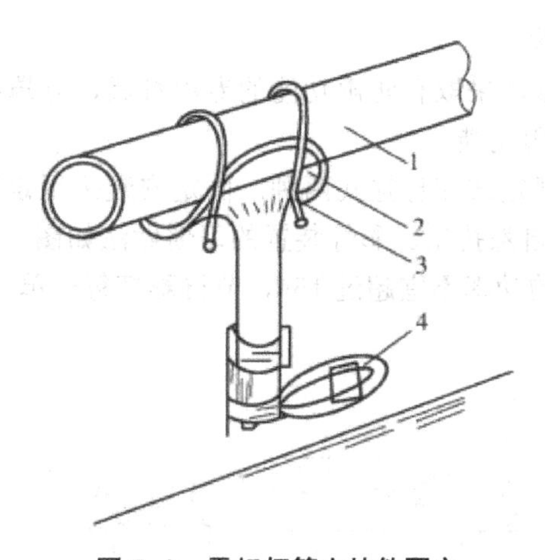

图 7-6　霓虹灯管支持件固定

1—霓虹灯管；2—绝缘支持件；3—$\phi0.5$ 裸铜丝扎紧；4—螺钉固定

④安装室内或橱窗里的小型霓虹灯管时，在框架上拉紧已套上透明玻璃管的镀锌钢丝，组成间距为 200 ～ 300mm 的网格，然后将霓虹灯管用 $\phi0.5$ 的裸铜丝或弦线等与玻璃管绞紧即可。

⑤霓虹灯变压器的安装：霓虹灯变压器必须放在金属箱内，两侧开百叶窗孔通风散热。变压器一般紧靠灯管安装，或隐蔽在霓虹灯板后，不可安装在易燃品周围，也不宜安装在吊顶内。室外的变压器明装时高度不宜小于 3m，否则应采取保护措施和

防水措施。霓虹灯变压器离阳台、架空线路等距离不宜小于1m。变压器的铁心、金属外壳、输出端的一端以及保护箱等均应进行可靠的接地。当橱窗内装有霓虹灯时，橱窗门与霓虹灯变压器一次侧开关应有联锁装置，确保开门不接通霓虹灯变压器的电源。

⑥霓虹灯专用变压器的二次导线和灯管间的接线，应采用额定电压不低于15kV的高压尼龙绝缘线。二次导线与建筑物、构筑物表面的距离不宜小于20mm。导线支持点间的距离，在水平敷设时为0.5m，垂直敷设时为0.75m。二次导线穿越建筑物时，应穿双层玻璃管加强绝缘，玻璃管两端须露出建筑物两侧长度各为50～80mm。

⑦霓虹灯控制箱内一般装设有电源开关、定时开关和控制接触器。控制箱一般装设在邻近霓虹灯的房间内。在霓虹灯与控制箱之间应加装电源控制开关和楠断器，在检修灯管时，先断开控制箱开关，再断开现场的控制开关，以防止造成误合闸而使霓虹灯管带电的危险。

2. 装饰串灯的安装

（1）装饰串灯用于建筑物入口的门廊顶部。节日串灯可随意挂在装饰物的轮廓或人工花木上。彩色串灯装于螺纹塑料管内，沿装饰物的周边敷设，勾绘出装饰物的主要轮廓。串灯装于软塑料管或玻璃管内。

（2）装饰串灯可直接用市电点亮发光体。装饰串灯由若干个小电珠串联而成，每只小电珠的额定电压为2.5V。

3. 节日彩灯的安装

（1）建筑物顶部彩灯采取有防雨功能的专用灯具，灯罩要拧紧，彩灯的配线管路按明配管敷设且有防雨功能。

（2）彩灯装置有固定式和悬挂式两种。固定安装采用定型的彩灯灯具，灯具的底座有溢水孔，雨水可自然排出。彩灯装置的习惯做法如图7-7所示，其灯间距离一般为600mm，每个灯泡的功率不宜超过15W，节日彩灯每一单相回路不宜超过100个。

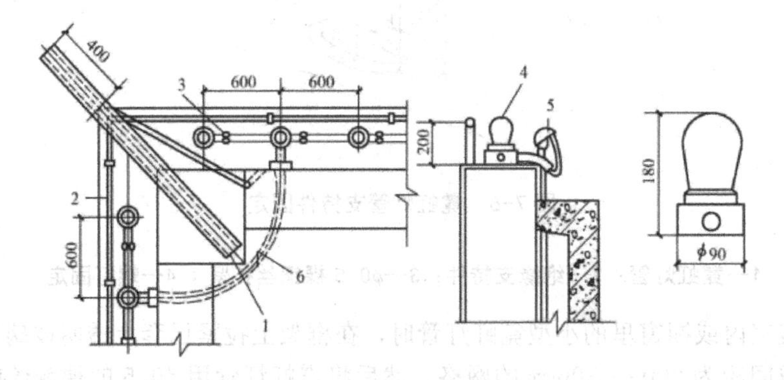

图7-7　固定式彩灯安装

1-10号槽钢垂直彩灯挑臂；2-避雷带；3-管卡；4-彩灯；5-防水弯头；6-BV—500—（2×2.5）SC15

（3）安装彩灯装置时，应使用钢管敷设，连接彩灯灯具的每段管路应用管卡子及塑料膨胀螺栓固定，管路之间（灯具两旁）应 ϕ0.5 进行跨接连接。

（4）在彩灯安装部位，根据灯具位置及间距要求，沿线打孔埋入塑料胀管，将组装好的灯具底座及连接钢管一起放到安装位置，用膨胀螺栓将灯座固定。

（5）悬挂式彩灯多用于建筑物的四角，采用防水吊线灯头连同线路一起挂于钢丝绳上。其导线应采用绝缘强度不低于 500V 的橡胶铜导线，截面面积不应小于 4 mm2。灯头线与干线的连接应牢固，绝缘包扎紧密。导线所载有灯具重量的拉力不应超过该导线的允许力学性能。灯的间距一般为 700mm，距离地面 3m 以下的位置上不允许装设灯头。

第二节　开关、插座和风扇施工

一、开关的安装

开关的作用是接通或断开照明灯具电源。根据安装形式分为明装式和暗装式两种。明装式有拉线开关、扳把开关等；暗装式多采用跷板式开关。

（一）开关的安装要求

（1）同一场所开关的切断位置应一致，操作应灵活、可靠，接点应接触良好。成排安装的开关高度应一致，高低差不大于 2mm；拉线开关相邻间距一般不小于 20 mm。

（2）开关安装位置应便于操作，安装高度应符合下列要求：①开关距离地面一般为 2 ～ 3m，距离门框为 0.15 ～ 0.2m；②其他各种开关距离地面一般为 1.3m，距离门框为 0.15 ～ 0.2m。

（3）电器、灯具的相线应经开关控制，民用住宅禁止装设床头开关。

（4）在多尘、潮湿场所和户外应用防水拉线开关或加装保护箱。厨房、厕所（卫生间）、洗漱室等潮湿场所的开关应装设在房间的外墙处。

（5）跷板开关的盖板应端正、严密，紧贴墙面。

（6）在易燃易爆场所，开关一般应装在其他场所控制，或采用防爆型开关。

（7）明装开关应安装在符合规格的圆木或方木上。

（8）走廊灯的开关，应在距离灯位较近处设置；壁灯或起夜灯的开关，应装设在灯位的正下方，并在同一条垂直线上；室外门灯、雨篷灯的开关应装设在建筑物的内墙上。

（二）开关的安装方法

1. 拉线开关的安装

（1）暗装拉线开关应使用相配套的开关盒，把电源的相线和白炽灯座或荧光灯镇流器与开关连接线的接头接到开关的两个接线柱上，再把开关连同面板固定在预埋好的盒体上，但应将面板上的拉线出口垂直朝下。

（2）明装拉线开关应先固定好绝缘台，再将开关固定在绝缘台上，也应将拉线开关拉线口垂直向下，不使拉线口发生摩擦。如图 7-8 所示为拉线开关。

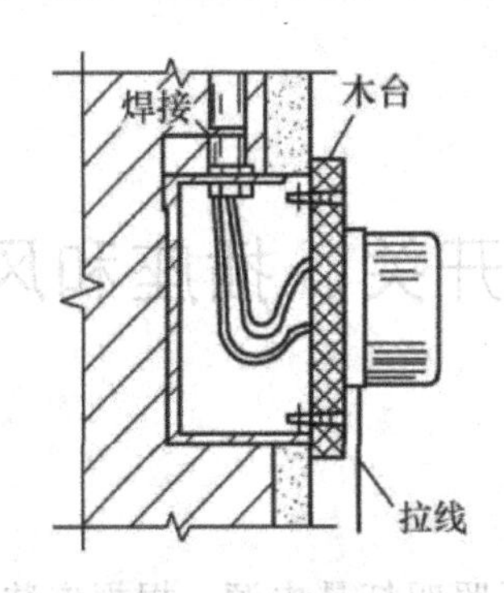

图 7-8　拉线开关

双连及以上明装拉线开关并列安装时，应使用长方空心绝缘台，拉线开关相邻间距不应小于 20mm。

安装在室外或室内潮湿场所的拉线开关，应使用瓷质防水拉线开关。

2. 扳把开关的安装

（1）暗扳把开关安装

暗扳把开关是一种胶木（或塑料）面板的老式通用暗装开关，一般具有两个静触点，分别连接两个接线桩，开关接线时除把相线接在开关上外，还应把扳把接成向上开灯，向下关灯。然后，把开关芯连同支持架固定到盒上，应将扳把上的白点朝下面安装，开关的扳把必须安正，不得卡在盖板上，用机械螺栓将盖板与支持架固定牢靠，盖板紧贴建筑物表面。

双联及以上暗扳把开关接线时，电源相线应接好，并把接头分别接到与动触点相连通的接线桩上，把开关线接在开关的静触点接线桩上。若采用不断线连接时，管内穿线时，盒内应留有足够长度的导线，开关接线后两开关之间的导线长度不应小于 150mm。

（2）明扳把开关安装

明配线路的场所，应安装明扳把开关，明扳把开关需要先把绝缘台固定在墙上，将导线甩至绝缘台以外，在绝缘台上安装开关和接线，也接成扳把向上开灯、向下关灯。

无论是明扳把开关还是暗扳把开关，都不允许横装，即不允许扳把手柄处于左右活动位置。

（3）跷板式开关安装

跷板式开关均为暗装开关，开关与板面连成一体，开关板面尺寸一般为86mm×86mm，面板为用磁白电玉粉压制而成。

①跷板式开关安装接线时，应使开关切断相线，并根据跷板或面板上的标志确定面板的装置方向。面板上有指示灯的，指示灯应在上面；跷板上有红色标志的应朝下安装；面板上有产品标记或英文字母的不能装反，更应注意带有ON字母的开标志，不应颠倒反装而成为NO；跷板上部顶端有压制条纹或红点的应朝上安装；当跷板或板面上无任何标志的，应装成跷板下部按下时，开关应处在合闸的位置，跷板上部按下时，应处在断开的位置，即从侧面看跷板上部突出时灯亮，下部突出时灯熄。如图7-9所示为跷板开关通断位置。

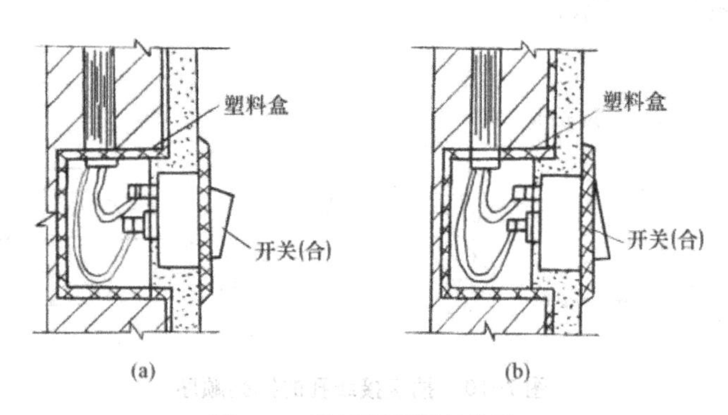

图7-9　跷板开关通断位置

（a）开关处在断开位置；（b）开关处在合闸位置

②同一场所中开关的切断位置应一致且操作灵活，触点接触可靠。安装在潮湿场所室内的开关，应使用面板上带有薄膜的防潮防溅开关。在塑料管暗敷设工程中，不应使用带金属安装板的跷板开关。当采用双联及以上开关时，应使开关控制灯具的顺序与灯具的位置相互对应，以方便操作。电源相线不应串联，应做好关联接头。

③开关接线时，应将盒内导线理顺，依次接线后，将盒内导线盘成圆圈，放置于开关盒内。在安装固定面板时，找平、找正后再与开关盒安装孔固定。用手将面板与墙面顶严，防止拧螺钉时损坏面板安装孔，并把安装孔上所有装饰帽一并装好。

二、插座的安装

（一）插座的安装要求

（1）交、直流或不同电压的插座应分别采用不同的形式，并有明显标志，且其插头与插座均不能互相插入。

（2）插座的安装高度应符合下列要求：

①一般应在距离室内地坪0.3m处埋设，特殊场所暗装的高度应不小于0.15m；潮湿场所其安装高度应不低于1.5m。

②托儿所、幼儿园及小学等儿童活动场所安装高度不小于 1.8m。

③住宅内插座盒距离地坪 1.8m 及以上时，可采用普通型插座。若使用安全插座时，安装高度可为 0.3m。

（3）插座接线应符合下列做法：

①单相电源一般应用单相三极三孔插座，三相电源应用三相四极四孔插座。插座接线孔的排列顺序如图 7-10 所示。同样用途的三相插座，相序应排列一致。同一场所的三相插座，其接线的相位必须一致。接地（PE）或接零（PEN）线在插座间不串联连接。

②带开关的插座接线时，电源相线应与开关的接线柱连接，电源工作零线应与插座的接线柱相连接。带指示灯带开关插座接线图如图 7-11 所示；带熔丝管二孔三孔插座接线图如图 7-12 所示。

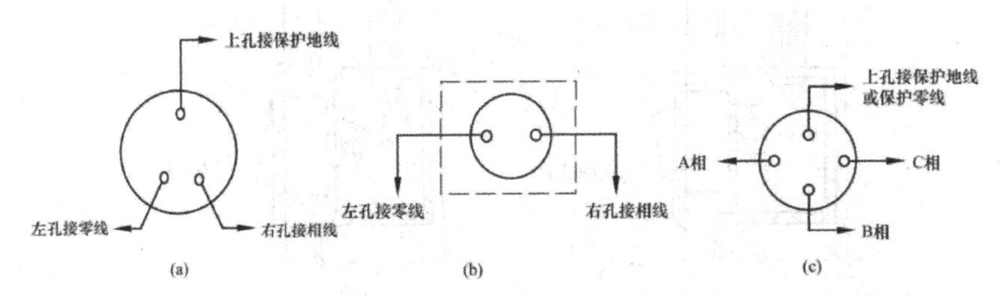

图 7-10　插座接线孔的排列顺序

（a）单相三孔插座；（b）单相两孔插座；（c）三相四孔插座

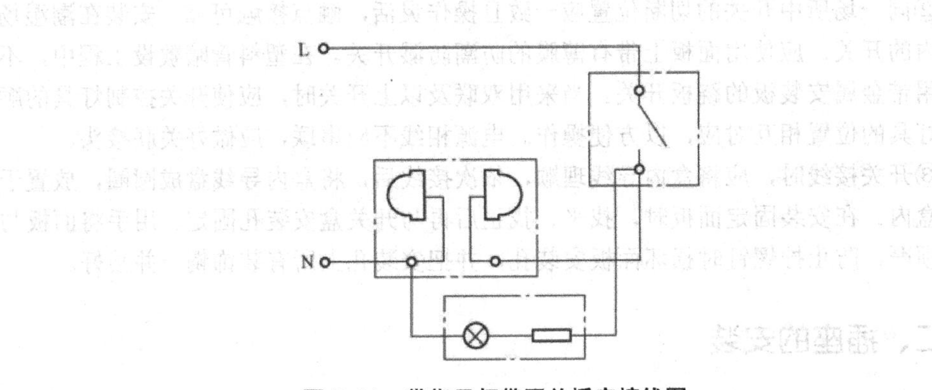

图 7-11　带指示灯带开关插座接线图

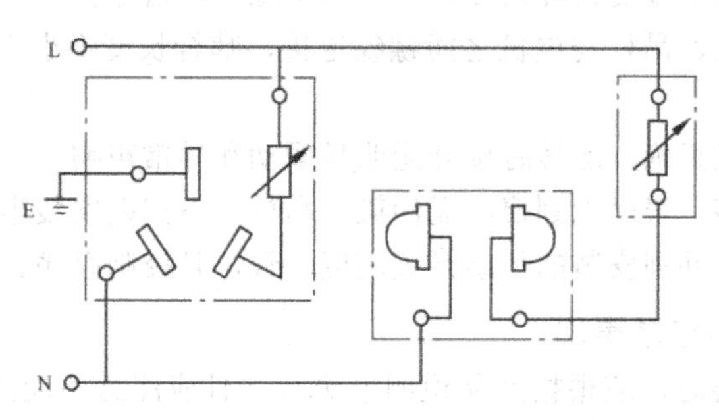

图 7-12　带熔丝管二孔三孔插座接线图

（4）特殊情况下插座安装应符合下列规定：

①当接插有触电危险家用电器的电源时，采用能断开电源的带开关插座，开关断开相线。

②潮湿场所采用密封型并带保护地线触头的保护型插座，安装高度不低于 1.5m。

③当不采用安全型插座时，托儿所、幼儿园及小学等儿童活动场所安装高度不小于 1.8m。

④车间及试验室的插座安装高度距离地面不小于 0.3m；特殊场所暗装的插座高度不小于 0.15m；同一室内插座安装高度一致。

⑤地面插座面板与地面齐平或紧贴地面，盖板固定牢固，密封良好。

（二）插座的安装方法

插座明装应安装在绝缘台上，接线完毕后把插座盖固定在插座底上。

插座暗装时，应设有专用接线盒，一般是先进行预埋，再用水泥砂浆填充抹平，接线盒口应与墙面粉刷层平齐，待穿线完毕后再安装插座，其盖板或面板应端正，紧贴墙面。暗装插座与面板连成一体，接线柱上接好线后，将面板安装在插座盒上。当暗装插座芯与盖板为活装面板时，应先接好线后，把插座芯安装在安装板上，最后安装插座盖板。

三、风扇的安装

对电扇及其附件进场验收时，应查验合格证。防爆产品应有防爆标志和防爆合格证号，实行安全认证制度的产品应有安全认证标志。风扇应无损坏，涂层应完整，调速器等附件应适配。

（一）吊扇的安装

1. 吊扇安装规定

（1）吊扇挂钩安装牢固，吊扇挂钩的直径不小于吊扇挂销直径，且不小于 8 mm；有防振橡胶垫；挂销的防松零件齐全、可靠。

（2）吊扇扇叶距离地面高度不小于 2.5m。

（3）吊扇组装不改变扇叶角度，扇叶固定螺栓防松零件齐全。

（4）吊杆之间、吊杆与电机之间螺纹连接，啮合长度不小于 20mm，且防松零件齐全、紧固。

（5）吊扇接线正确，运转时扇叶无明显颤动和异常声响。

（6）涂层完整，表面无划痕、无污染，吊杆上下扣碗安装牢固。

（7）同一室内并列安装的吊扇开关高度一致，且控制有序、不错位。

2. 吊扇的安装注意事项

（1）吊扇组装时，应根据产品说明书进行，且应注意不能改变扇叶角度。扇叶的固定螺钉应安装防松装置。吊扇吊杆之间、吊杆与电动机之间，螺纹连接啮合长度不得小于 20mm，并必须有防松装置。吊扇吊杆上的悬挂销钉必须装设防振橡皮垫；销钉的防松装置应齐全、可靠。

（2）吊钩直径不应小于悬挂销钉的直径，且应采用直径不小于 8mm 的圆钢制作。吊钩应弯成 T 形或 Ã形。吊钩应由盒中心穿下，严禁将预埋件下端在盒内预先弯成圆环。现浇混凝土楼板内预埋吊钩，应将 Ã形吊钩与混凝土中的钢筋相焊接，在无条件焊接时，应与主筋绑扎固定。在预制空心板板缝处，应将 Ã形吊钩与短钢筋焊接，或者使用 T 形吊钩，吊钩在板面上与楼板垂直布置，使用 T 形吊钩还可以与板缝内钢筋绑扎或焊接。

（3）安装吊扇前，将预埋吊钩露出部位弯制成型，曲率半径不宜过小。吊扇吊钩伸出建筑物的长度，应以安上吊扇吊杆保护罩将整个吊钩全部遮住为好，如图 7-13（a）所示。

（4）在挂上吊扇时，应使吊扇的重心和吊钩的直线部分处在同一条直线上，如图 7-13（b）所示。将吊扇托起，吊扇的环挂在预埋的吊钩上，扇叶距地面的高度不应低于 2.5m，按接线图接好电源，并包扎紧密。向上托起吊杆上的护罩，将接头扣于其中，护罩应紧贴建筑物或绝缘台表面，拧紧固定螺钉。

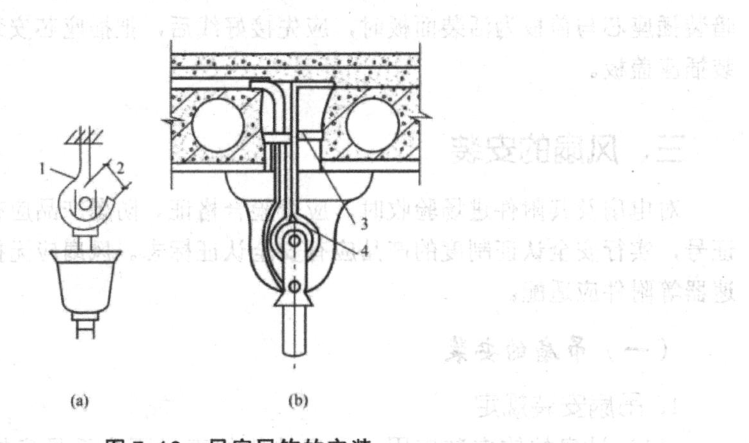

图 7-13 吊扇吊钩的安装

（a）吊钩；（b）吊扇吊钩做法

1- 吊扇曲率半径；2- 吊扇橡皮轮直径；3- 水泥砂浆；4-$\phi 8$ 的圆钢

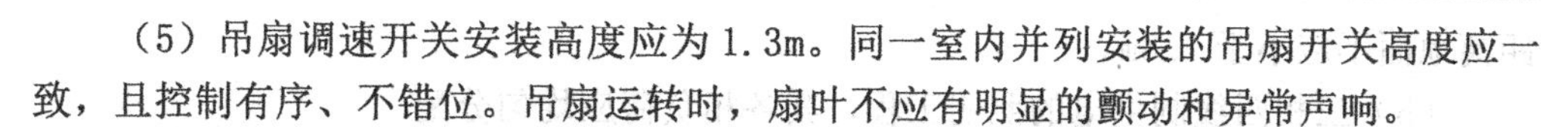

（5）吊扇调速开关安装高度应为1.3m。同一室内并列安装的吊扇开关高度应一致，且控制有序、不错位。吊扇运转时，扇叶不应有明显的颤动和异常声响。

（二）壁扇的安装

1. 壁扇安装规定

（1）壁扇底座采用尼龙塞或膨胀螺栓固定；尼龙塞或膨胀螺栓的数量不少于2个，且直径不小于8mm，固定牢固、可靠。

（2）壁扇防护罩扣紧，固定可靠，当运转时扇叶和防护罩无明显颤动和异常声响。

（3）壁扇下侧边缘距离地面高度不小于1.8m。

（4）涂层完整，表面无划痕、无污染，防护罩无变形。

2. 壁扇的安装注意事项

（1）壁扇底座在墙上采用尼龙塞或膨胀螺栓固定，数量不应少于2个，且直径不应小于8mm。

（2）壁扇底座应固定牢固。在安装的墙壁上找好挂板安装孔和底板钥匙孔的位置，安装好尼龙塞。先拧好底板钥匙孔上的螺钉，把风扇底板的钥匙孔套在墙壁螺钉上，然后用木螺钉把挂板固定在墙壁的尼龙塞上。壁扇的下侧边线距离地面高度不宜小于1.8m，且底座平面的垂直偏差不宜大于2mm。

（3）壁扇宜使用带开关的插座。

（4）壁扇在运转时，扇叶和防护罩均不应有明显的颤动和异常声响。

第三节　照明配电箱（板）施工

一、照明配电箱的安装

照明配电箱有标准型和非标准型两种。标准配电箱可向生产厂家直接订购或在市场上直接购买；非标准配电箱可自行制作。照明配电箱的安装方式有明装、嵌入式暗装和落地式安装。

（一）照明配电箱的安装要求

（1）在配电箱内，有交、直流或不同电压时，应有明显的标志或分设在单独的板面上。

（2）导线引出板面，均应套设绝缘管。

（3）配电箱安装垂直偏差不应大于3mm。暗设时，其面板四周边缘应紧贴墙面，箱体与建筑物接触的部分应刷防腐漆。

（4）照明配电箱安装高度，底边距离地面一般为1.5m；配电板安装高度，底边距离地面不应小于 1.8m。

（5）三相四线制供电的照明工程，其各相负荷应均匀分配。

（6）配电箱内装设的螺旋式熔断器（R，L1）的电源线应接在中间触点的端子上，负荷线接在螺纹的端子上。

（7）配电箱上应标明用电回路名称。

（二）悬挂式配电箱的安装

悬挂式配电箱可安装在墙上或柱子上。直接安装在墙上时，应先埋设固定螺栓，固定螺栓的规格和间距应根据配电箱的型号与质量以及安装尺寸决定。螺栓长度应为埋设深度（一般为 120 ～ 150mm）加箱壁厚度以及螺帽和垫圈的厚度，再加上 3 ～ 5 扣螺纹的余量长度。

施工时，先量好配电箱安装孔的尺寸，在墙上画好孔位，然后打孔，埋设螺栓（或用金属膨胀螺栓）。待填充的混凝土牢固后，即可安装配电箱。安装配电箱时，要用水平尺放在箱顶上，测量箱体是否水平。如果不平，可调整配电箱的位置以达到要求。同时，在箱体的侧面用磁力吊线坠测量配电箱上、下端与吊线的距离；如果相等，说明配电箱装得垂直，否则应查明原因，并进行调整。

配电箱安装在支架上时，应先将支架加工好，然后将支架埋设固定在墙上，或用抱箍固定在柱子上，再用螺栓将配电箱安装在支架上，并进行水平和垂直调整。图 7-14 所示为配电箱在支架上固定示意图。

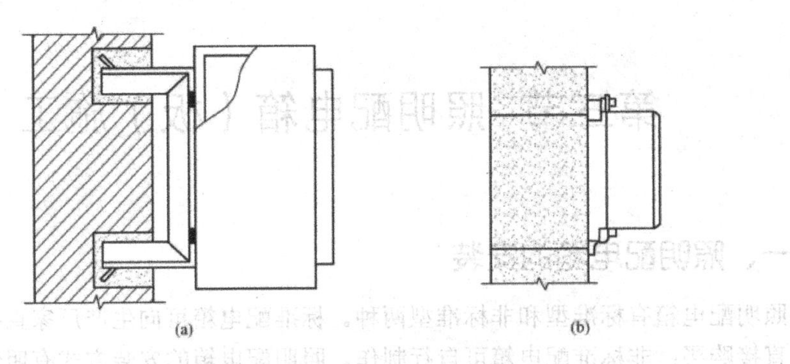

图 7-14　悬挂式配电箱的安装

（a）用支架固定；（b）用抱箍固定铁架固定配电箱

配电箱安装高度按施工图纸要求。若无要求时，一般底边距离地面为 5m，安装垂直偏差应不大于 3mm。配电箱上应注明用电回路名称，并按设计图纸给予标明。

（三）嵌入式暗装配电箱的安装

嵌入式暗装配电箱的安装，通常是按设计指定的位置，在土建砌墙时，先把配电箱底预埋在墙内。预埋前，应将箱体与墙体接触部分刷防腐漆，按需要砸下敲落孔压片，有贴脸的配电箱，把贴脸卸掉。一般当主体工程砌至安装高度时，就可以预埋配电箱，配电箱应加钢筋过梁，避免安装后变形，配电箱底应保持水平和垂直，应根据箱体的结构形式和墙面装饰厚度来确定突出墙体的尺寸。预埋时，应做好线管与箱体的连接固定。箱内配电盘安装前，应先清除杂物，补齐护帽，零线要经零线端子连接。

配电盘安装后，应接好接地线。照明配电箱安装高度按施工图样要求，配电箱的安装高度，一般底边距离地面不应小于 1.8mm。安装的垂直误差不大于 3mm。当墙壁的厚度不能满足嵌入式要求时，可采用半嵌入式安装，使配电箱的箱体一半在墙面外，另一半嵌入墙内。其安装方法与嵌入式相同。

二、照明配电板的安装

照明配电板装置是用户室内照明及电器用电的配电点，输入端接在供电部门送到用户的进户线上。其将计量、保护和控制电器安装在一起，便于管理和维护，有利于安全用电。

（一）照明配电板的安装要求

1. 元器件安装工艺要求

（1）在配电板上要按预先的设计进行安装，元器件安装位置必须正确，倾斜度一般不超过 1.5mm，最多不超过 5mm，同类元器件安装方向必须保持一致。

（2）元器件安装牢固，稍用力摇晃无松动感。

（3）文明安装，小心谨慎，不得损伤、损坏器材。

2. 线路敷设工艺要求。

（1）照图施工，配线完整、正确，不多配、少配或错配。

（2）在既有主回路又有辅助回路的配电板上敷线，两种电路必须选用不同颜色的线以示区别。

（3）配线长短适度，线头在接线桩上压接不得压住绝缘层，压接后裸线部分不得大于 1mm。

（4）凡与有垫圈的接线桩连接，线头必须做成“羊眼圈”，并且“羊眼圈”略小于垫圈。

（5）线头压接牢固，稍用力拉扯不应有松动感。

（6）对螺旋式熔断器接线时，中心接片接电源，螺口接片接负载。

（7）走线横平竖直，分布均匀。转角圆呈 90°，弯曲部分自然圆滑，全电路弧度保持一致；转角控制在 90°+2° 以内。

（8）长线沉底，走线成束。同一平面内部允许有交叉线。必须交叉时应在交叉点架空跨越，两线间距不小于 2mm。

（9）布线顺序一般以电能表或接触器为中心，由里向外，由低向高，先装辅助回路后装主回路，即以不妨碍后续布线为原则。

（10）配电板应安装在不易受振动的建筑物上，板的下缘距离地面 1.5 ～ 1.7m。

安装时，除注意预埋紧固件外，还应保持电能表与地面垂直，否则将影响电能表计数的准确性。

（二）照明配电板的安装方法

照明配电板的安装过程为选材、定位、闸具组装、板面接线和配电板固定。

1. 选材

配电板的材料可选择木制板和塑料板。

（1）木制板

其规格取400mm×250mm×30mm为宜，不应有劈裂、霉蚀、变形等现象，油漆均匀，其板厚不应小于20 mm，并应用条木做框架。

（2）塑料板

其规格取300mm×250mm×30mm为宜，并具有一定强度，断、合闸时不颤动，板厚一般不应小于8 mm（有肋成型的合格产品除外），不得刷油漆，并有产品合格证。

2. 定位

配电板位置应选择在干燥、无尘埃的场所，且应避开暖卫管、窗门及箱柜门。在无设计要求时，配电板底边距离地面高度不应小于1.8 m。

3. 闸具组装

板面上闸具的布置应便于观察仪表和便于操作，通常是仪表在上，开关在下，总电源开关在上，负荷开关在下。板面排列布置时，必须注意各电器之间的尺寸。将闸具在表板上首先做实物排列，量好间距，画出水平线，均分线孔位置，然后画出固定闸具和表板的孔径。撤去闸具进行钻孔，钻孔时，先用尖案子准确点冲凹窝，无偏斜后，再用电钻进行钻孔。为了便于螺钉帽与面板表面平齐，再用一个钻头直径与螺钉帽直径相同的钻头进行第二次扩孔，深度以螺钉帽埋入面板表面平齐为准。闸具必须用镀锌木螺钉拧装牢固。

4. 板面接线

配电板接线有两种方法。第一种方法是打孔接线法，打好孔，固定好闸具后，将板后的配线穿出表板的出线孔，并套上绝缘嘴，然后剥去导线的绝缘层，并与闸具的接线柱压牢；第二种方法是板前接线法，这种方法无须打孔，导线直接在板前明敷，要求导线横平竖直，且不得交叉。明敷应采用硬制铜芯线。

5. 配电板固定

根据配电板的固定孔位，在墙面上选定的位置上留下孔位记号，用电钻打出四孔，塞入直径不小于8mm的塑料胀管或金属膨胀螺栓。钻孔时应注意，孔不要钻在砖缝中间，如在砖缝中间应做处理。固定配电板前，应先将电源线及支路线正确地穿出表板的出线孔，并套好绝缘嘴，导线预留适当余量，然后再固定配电板。图7-15所示为单相照明配电板。

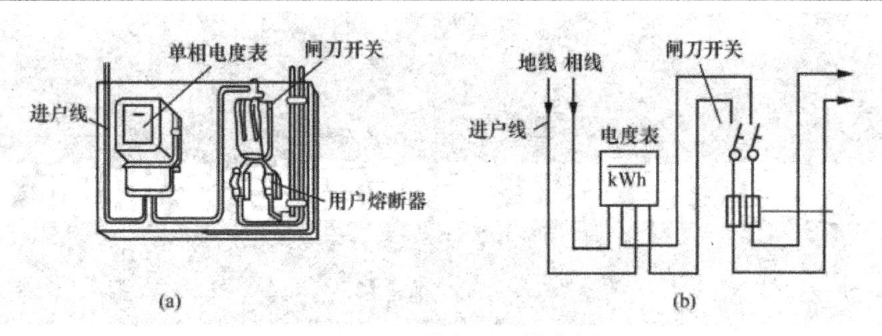

图 7-15　单相照明配电板

（a）布置图；（b）接线图

第八章 建筑工程防雷与接地施工

第一节 接闪器及附件

一、接闪器

（一）组成

接闪器由拦截闪击的接闪杆、接闪带、接闪线、接闪网以及金属屋面、金属构件等组成。

（二）材料规格

利用金属屋面做第二类、第三类防雷建筑物的接闪器时，接闪的金属屋面的材料和规格应符合下列规定：

（1）金属板下无易燃物品时，应符合下列规定：

①铅板厚度大于或等于 2mm。

②钢、钛、铜板厚度大于或等于 0.5mm。

③铝板厚度大于或等于 0.65mm。

④锌板厚度大于或等于 0.7mm。

（2）金属板下有易燃物品时，应符合下列规定：

①钢、钛板厚度大于或等于 4mm。

②铜板厚度大于或等于 5mm。

③铝板厚度大于或等于 7mm。

（3）使用单层彩钢板为屋面接闪器时，其厚度分别满足（1）、（2）的要求；

使用双层夹保温材料的彩钢板，且保温材料为非阻燃材料和（或）彩钢板下无阻隔材料时，不宜在有易燃物品的场所使用。

当独立烟囱上采用热镀锌接闪杆时，其圆钢直径不应小于 12mm；扁钢截面积不应小于 $100mm^2$，其厚度不应小于 4mm。

架空接闪线和接闪网宜采用截面积不小于 50mm2 的热镀锌钢绞线或铜绞线。

（三）金属屋面

除第一类防雷建筑物外，金属屋面的建筑物宜利用其屋面作为接闪器，并应符合下列要求：

（1）板间的连接应是持久的电气贯通，例如，采用铜锌合金焊、熔焊、卷边压接、缝接、螺钉或螺栓连接。

（2）金属板下面无易燃物品时，其厚度：铅板不应小于 2mm，不锈钢、热镀锌钢、钛和铜板不应小于 0.5mm，铝板不应小于 0.65mm，锌板不应小于 0.7mm。

（3）金属板下面有易燃物品时，其厚度：不锈钢、热镀锌钢和钛板不应小于 4mm，铜板不应小于 5mm，铝板不应小于 7mm。

（4）金属板无绝缘被覆层。

薄的油漆保护层或 1mm 厚沥青层或 0.5mm 厚聚氯乙烯层均不属于绝缘被覆层。

（四）永久性金属物

除第一类防雷建筑物和规定外，屋顶上永久性金属物宜作为接闪器，但其各部件之间均应连成电气贯通，并应符合下列规定：

（1）旗杆、栏杆、装饰物、女儿墙上的盖板等，其壁厚应符合金属屋面的建筑物宜利用其屋面作为接闪器的规定。

（2）输送和储存物体的钢管和钢罐的壁厚不应小于 2.5mm；当钢管、钢罐一旦被雷击穿，其内的介质对周围环境造成危险时，其壁厚不应小于 4mm。

注：利用屋顶建筑构件内钢筋作接闪器应符合规定。

（五）专门敷设的接闪器

专门敷设的接闪器应由下列一种或多种组成：

（1）独立接闪杆。

（2）架空接闪线或架空接闪网。

（3）直接装设在建筑物上的接闪杆、接闪带或接闪网。

专用接闪杆应能承受 $0.7kN/m^2$ 的基本风压，在经常发生台风和大于 11 级大风的地区，宜增大接闪杆的尺寸。

不得利用安装在接收无线电视广播天线杆顶上的接闪器保护建筑物。

二、接闪杆

（一）要求

接闪杆宜采用热镀锌圆钢或钢管制成，其直径不应小于下列数值：

（1）杆长1m以下：圆钢为12mm；钢管为20mm。

（2）杆长1～2m：圆钢为16mm；钢管为25mm。

（3）独立烟囱顶上的杆：圆钢为20mm；钢管为40mm。

接闪杆的接闪端宜做成半球状，其弯曲半径为最小4.8mm至最大12.7mm。

（二）安装

图8-1是用于基本风压为0.7kN/m²以下的地区，建筑物高度不超过50m的接闪杆在屋面上安装。

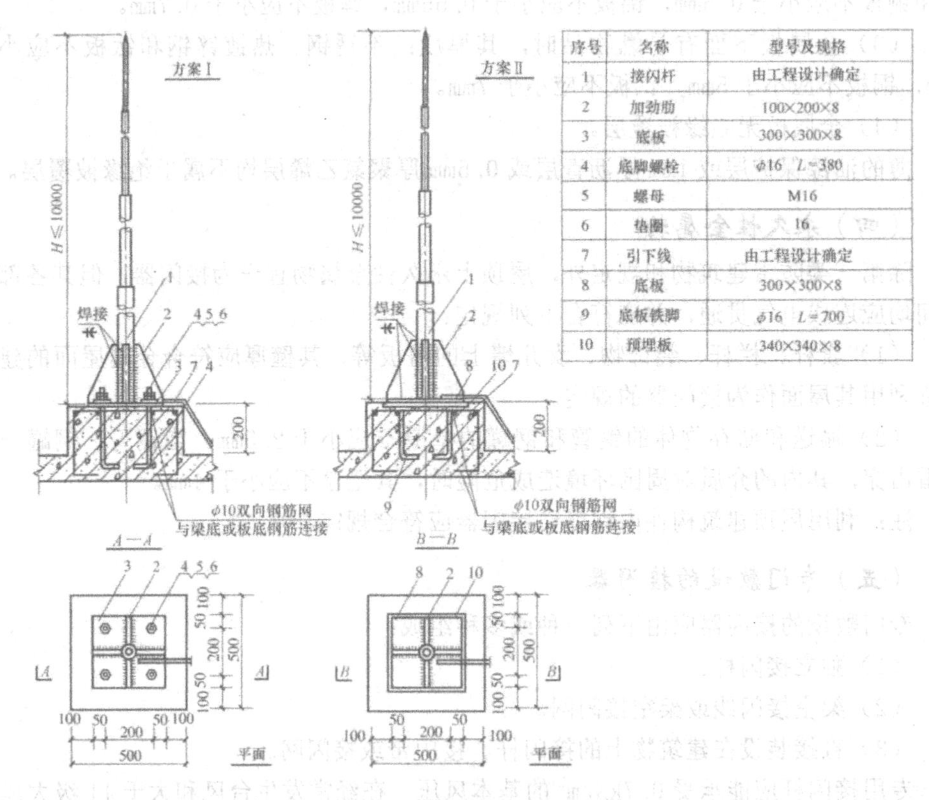

序号	名称	型号及规格
1	接闪杆	由工程设计确定
2	加劲肋	100×200×8
3	底板	300×300×8
4	底脚螺栓	φ16 L=380
5	螺母	M16
6	垫圈	16
7	引下线	由工程设计确定
8	底板	300×300×8
9	底板铁脚	φ16 L=700
10	预埋板	340×340×8

图8-1 接闪杆在屋面上安装

方案Ⅰ：底脚螺栓预埋在支座内，最少应有2个与支座钢筋焊接，支座与屋面板同时捣制。

方案Ⅱ：预埋板与底板铁脚预埋在支座内，最少应有2个与支座钢筋焊接，支座与屋面板同时捣制。支座应在墙或梁上，否则应对支撑强度进行校验。

接闪带及接闪短杆在女儿墙上安装如图8-2所示。

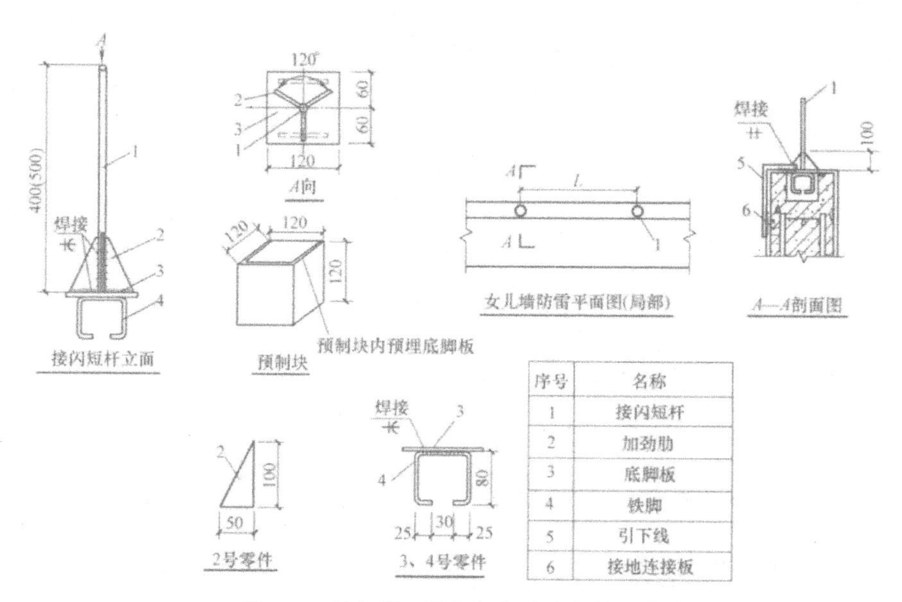

序号	名称
1	接闪短杆
2	加劲肋
3	底脚板
4	铁脚
5	引下线
6	接地连接板

图 8-2　接闪带及接闪短杆在女儿墙上安装

接闪带的固定采用焊接或卡固，接闪带水平敷设时，支架间距为 1m，转弯处为 0.5m。

接地端子板的安装连接可采用 100mm×100mm×6mm 的钢板，钢板及其与接闪带的连接线可暗敷。

三、接闪带

（一）天沟、屋面

接闪带在天沟、屋面上安装如图 8-3 所示。

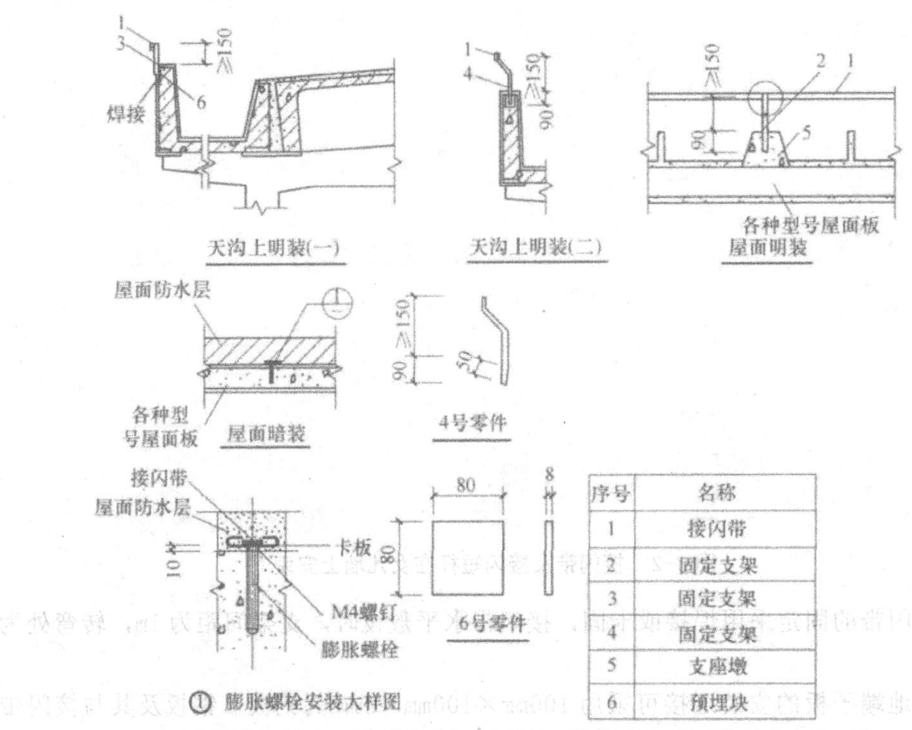

序号	名称
1	接闪带
2	固定支架
3	固定支架
4	固定支架
5	支座墩
6	预埋块

注:1.当屋面上的防水和混凝土层允许不保护时，接闪带可在屋面进行暗敷。
2.支座在粉面层时浇制，也可预制再砌牢。
3.接闪带与固定支架间的固定方式由工程设计选择。

图 8-3　接闪带在天沟、屋面、女儿墙上安装

支座在施工面层时浇制，也可预制再砌牢。接闪带的固定采用焊接或卡固。水平敷设时，支架间距为 1m，转弯处为 0.5m。

（二）瓦坡屋顶

瓦坡屋顶所有凸起的金属构筑物或管道均与接闪带连接，如图 8-4 所示。

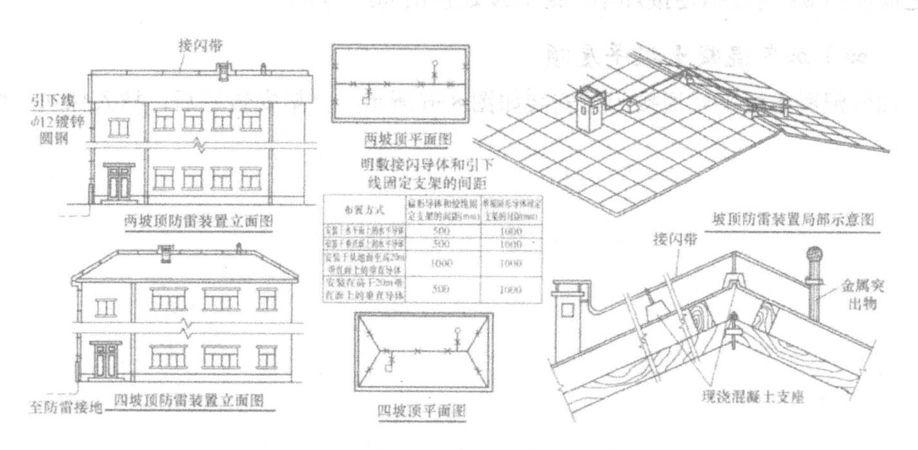

图 8-4 瓦坡屋顶接闪带

（三）V 形折板

V 形折板内钢筋做接闪带安装如图 8-5 所示。

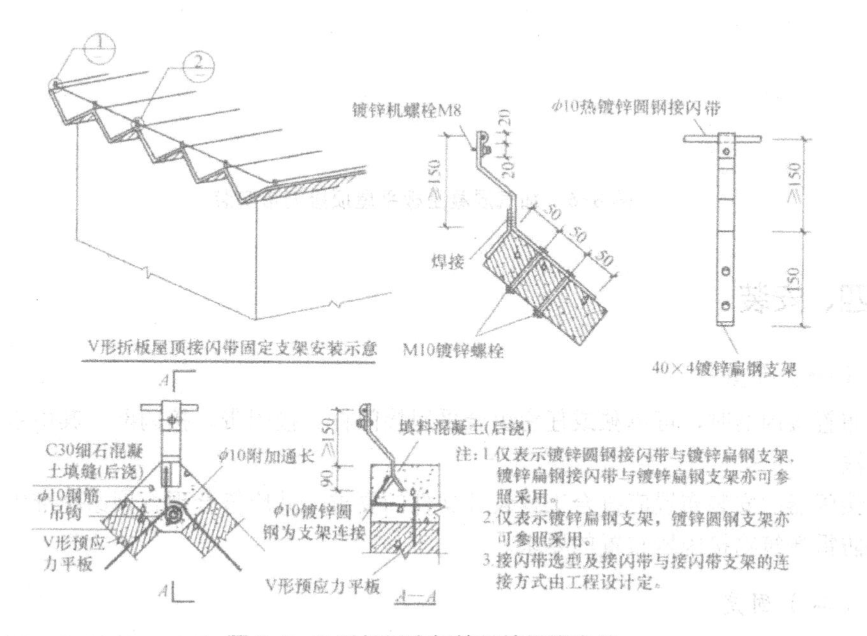

图 8-5 V 形折板内钢筋做接闪带安装

V 形折板建筑物有防雷要求时，可明装接闪网，也可利用 V 形折板内钢筋做接闪网暗装，此插筋与吊环应和网筋绑扎，通长筋应和插筋、吊环绑扎。折板接头部位（节点 1）的通长筋在端部（$B-B$）预留有钢筋头，便于与引下线连接，引下线的位置由工程设计确定。等高多跨搭接处通长筋与通长筋应绑扎，不等高多跨搭接处、通长

筋之间应用 $\phi 8$ 的圆钢连接焊牢，绑扎或连接的间距为 6m。

（四）加气混凝土板平屋顶

加气混凝土板平屋顶接闪带安装如图 8-6 所示。支架安装好后，抹入抹灰层内。

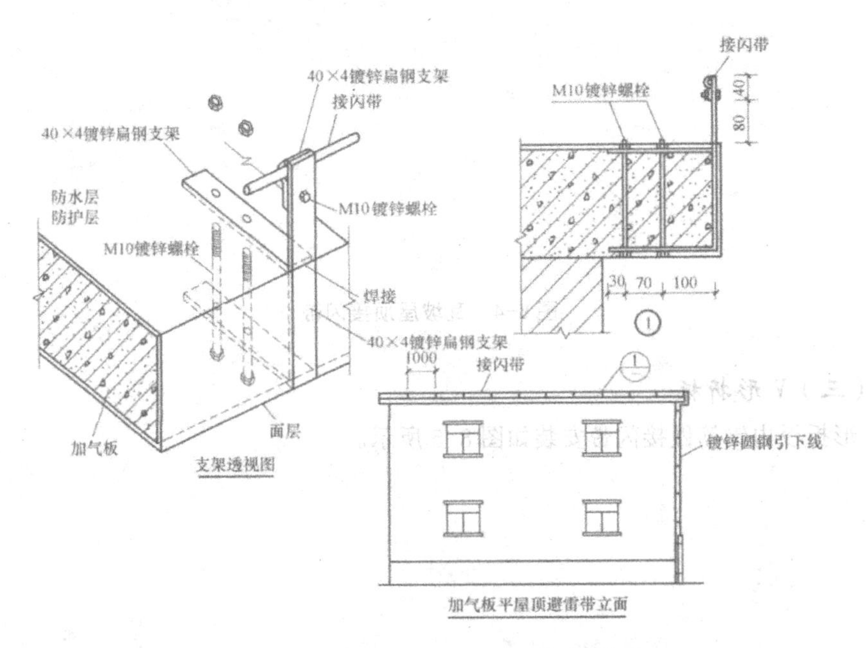

图 8-6　加气混凝土板平屋顶接闪带安装

四、安装

（一）布置

布置接闪器时，可单独或任意组合采用接闪杆、接闪带、接闪网，其中包括采用滚球法。

接闪器的安装布置应符合工程设计文件的要求，并应符合现行国家标准中对不同类别防雷建筑物接闪器布置的要求。

（二）固定

在一般情况下，明敷接闪导体固定支架的间距不宜大于表 8-1 的规定。固定支架的高度不宜小于 150mm。

固定接闪导线的固定支架应固定可靠，每个固定支架应能承受 49N 的垂直拉力。固定支架应均匀，并应符合表 8-1 的要求。

表 8-1　引下线和接闪导体固定支架的间距

布置方式	扁形导体和绞线固定支架的间距 /mm	单根圆形导体固定支架的间距 /mm
水平面上的水平导体	500	1000
垂直面上的水平导体	500	1000
地面至 20m 处的垂直导体	1000	1000
从 20m 处起往上的垂直导体	500	1000

（三）防腐

除利用混凝土构件钢筋或在混凝土内专设钢材做接闪器外，钢质接闪器应热镀锌。在腐蚀性较强的场所，尚应采取加大其截面积或其他防腐措施。

（四）连接

建筑物顶部和外墙上的接闪器必须与建筑物栏杆、旗杆、吊车梁、管道、设备、太阳能热水器、门窗、幕墙支架等外露的金属物进行电气连接。

接闪器上应无附着的其他电气线路或通信线、信号线，设计文件中有其他电气线和通信线敷设在通信塔上时，应符合规范的规定。

专用接闪杆位置应正确，焊接固定的焊缝应饱满无遗漏，焊接部分防腐应完整。接闪导线应位置正确、平正顺直、无急弯。焊接的焊缝应饱满无遗漏，螺栓固定的应有防松零件。

接闪导线焊接时的搭接长度及焊接方法应符合表 8-2 的规定。

表 8-2　防雷装置钢材焊接时的搭接长度及焊接方法

焊接材料	搭接长度	焊接方法
扁钢与扁钢	不应少于扁钢宽度的 2 倍	两个大面不应少于 3 个棱边焊接
圆钢与圆钢	不应少于圆钢直径的 6 倍	双面施焊
圆钢与扁钢	不应少于圆钢直径的 6 倍	双面施焊
扁钢与钢管 扁钢与角钢	紧贴角钢外侧两面或紧贴 3/4 钢管表面，上、下两侧施焊，并应焊以由扁钢弯成的弧形（或直角形）卡子或直接由扁钢本身弯成弧形或直角形与钢管或角钢焊接	

多层、高层现浇框架节点连接如图 8-7 所示。柱顶预留 $\phi10$ 圆铜和楼面处预埋连接板所处的具体柱位以具体设计为准。

当纵 / 横梁主筋与柱主筋能直接焊接时，则取消 $\phi10$ 的圆钢连接线。对高层建筑物，当柱的纵筋不允许与预埋件焊接时，图 8-7 中与柱纵筋的焊接改用卡夹器连接。当伸缩缝处跨接线应用于电气装置时，其规格改为 $\phi12$ 的圆钢（焊缝长 80mm）或 25×4 的扁钢。

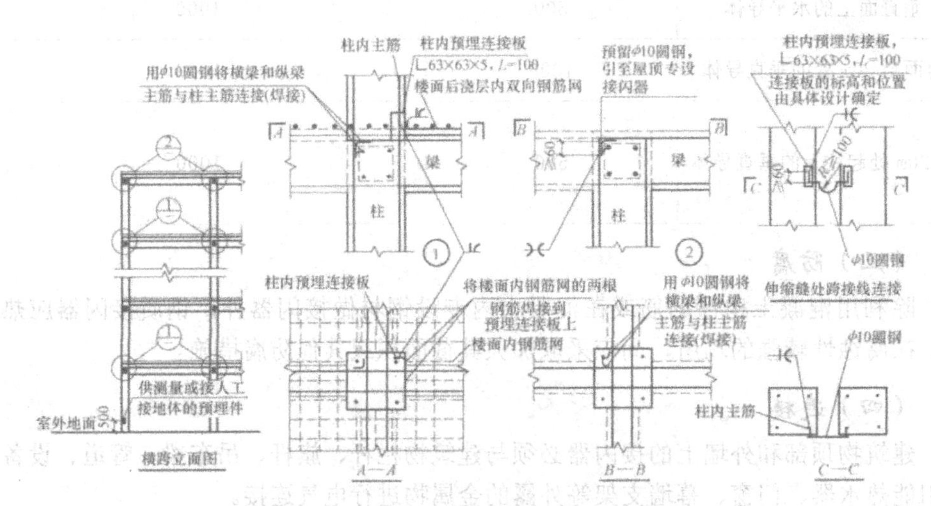

图 8-7　多层、高层现浇框架节点连接

5. 敷设

位于建筑物顶部的接闪导线可按工程设计文件要求暗敷在混凝土女儿墙或混凝土屋面内。当采用暗敷时，作为接闪导线的钢筋施工应符合现行国家标准中的规定。高层建筑物的接闪器应采取明敷方法。在多雷区，宜在屋面拐角处安装短接闪杆。

第二节　引下线及施工

一、引下线

（一）引下线概述

引下线指连接接闪器与接地装置的金属导体。防雷装置的引下线应满足机械强度、耐腐蚀和热稳定的要求。

引下线不应敷设在下水管道内，并不宜敷设在排水槽沟内。

（二）材料

引下线宜采用热镀锌圆钢或扁钢，宜优先采用圆钢。

当独立烟囱上的引下线采用圆钢时，其直径不应小于 12mm；采用扁钢时，其截面积不应小于 $100mm^2$，厚度不应小于 4mm。

专设引下线应沿建筑物外墙外表面明敷，并经最短路径接地；建筑艺术要求较高者可暗敷，但其圆钢直径不应小于 10mm，扁钢截面积不应小于 $80mm^2$。

建筑物的钢梁、钢柱、消防梯等金属构件以及幕墙的金属立柱宜作为引下线，但其各部件之间均应连成电气贯通，例如，采用铜锌合金焊、熔焊、卷边压接、缝接、螺钉或螺栓连接；其截面积应按表 8-1 的规定取值；各金属构件可被覆有绝缘材料。

二、安装

（一）间距

引下线的安装布置应符合现行国家标准 GB 50057-2010《建筑物防雷设计规范》的有关规定，第一类、第二类和第三类防雷建筑物专设引下线不应少于两根，并应沿建筑物周围均匀布设，其平均间距分别不应大于 12m、18m 和 25m。

第二类或第三类防雷建筑物为钢结构或钢筋混凝土建筑物时，在其钢构件或钢筋之间的连接满足规范规定并利用其作为引下线的条件下，当其垂直支柱均起到引下线的作用时，可不要求满足专设引下线之间的间距。

引下线安装与易燃材料的墙壁或墙体保温层间距应大于 0.1m。

（二）固定

引下线固定支架应固定可靠，每个固定支架应能承受 49N 的垂直拉力。固定支架的高度不宜小于 150mm。

在一般情况下，明敷引下线固定支架应均匀，引下线和接闪导体固定支架的间距应符合表 8-1 的要求。

（三）防腐

明敷的专用引下线应分段固定，并应以最短路径敷设到接地体，敷设应平正顺直、无急弯。焊接固定的焊缝应饱满无遗漏，螺栓固定的焊缝应有防松零件（垫圈），焊接部分的防腐应完整。

（四）断接卡

采用多根专设引下线时，应在各引下线上于距地面 0.3m 至 1.8m 之间装设断接卡。

利用混凝土内钢筋、钢柱作为自然引下线并同时采用基础接地体时，可不设断接卡，但利用钢筋作引下线时应在室内外的适当地点设若干连接板，这些连接板可供测量、接人工接地体和作等电位联结用。

当仅利用钢筋作引下线并采用埋于土壤中的人工接地体时，应在每根引下线上于距地面不低于 0.3m 处设接地体连接板。采用埋于土壤中的人工接地体时应设断接卡，其上端应与连接板或钢柱焊接。连接板处宜有明显标志。

引下线距地面 1.8m 处设断接卡，连接板和钢板应热镀锌。接闪带或引下线的连接在焊接有困难时，可采用螺栓连接。

（五）保护

在易受机械损伤之处，地面上 1.7m 至地面下 0.3m 的一段接地线应采用暗敷或采用镀锌角钢、改性塑料管或橡胶管等加以保护。

引下线保护安装如图 8-8 所示。卡子做热镀锌处理。

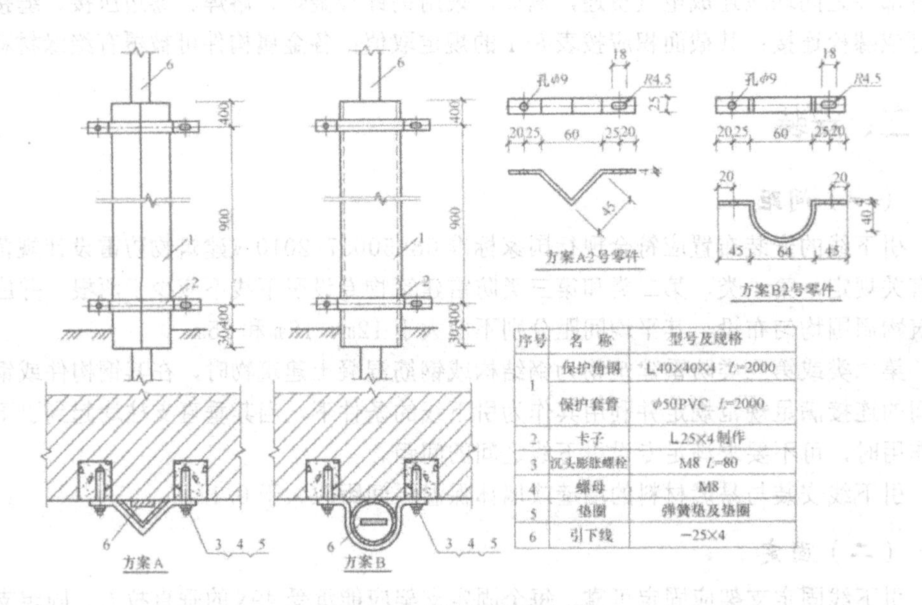

序号	名称	型号及规格
1	保护角钢	L40×40×4 L=2000
	保护套管	φ50PVC L=2000
2	卡子	L25×4制作
3	沉头膨胀螺栓	M8 L=80
4	螺母	M8
5	垫圈	弹簧垫及垫圈
6	引下线	−25×4

图 8-8 引下线保护安装

建筑物外的引下线敷设在人员可停留或经过的区域时，应采用下列一种或多种方法，防止接触电压和旁侧闪络电压对人员造成伤害：

（1）外露引下线在高 2.7m 以下部分穿不小于 3mm 厚的交联聚乙烯管，交联聚乙烯管应能耐受 100kV 冲击电压（1.2/50μs 波形）。

（2）应设立阻止人员进入的护栏或警示牌。护栏与引下线水平距离不应小于 3m。

（六）连接

引下线可利用建筑物的钢梁、钢柱、消防梯等金属构件作为自然引下线，金属构件之间应电气贯通。

引下线两端应分别与接闪器和接地装置做可靠的电气连接。

暗敷的自然引下线（柱内钢筋）的施工应符合现行国家标准 GB 50204—2015《混凝土结构工程施工质量验收规范》中的规定。

混凝土柱内钢筋，应按工程设计文件要求采用土建施工的绑扎法、螺钉扣连接等机械连接或对焊、搭焊等焊接连接。当设计要求引下线的连接采用焊接时，焊接要求

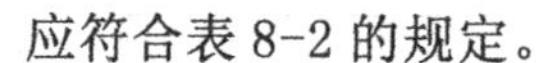
应符合表 8-2 的规定。

引下线上应无附着的其他电气线路，在通信塔或其他高耸金属构架起接闪作用的金属物上敷设电气线路时，线路应采用直埋于土壤中的铠装电缆或穿金属管敷设的导线。电缆的金属护层或金属管应两端接地，埋入土壤中的长度不应小于 10m。

第三节　接地装置

一、接地体材料、结构和最小截面积

接地体材料、结构和最小截面积应符合表 8-3 的规定。

表 8-3　接地体材料、结构和最小尺寸

材料	结构	最小尺寸			备注
		垂直接地体直径 /mm	水平接地体截面积 /mm^2	接地板 /mm	
铜	铜绞线	—	50	—	每股直径 1.7mm
	单根圆铜	—	50	—	直径 8mm
	单根扁铜	—	50	—	厚度 2mm
	单根圆铜	15	—	—	—
	铜管	20	—	—	壁厚 2mm
	整块铜板	—	—	500×500	厚度 2 mm
	网格铜板	—	—	600×600	各网格边截面 25mm×2mm，网格网边总长度不少于 4.8m

热镀锌钢	圆钢	14	78	—	—
	钢管	20	——	—	壁厚 2mm
	扁钢	—	90	—	厚度 3mm
	钢板	—	—	500×500	厚度 3mm
	网格钢板	—	—	600×600	各网格边截面 30mm×3mm，网格网边总长度不少于 4.8m
	型钢	注 3	—	—	—
裸钢	钢绞线	—	70	—	每股直径 1.7mm
	圆钢	—	78	—	—
	扁钢	—	75	—	厚度 3mm
外表面镀铜的钢	圆钢	14	50	—	镀铜厚度至少 250μm，铜纯度 99.9%
	扁钢	—	90（厚 3mm）	—	—
不锈钢	圆形导体	15	78	—	—
	扁形导体	—	100	—	厚度 2mm

注：1. 热镀锌层应光滑连贯、无焊剂斑点，镀锌层圆钢至少 $22.7g/m^2$、扁钢至少 $32.4g/m^2$。

2. 热镀锌之前螺纹应先加工好。

3. 不同截面积的型钢，其截面积不小于 $290mm^2$，最小厚度 3mm，可采用 50mm×50mm×3mm 角钢。

4. 裸圆钢、裸扁钢和钢绞线作为接地体时，只有在完全埋在混凝土中时才允许采用。

5. 外表面镀铜的钢，铜应与钢结合良好。

6. 不锈钢中，铬的含量等于或大于 16%，镍的含量等于或大于 5%，铜的含量等于或大于 2%，碳的含量等于或小于 0.08%。

7. 截面积允许误差为 -3%。

8. 裸扁钢或热镀锌扁钢、热镀锌钢绞线，只适用于与建筑物内的钢筋或钢结构每隔 5m 的连接。

二、接地极安装

（一）埋地人工接地极

当设计无要求时，人工接地体在土壤中的埋设深度不应小于0.5m，并宜敷设在地冻土层以下，其距墙或基础不宜小于1m。接地体宜远离由于烧窑、烟道等高温影响使土壤电阻率升高的地方。

埋于土壤中的人工垂直接地体宜采用热镀锌角钢、钢管或圆钢；埋于土壤中的人工水平接地体宜采用热镀锌扁钢或圆钢。接地线应与水平接地体的截面积相同。

人工钢质垂直接地体的长度宜为2.5m，其间距以及人工水平接地体的间距均宜为5m，当受地方限制时可适当减小。

人工接地体与建筑物外墙或基础之间的水平距离不宜小于1m。

在敷设于土壤中的接地体连接到混凝土基础内起基础接地体作用的钢筋或钢材的情况下，土壤中的接地体宜采用铜质或镀铜或不锈钢导体。

1. 棒形接地极

接地极如埋入建筑物或构筑物旁边时，其规格可采用$\phi10$的圆钢，长度由工程设计确定。为了使圆钢接地极便于打入地下，将接地极端部锻尖。

2. 管型接地极

钢管接地板尖端的做法：在距管口120mm长的一段，锯成四块锯齿形，尖端向内打合焊接而成。接地极、连接线及卡箍规格有特殊要求时，由工程设计确定。

3. 角钢接地极

接地极和连接线表面应镀锌，规格有特殊要求时，由工程设计确定。为了避免将接地板顶部打裂，制成如图8-9的保护帽，套在顶部施工。

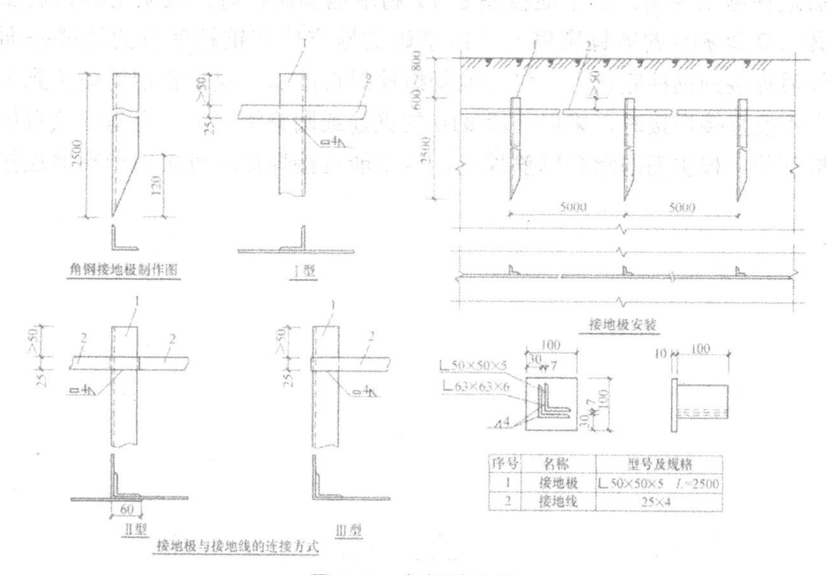

序号	名称	型号及规格
1	接地极	L50×50×5　L=2500
2	接地线	25×4

图8-9　角钢接地极

（二）埋于基础内人工接地极

接地极规格不应小于 $\phi10$ 的镀锌圆钢或 25×4 的镀锌扁钢。连接线一般采用 $\geqslant\phi10$ 的镀锌圆钢。支持器的间距以土建施工中能使人工接地极不发生偏移为准，由现场确定。埋于基础内人工接地极如图 8-10 所示。

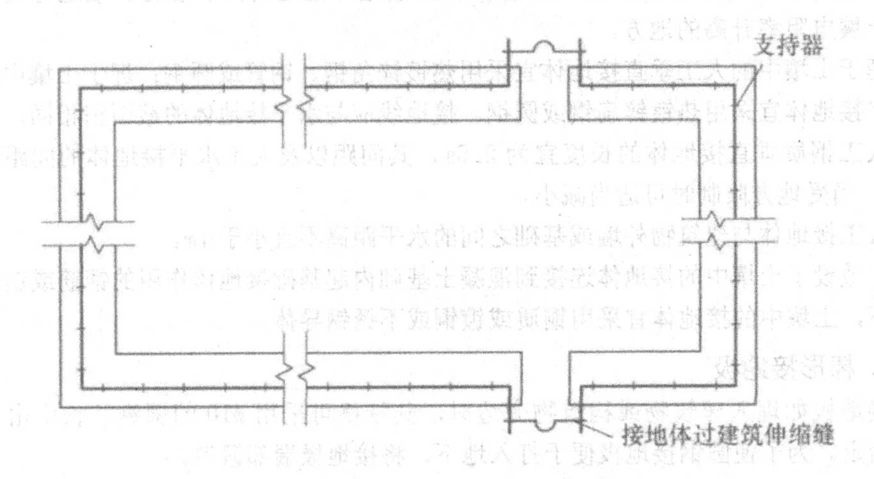

图 8-10　埋于基础内人工接地极

（三）钢筋混凝土基础中的钢筋作接地极

每个基础中仅需一个地脚螺栓通过连接导体与钢筋网连接。连接导体与地脚螺栓和钢筋网的连接采用焊接，在施工现场没有条件进行焊接时，应预先在钢筋网加工场地焊好后运往施工现场。当不能按图 8-11 利用地脚螺栓时，应采用焊接施工，此时连接导体（$D\geqslant\phi10$ 的镀锌圆钢）引出基础的地方应在钢柱就位的边线外面，并在钢柱就位后焊接到钢柱底板上。将与地脚螺栓焊接的那一根垂直钢筋焊接到水平钢筋网上（当不能直接焊接时，采用一段 $\phi10$ 的钢筋或圆钢铸焊）。当基础底有桩基时，将每一桩基的一根主筋同承台钢筋焊接，当不能直接焊接时可采用卡夹器连接。

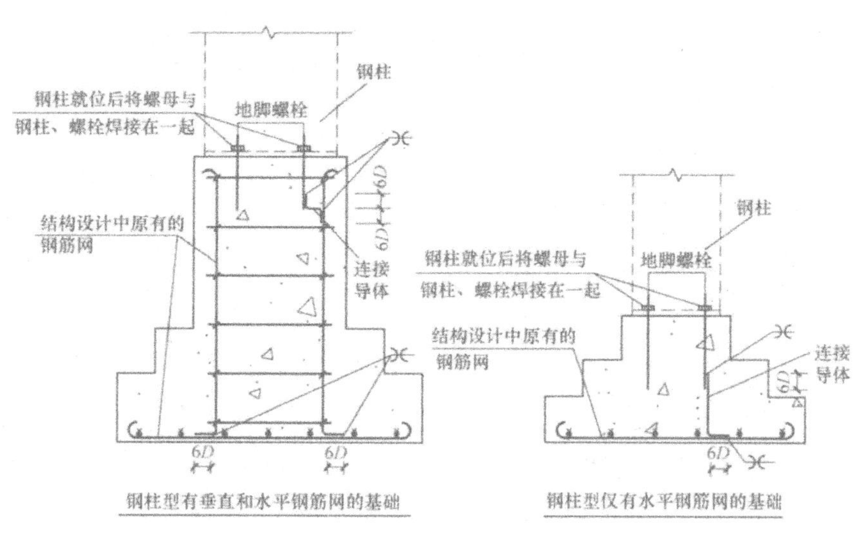

钢柱型有垂直和水平钢筋网的基础

钢柱型仅有水平钢筋网的基础

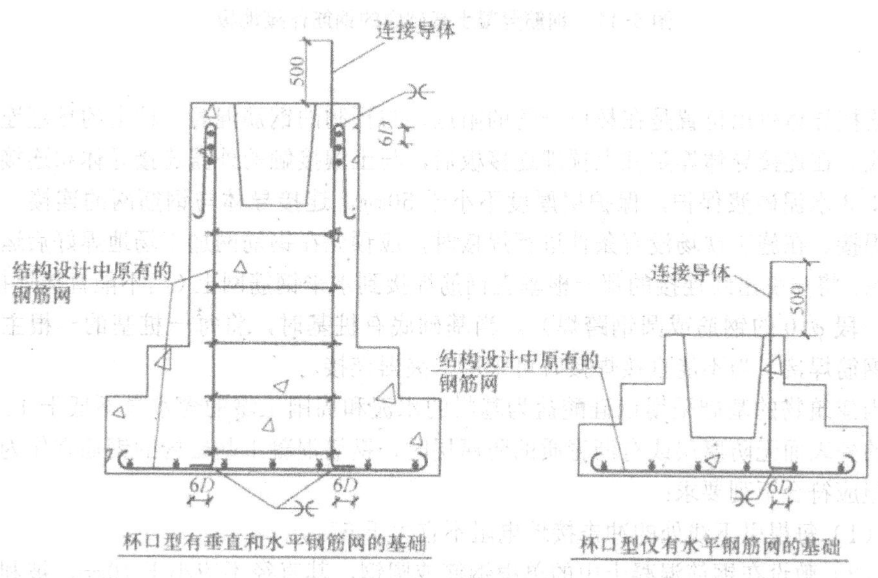

杯口型有垂直和水平钢筋网的基础

杯口型仅有水平钢筋网的基础

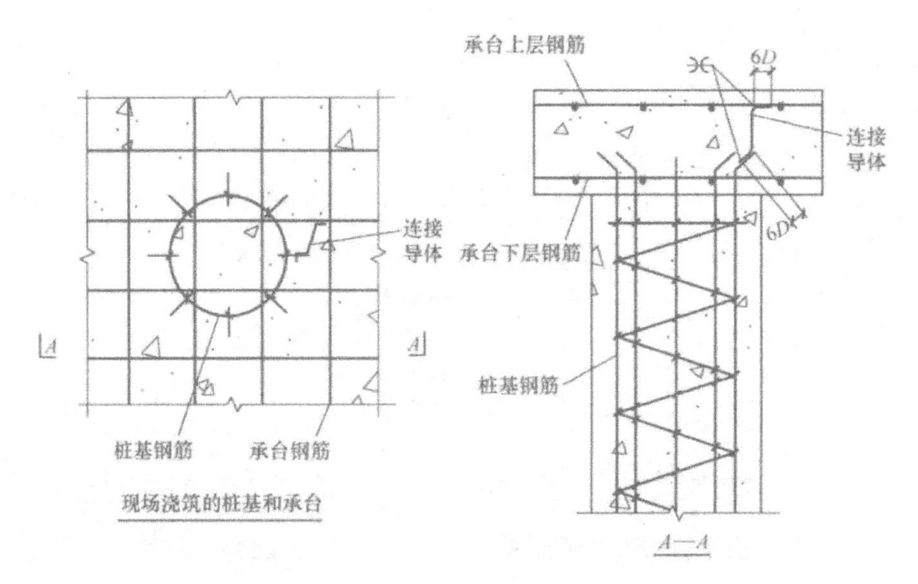

图 8-11　钢筋混凝土基础中的钢筋作接地极

连接导体引出位置是在杯口一角的附近，与预制的钢筋混凝土柱上的预埋连接板相对应。在连接导体焊到柱上预埋连接板后，与土壤接触的外露连接导体和连接板均用 1 ∶ 3 水泥砂浆保护，保护层厚度不小于 50mm。连接导体与钢筋网的连接一般应采用焊接。在施工现场没有条件进行焊接时，应预先在钢筋网加工场地焊好后运往施工现场。将与引出线连接的那一根垂直钢筋焊接到水平钢筋网上（当不能直接焊接时，采用一段 $\phi10$ 的钢筋或圆钢跨焊）。当基础底有桩基时，将每一桩基的一根主筋同承台钢筋焊接，当不能直接焊接时可采用卡夹器连接。

当建筑物的基础采用以硅酸盐为基料的水泥和周围土壤的含水量不低于 4% 以及基础的外表面无防腐层或有沥青质的防腐层时，钢筋混凝土基础内的钢筋宜作为接地极。但应符合下列要求：

（1）每根引下线处的冲击接地电阻不宜大于 5°。

（2）敷设在钢筋混凝土中的单根钢筋或圆钢，其直径不应小于 10mm，被利用作为防雷装置的混凝土构件内箍筋连接的钢筋，其截面积总和不应小于一根直径 10mm 钢筋的截面积。

（3）利用基础内钢筋网作为接地体时，每根引下线在距地面 0.5m 以下的钢筋表面积总和，对第一级防雷建筑物不应小于 4.24KC(m^2)，对第二、三级防雷建筑物不应少于 1.89 $K_c\left(m^2\right)$。单根引下线 1.89 $K_c\left(m^2\right)$，两根引下线及接闪器不成闭合环的多根引下线 $K_c=0.66$，接闪器成闭合环或网状的多根引下线 $K_c=0.44$。

三、接地线

接地线之间的连接如图 8-12 所示。

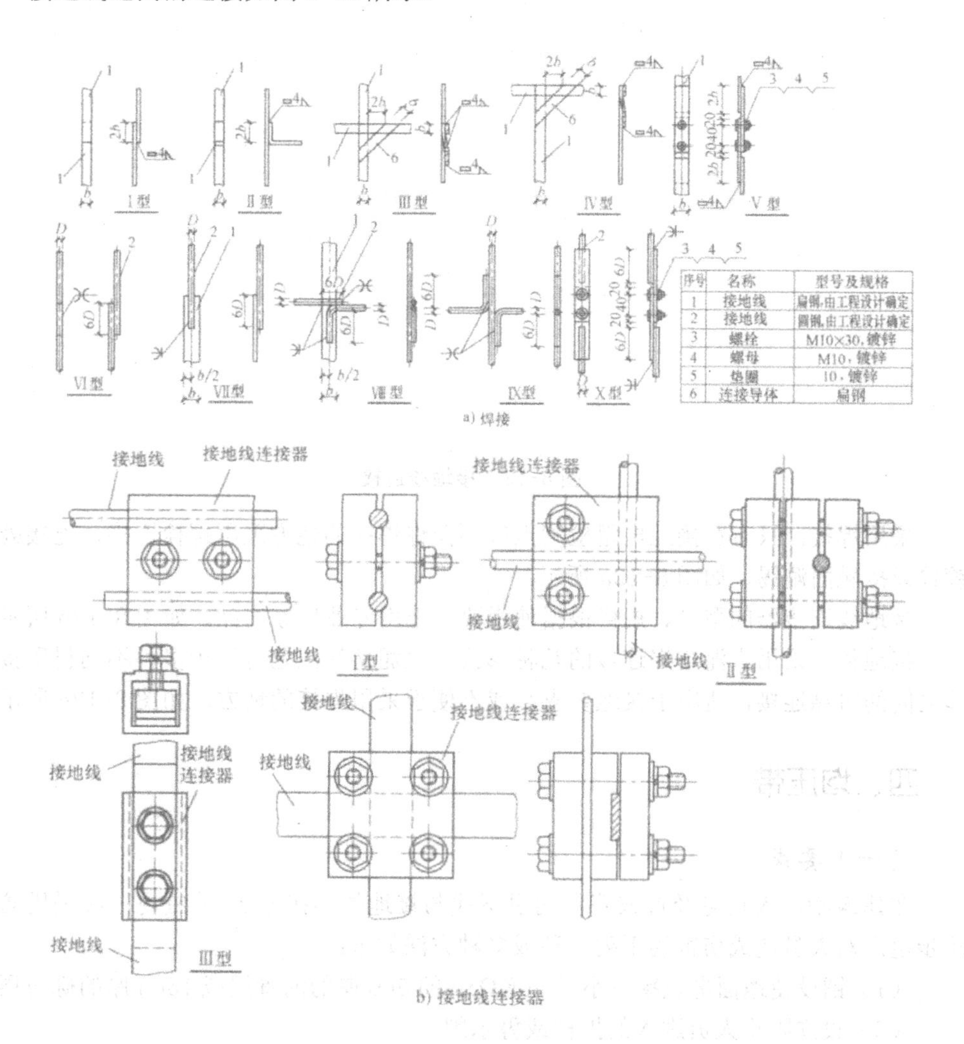

序号	名称	型号及规格
1	接地线	扁钢,由工程设计确定
2	接地线	圆钢,由工程设计确定
3	螺栓	M10×30,镀锌
4	螺母	M10,镀锌
5	垫圈	10,镀锌
6	连接导体	扁钢

a) 焊接

b) 接地线连接器

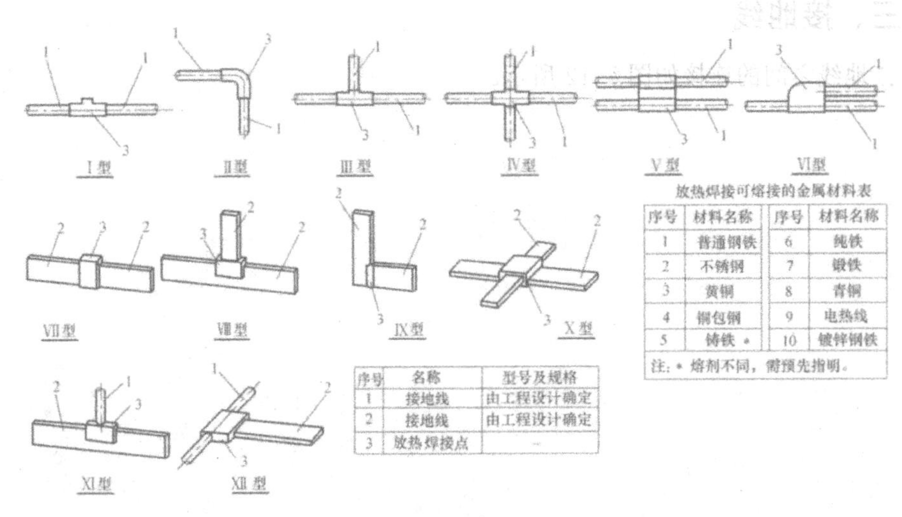

放热焊接可熔接的金属材料表

序号	材料名称	序号	材料名称
1	普通钢铁	6	纯铁
2	不锈钢	7	锻铁
3	黄铜	8	青铜
4	铜包钢	9	电热线
5	铸铁 *	10	镀锌钢铁
注：* 熔剂不同，需预先指明。			

序号	名称	型号及规格
1	接地线	由工程设计确定
2	接地线	由工程设计确定
3	放热焊接点	—

c）放热焊接连接

图 8-12　接地线连接

采用焊接，只有在接地电阻检测点或不允许焊接的地方采用螺栓连接，连接处应镀锌或接触面涮锡，如图 8-12a 所示。

接地线连接器的型号、规格根据使用要求选用专业厂家产品，如图 8-12b 所示。

接地体间采用火泥熔焊连接的几种形式，火泥熔焊工艺可用于多种不同材质接地体之间的可靠连接，适用于接地要求高或不便于采用焊接的地方，如图 8-12c 所示。

四、均压带

（一）要求

在建筑物外人员可经过或停留的引下线与接地体连接处 3m 范围内，应采用防止跨步电压对人员造成伤害的下列一种或多种方法如下：

（1）铺设使地面电阻率不小于 50KΩ•m 的 5cm 厚的沥青层或 15cm 厚的砾石层。

（2）设立阻止人员进入的护栏或警示牌。

（3）将接地体敷设成水平网格。

（二）敷设

水平接地体局部埋深不应小于 1.0m。水平接地体局部应包绝缘物，可采用 50 ～ 80mm 厚的沥青层。采用沥青碎石地面或在接地体上方铺 50 ～ 80mm 厚的沥青层，其宽度应超过接地体 2m。埋设帽檐式辅助均压带。

第四节　等电位及施工

一、等电位联结

防雷等电位联结（LEB）：将分开的诸金属物体直接用连接导体或经电涌保护器连接到防雷装置上以减小雷电流引发的电位差，如图 8-13 所示。

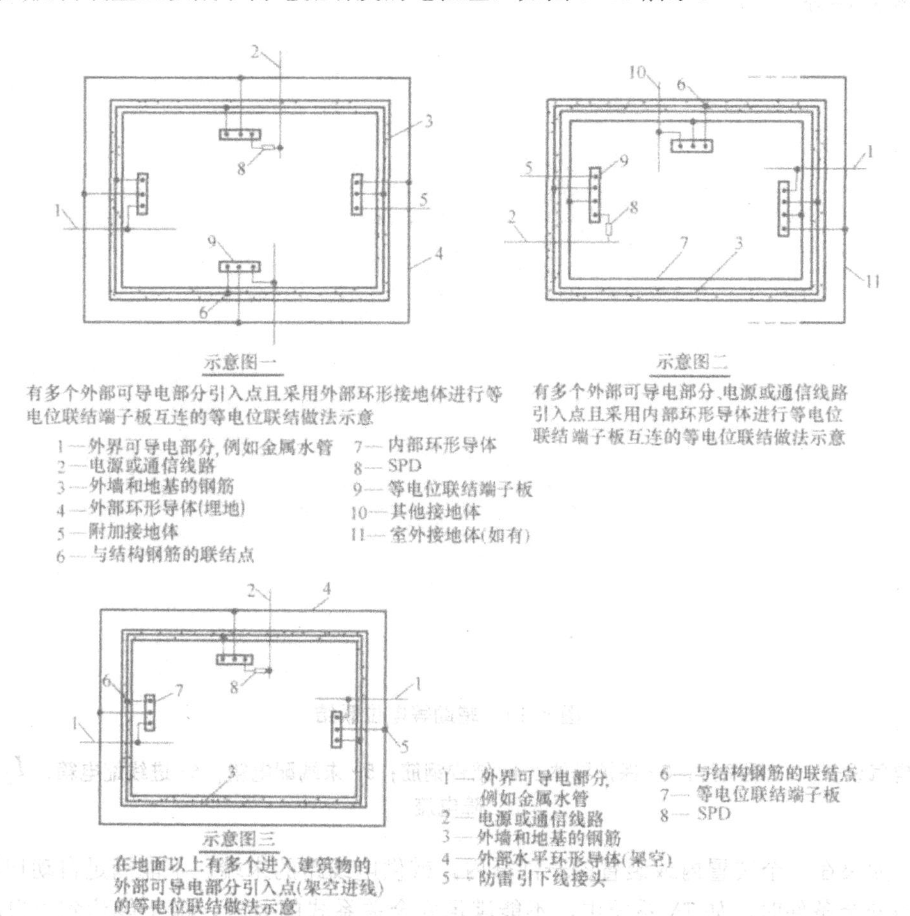

图 8-13　等电位联结

（一）总等电位联结（MEB）

总等电位联结作用于全建筑物，它在一定程度上可降低建筑物内间接接触电击的接触电压和不同金属部件间的电位差，并消除自建筑物外经电气线路和各种金属管道引入的危险故障电压的危害。

通过进线配电箱近旁的接地母排（总等电位联结端子板）将下列可导电部分互相连通：

（1）进线配电箱的 PE（PEN）母排。

（2）公用设施的金属管道，如上下水、热力、燃气等管道。

（3）建筑物金属结构。

（4）如果设置有人工接地，也包括其接地极引线。

（二）辅助等电位联结（SEB）

在导电部分间，用导线直接连通，使其电位相等或接近，称作辅助等电位联结，如图 8-14 示。

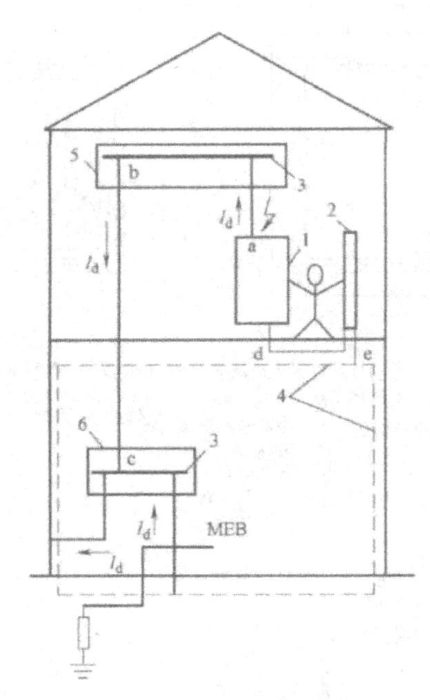

图 8-14　辅助等电位联结

1- 电气设备；2- 暖气片；3- 保护导体；4- 结构钢筋；5- 末端配电箱；6- 进线配电箱；I_d - 故障电流

如果在一个装置内或装置的一部分内，或供电线路的末端，不能满足自动切除供电的安全条件时，如 TN 系统中，不能满足安全关系式的要求，即不能达到“自动切除供电”的要求时，应实施辅助等电位联结。

辅助等电位联结应包括所有可同时触及的固定式设备的外露可导电部分和外部可导电部分的相互连接，如有可能还应包括钢筋混凝土结构中的主钢筋。等电位联结系统必须与包括插座在内的保护导体在内的所有保护导体相连接。

（三）局部等电位联结（LEB）

在一局部场所范围内将各可导电部分连通，称作局部等电位联结，如图8-15所示。可通过局部等电位联结端子板将下列部分互相连通：PE 母线或 PE 干线、公用设施的金属管道、建筑物金属结构。

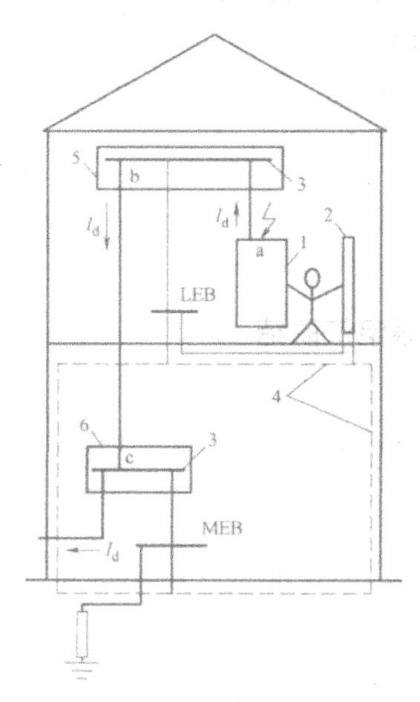

图 8-15　局部等电位联结

1- 电气设备；2- 暖气片；3- 保护导体；4- 结构钢筋；5- 末端配电箱；6- 进线配电箱；I_d - 故障电流

下列情况下需做局部等电位联结：

（1）电源网络阻抗过大，使自动切断电源时间过长，不能满足防电击要求时。

（2）TN 系统内自同一配电箱供电给固定式和移动式两种电气设备，而固定式设备保护电器切断电源时间不能满足移动式设备防电击要求时。

（3）为满足浴室、游泳池、医院手术室、农牧业等场所对防电击的特殊要求时。

（4）为满足防雷和信息系统抗干扰的要求时。

二、联结线和等电位联结端子板

（一）端子板

联结线和等电位联结端子板宜采用铜质材料。等电位联结端子板的截面积应满足机械强度要求，并不得小于所接联结线截面积。

信息技术设备等电位联结端子板（铜）的截面积不应小于 $50mm^2$。

（二）联结线

不允许用下列金属部分当作联结线：

（1）金属水管。

（2）输送爆炸气体或液体的金属管道。

（3）正常情况下承受机械压力的结构部分。

（4）易弯曲的金属部分。

（5）钢索配线的钢索。

三、安装

（一）总等电位联结

1. 一处电源进线的总等电位联结

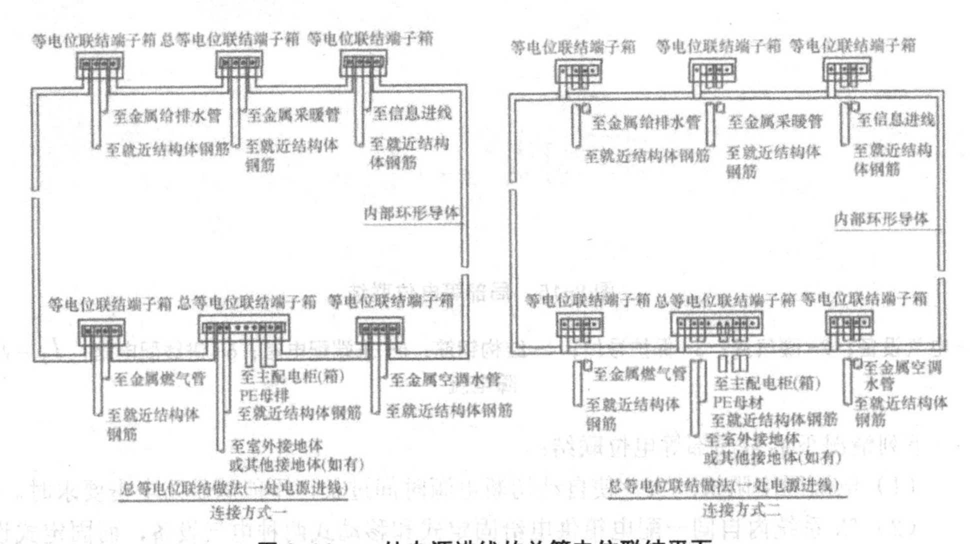

图 8-16　一处电源进线的总等电位联结平面

当防雷设施利用建筑物金属体和基础钢筋作引下线和接地板时，引下线应与等电位联结系统连通以实现等电位。图 8-16 中总等电位线均采用 40×4 镀锌扁钢或 25mm^2 的铜导线在墙内或地面内暗敷。

2. 多处电源进线的总等电位联结

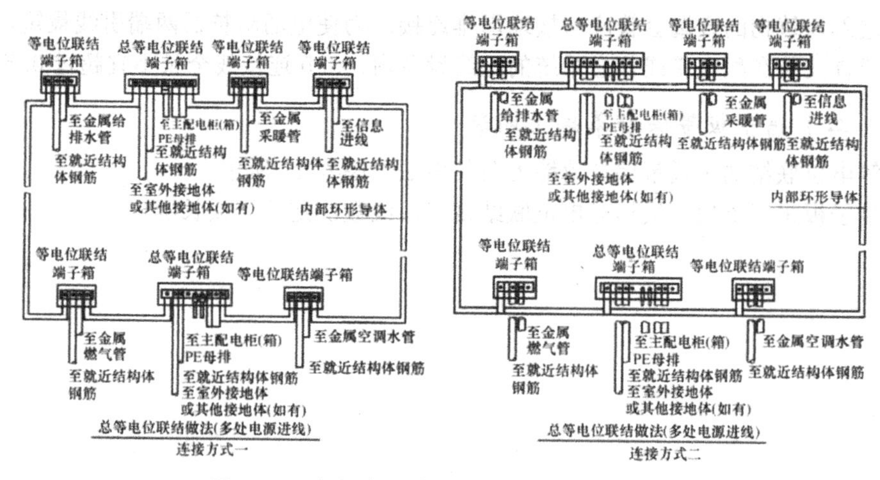

图 8-17　多处电源进线的总等电位联结平面

方案Ⅰ、Ⅱ均适用于多处电源进线，采用室内环形导体将总等电位联结端子板互相连通。对于方案Ⅱ，如有室外水平环形接地极，等电位联结端子板应就近与其连通。图 8-17 中室外环形接地体可采用 40×4 镀锌扁钢，室内环形导体可采用 40×4 镀锌扁钢或铜带，室内环形导体宜明敷，在支撑点处或过墙处为了防腐应有绝缘防护。

接地母排应尽量在或靠近两防雷区界面处设置，各个总等电位联结的接地母排应互相连通。

3. 电源进线、信息进线等电位联结

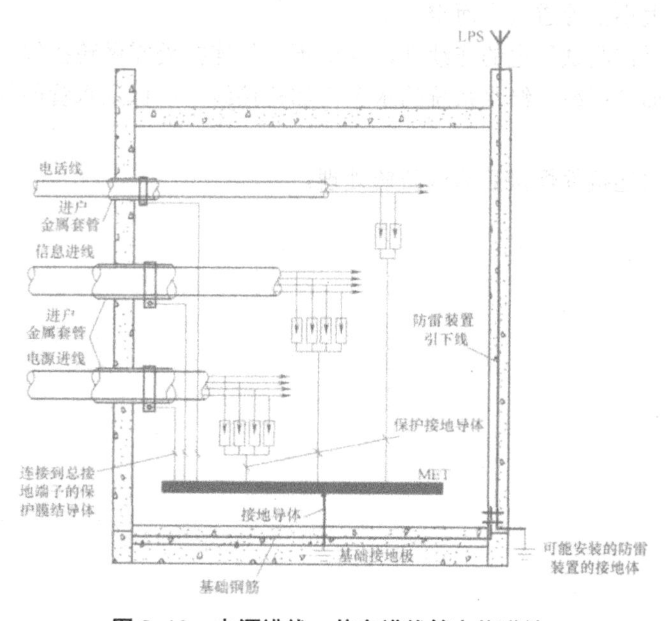

图 8-18　电源进线、信息进线等电位联结

当采用屏蔽电缆时，应至少在两端并宜在防雷区交界处做等电位联结，当系统要求只在一端做等电位联结时，应采用两层屏蔽，外层屏蔽与等电位联结端子板连通。所有进入建筑物的金属套管应与接地母排连接。为使电涌防护器两端引线最短，电涌防护器宜安装在配电箱或信息系统的配线设备内，SPD 连接线全长不宜超过 0.5m。

（二）端子板带保护罩墙上明装

等电位联结端子板带保护罩墙上明装做法如图 8-19 所示。

端子板采用铜板，根据等电位联结线的出线数决定端子板长度。

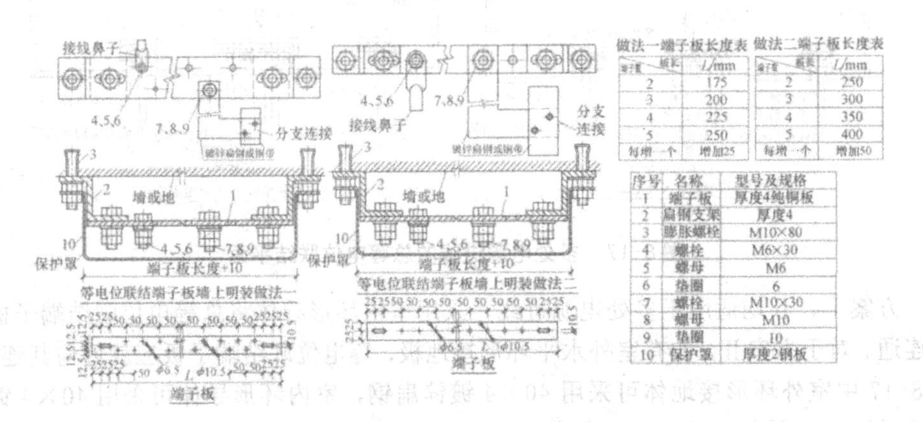

做法一端子板长度表

板长	L/mm
2	175
3	200
4	225
5	250
每增一个	增加25

做法二端子板长度表

板长	L/mm
2	250
3	300
4	350
5	400
每增一个	增加50

序号	名称	型号及规格
1	端子板	厚度4纯铜板
2	扁钢支架	厚度4
3	膨胀螺栓	M10×80
4	螺栓	M6×30
5	螺母	M6
6	垫圈	6
7	螺栓	M10×30
8	螺母	M10
9	垫圈	10
10	保护罩	厚度2钢板

图 8-19　等电位联结端子板带保护罩墙上明装做法

（三）联结线与各种管道的连接

抱箍与管道接触处的接触表面需刮拭干净，安装完毕后刷防护漆，抱箍内径等于管道外径，其大小依管道大小而定。

施工完毕后需测试导电的连续性，导电不良的连接处需做跨接线。金属管道的连接处一般不需加跨接线。给水系统的水表需加跨接线，以保证水管的等电位联结和接地的有效。

金属管道与连接件焊接后需做防锈处理。

第九章 智能建筑电气工程施工设计

第一节 智能建筑工程概述

一、智能建筑

智能建筑是以建筑物为平台，兼备信息设施系统、信息化应用系统、建筑设备管理系统、公共安全系统等，集结构、系统、服务、管理及其优化组合为一体，向人们提供安全、高效、便捷、节能、环保、健康的建筑环境。

信息设施系统是为确保建筑物与外部信息通信网的互联及信息畅通，对语音、数据、图像和多媒体等各类信息予以接收、交换、传输、存储、检索及显示等进行综合处理的多种类信息设备系统加以组合，提供实现建筑物业务及管理等应用功能的信息通信基础设施。

信息化应用系统是以建筑物信息设施系统和建筑设备管理系统等为基础，为满足建筑物各类业务和管理功能的多种类信息设备与应用软件而组合的系统。

建筑设备管理系统是对建筑设备监控系统和公共安全系统等实施综合管理的系统。

公共安全系统是为维护公共安全、综合运用现代科学技术，以应对危害社会安全的各类突发事件而构建的技术防范系统或保障系统。

二、智能建筑工程特点

智能建筑工程作为建筑工程的 10 大分部工程之一，有不同于其他分部工程的专业特点。

（1）智能建筑的重要标志是智能化集成系统。将不同功能的建筑智能化系统，通过统一的信息平台实现集成，以形成具有信息汇集、资源共享及优化管理等综合功能的系统。而智能建筑工程的各子系统往往又是建立在先有其他建筑设备安装工程（如变配电工程、通风空调工程、给排水工程等）的基础上。因此，这就要求智能建筑工程的设计及安装施工管理人员要对建筑工程及其他设备安装工程有较多了解，这样才能配合密切、协调。

（2）由于智能建筑的高科技特性，特别是大型公共建筑的智能化工程一般是由一家具有实力和智能系统集成经验的大型工程公司，即系统集成商来完成从技术到施工设计、产品供货、安装调试、验收直至交钥匙的全方位服务。这就对参与设计、施工、调试等人员都有较高要求。

（3）智能化项目一般情况都要根据现场实际及业主要求进行二次深化设计。智能化各系统设备不同生产商有不同的要求，而业主对设备选型、订货往往较晚，所订设备与当时施工状况不符，各专业工种管线配合发生问题，会造成施工混乱。

（4）智能建筑工程要特别注意与其他工程的配合，如预留孔洞和预埋管线与土建工程的配合、管线施工与装饰工程的配合、各控制室的装饰与整体装饰工程的配合等。特别是各子系统之间的协调配合更为重要。如各子系统与智能设备、智能仪表之间的界面划分，以及提出切实可行的接口要求都非常重要。例如，高压开关柜接口界面采用硬接口形式，提供给智能建筑物管理系统（IBMS）的监视信号接点几组开关量信号（DI）和几组模拟量信号（AI）；又如消防报警系统与 IBMS 系统接口界面采用软接口的通信方式。

（5）工程质量构成复杂。智能化系统的工程质量是由采用的元器件、主机设备、终端、系统软件、应用软件以及安装调试等多种环节的质量综合而成，而这一系列环节又涉及多个主体，如生产制造厂家、产品供应商、安装公司、软件集成商等。

（6）工程竣工验收往往是分系统单独验收，有些系统还应在投入正常运行相当长时间（1～3个月）后再进行。验收由建设单位负责组织，施工承包单位、设计单位、工程监理单位参加；有些系统验收则由建设单位申报当地主管部门进行验收，例如，火灾自动报警与消防联动系统由公安消防部门验收；安全防范系统由公安技防部门验收等。

三、智能建筑工程施工图

智能建筑工程施工图的内容与建筑电气工程施工图基本相同，阅读方法也是一样的。熟悉智能建筑工程系统图要比电气照明系统、电气动力系统图更为重要，智能建筑工程各系统图所表示的内容比照明系统图更全面、更具体，基本反映了整个系统的组成及各设备之间的连接关系。

第二节 火灾自动报警系统工程施工

一、火灾自动报警系统的组成

火灾自动报警系统用以监视建筑物现场的火情，当存在火患开始冒烟而还未明火之前，或者已经起火但还未成灾之前发出火情信号，以通知消防控制中心及时处理并自动执行消防前期准备工作。又能根据火情位置及时输出联动控制信号，启动相应的消防设备进行灭火。简言之，即实现火灾早期探测、发出火灾报警信号、并向各类消防设备发出控制信号完成各项消防功能的系统。火灾自动报警系统在智能建筑中通常被作为智能建筑三大体系中BAS（建筑设备管理系统）的一个非常重要的独立的子系统。整个系统的动作，既能通过建筑物中智能系统的综合网络结构来实现，又可以在完全摆脱其他系统或网络的情况下独立工作。火灾自动报警系统一般由火灾触发器件、火灾报警装置、火灾报警控制器、消防联动控制系统等组成。火灾探测器和手动报警按钮通过区域报警控制器把火灾信号传入集中报警控制器，集中报警控制器接收多个区域报警控制器送入的火灾报警信号，并可判别火灾报警信号的地点和位置，通过联动控制器实现对各类消防设备的控制，从而实施防排烟、开消防泵、切断非消防电源等灭火措施；并同时进行火灾事故广播、启动火灾报警装置、打火警电话。

（一）火灾探测器

火灾探测器是能对火灾参量做出有效响应，并转化为电信号，将报警信号送至火灾报警控制器的器件。它是火灾自动报警系统最关键的部件之一。

1. 感烟式探测器

烟雾是火灾的早期现象，利用感烟探测器就可以最早感受火灾信号，并进行火灾预报警或火灾报警，从而可以把火灾扑灭在初起阶段，防患于未然。感烟探测器就是对悬浮在大气中的燃烧和／或热解产生的固体或液体微粒敏感的火灾探测器。它分为离子感烟式和光电感烟式等。

离子感烟探测器由放射源、内电离室、外电离室及电子电路等组成（见图9-1）。内外电离室相串联，内电离室是不允许烟雾等燃烧物进入的，外电离室是允许烟雾燃烧物进入的。采用内外电离室串联的方法，是为了减小环境温度、湿度、气压等自然条件的变化对离子电流的影响，提高稳定性，防止误动作。

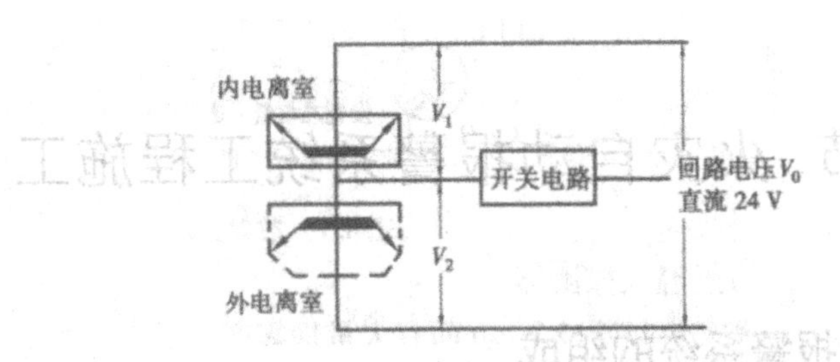

图 9-1　离子感烟探测器的结构示意

光电感烟式探测器有遮光式和散射光式两种。遮光式感烟探测器主要是由一个电光源（灯泡或发光二极管）和一个相对应的光敏元件。它们组装在一个烟雾可以进入而光线不能进入的特制暗箱内（见图 9-2）。电光源发出的光通过透镜聚成光束照到光敏元件上，光敏元件把接收到的光能转换成电信号，以使整个电路维持正常工作状态。当有烟雾进入，存在于光源与光敏元件之间时，到达光敏元件上的光能将显著减弱。这样光敏元件把光能强度减弱的变化转化为突变的电信号，突变信号经过电子放大电路适当地放大之后，就送出火灾报警信号。

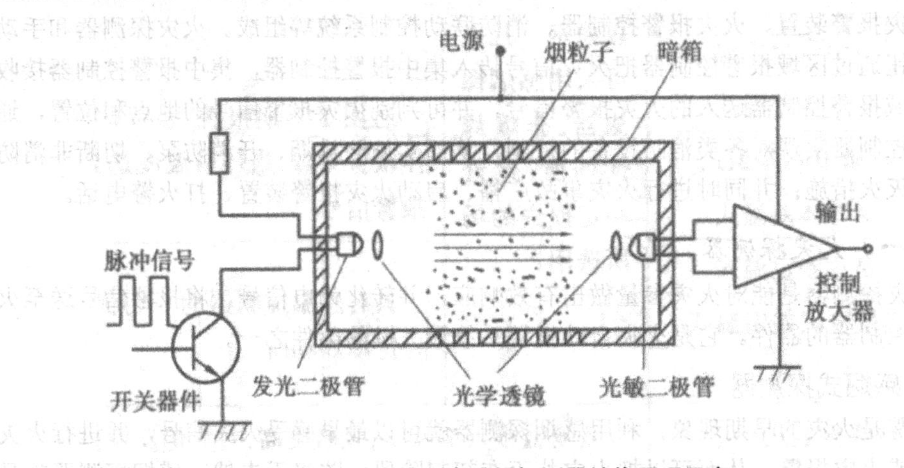

图 9-2　遮光式光电感烟探测器结构原理示意

散射式感烟探测器的结构特点是，多孔的暗箱必须能够阻止外部光线进入箱内，而烟雾粒子却可以自由进入。在这个特制的暗箱内，也有一个电光源和一个光敏元件，它们分别设置在箱内特定的位置上（见图 9-3）。在正常状态（没烟雾）时，光源发出的光不能到达光敏元件上，故无光敏电流产生，探测器无输出信号。当烟雾存在并进入暗箱后，光源发出的光经烟雾粒子反射及散射而到达光敏元件上，于是产生光敏电流，经电子放大电路放大后输出报警信号。

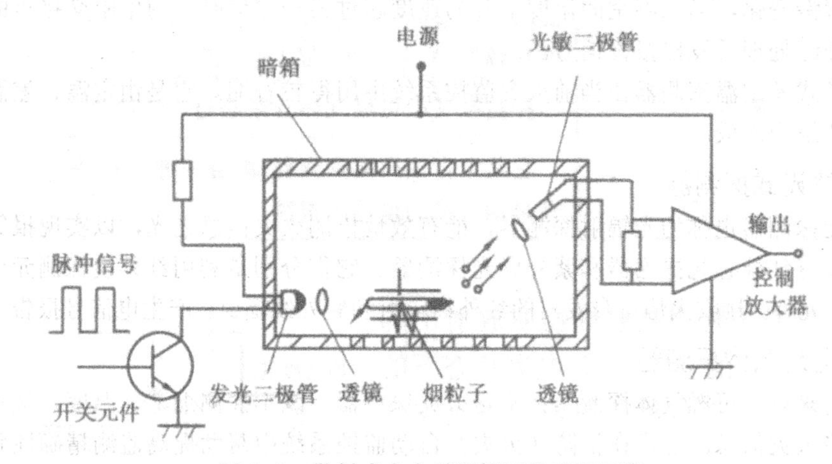

图 9-3 散射式光电感烟探测器原理示意

2. 感温式探测器

火灾初起阶段，一方面有大量烟雾产生，另一方面必然释放出热量，使周围环境的温度急剧上升。因此，用对热敏感的元件来探测火灾的发生也是一种有效的手段。特别是那些经常存在大量粉尘、烟雾、水蒸气的场所，无法使用感烟探测器，只有用感温探测器才比较合适。

感温探测器就是对温度和/或升温速率和/或温度变化响应的火灾探测器。主要有两类：

一类为定温式探测器，即随着环境温度的升高，探测器受热至某一特定温度时，热敏元件就感应产生出电信号。另一类是差温式探测器（差动式），即当环境温升速率超过某一特定值时，便感应产生出电信号。也有将两者结合起来的，称为差定温探测器。

定温式探测器按敏感元件的特点，可分为两种：一种为定点型，即敏感元件安装在特定位置上进行探测，如双金属型、热敏电阻型等；另一种为线型（又称分布型），即敏感元件呈线状分布，所监视的区域为一条线，如热敏电缆型。

机械定温式探测器在吸热罩中嵌有一小块低熔点合金或双金属片作为热敏元件，当温度达到规定值后，金属熔化使顶杆弹出而接通接点或双金属片受热变形推动接点闭合，发出报警信号。电子定温探测器是由基准电阻和热敏电阻串联组成感应元件，它们相当于感烟式探测器的内外电离室，当探测空间温度上升至规定值时，两电阻交接点电压变化超过报警阈值，发出报警信号。

差温式探测器按其工作原理，分为机械式和电子式两种。机械差温式探测器的工作原理是：金属外壳感温室内气体温度缓慢变化时，所引起的膨胀量从泄气孔慢慢地溢出，其中的波纹片无反应；当感温室内气体受温度的剧烈升高而迅速膨胀时，不能从泄气孔立即排出，感温室内的气体压力升高，从而推动波纹片使接点闭合发出报警信号。电子差温探测器是由热敏电阻和基准热敏电阻组成感应元件，后者的阻值随环境温度缓慢变化，当探测空间温度上升的速度超过某一定值时，两电阻交接点的电压超阈部分经处理后发出报警信号。

电子式差定温探测器在当前火灾监控系统中用得较普遍。它是由定温、差温两组感应元件组合而成。

3. 感光式探测器

感光探测器也称为光辐射探测器，能有效地检测火灾信息之光，以实现报警。其种类主要有红外感光探测器和紫外感光探测器。它们分别是利用红外线探测元件和紫外线探测元件，接收火焰自身发出的红外线辐射和紫外线辐射，产生电信号报告火警。

4. 可燃气体探测器

严格来讲，可燃气体探测器并不是火灾探测器，既不探测烟雾、温度，又不探测火光这些火灾信息。它是在消防（火灾）自动监控系统中帮助提高监测精确性和可靠性的一种探测器。在石油工业、化学工业等一些生产车间，以及油库、油轮等布满管道、接头和阀门的场所，一旦可燃气体外泄且达到一定浓度，遇明火立即会发生燃烧和爆炸。因而，在存在可燃气体泄漏而又可能导致燃烧和爆炸的场所，应增设可燃气体探测器。当可燃气体浓度达到危险值时，应给出报警信号，以提高系统监控的可靠性。

从监控系统应用考虑，用得较多的是半导体可燃气体探测器。它是由对某些可燃气体十分敏感的半导体气敏元件和相应的电子电路组成，具有较高的灵敏度。它主要用于探测氢、一氧化碳、甲烷、乙醚、乙醇、天然气等可燃气体。

（二）火灾报警控制器

火灾报警控制器是作为火灾自动报警系统的控制中心，能够接收并发出报警信号和故障信号，同时完成相应的显示和控制功能的设备。火灾报警控制器具有下述功能：①能接收探测信号，转换成声、光报警信号，指示着火部位和记录报警信息。②可通过火警发送装置启动火灾报警信号或通过自动消防灭火控制装置启动自动灭火设备和消防联动控制设备。③自动地监视系统的正确运行和对特定故障给出声光报警（自检）。

火灾报警控制器可分为区域报警控制器和集中报警控制器两种。区域报警控制器接收火灾探测区域的火灾探测器送来的火警信号，可以说是第一级监控报警装置，其主要组成基本单元有声、光报警单元，记忆单元，输出单元，检查单元及电源单元。这些单元都是由电子电路组成的基本电路。

集中报警控制器用作接收各区域报警控制器发送来的火灾报警信号，还可巡回检测与集中报警控制器相连的各区域报警控制器，有无火警信号、故障信号，并能显示出火灾的区域、部位及故障区域，并发出声、光报警信号。是设置在建筑物消防中心（或消防总控制室）内的总监控设备，它的功能比区域报警控制器更全。具有部位号指示、区域号指示、巡检、自检、火警音响、时钟、充电、故障报警及稳压电源等基本单元。

总线制火灾报警控制器，采用了计算机技术、传输数字技术和编码技术，大大提

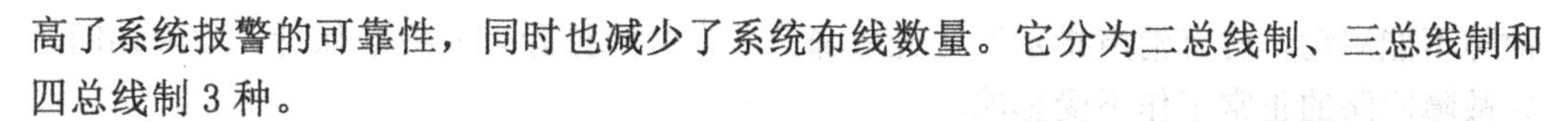

高了系统报警的可靠性，同时也减少了系统布线数量。它分为二总线制、三总线制和四总线制 3 种。

（三）联动控制器

联动控制器与火灾报警控制器配合，通过数据通信，接收并处理来自火灾报警控制器的报警点数据，然后对其配套执行器件发出控制信号，实现对各类消防设备的控制。

（1）联动控制器的基本功能：

①能为与其直接相连的部件供电。

②能直接或间接启动受其控制的设备。

③能直接或间接地接收来自火灾报警控制器或火灾触发器件的相关火灾报警信号，发出声、光报警信号。声报警信号能手动消除，光报警信号在联动控制器设备复位前应予以保持。

（2）在接收到火灾报警信号后，能完成下列功能：

①切断火灾发生区域的正常供电电源，接通消防电源。

②能启动消火栓灭火系统的消防泵，并显示状态。

③能启动自动喷水灭火系统的喷淋泵，并显示状态。

④能打开雨淋灭火系统的控制阀，启动雨淋泵并显示状态。

⑤能打开气体或化学灭火系统的容器阀，能在容器阀动作之前手动急停，并显示状态。

⑥能控制防火卷帘门的半降、全降，并显示其状态。

⑦能控制平开防火门，显示其所处的状态。

⑧能关闭空调送风系统的送风机、送风口，并显示状态。

⑨能打开防排烟系统的排烟机、正压送风机及排烟口、送风口、关闭排烟机、送风机，并显示状态。

⑩能控制常用电梯，使其自动降至首层。

⑪能使受其控制的火灾应急广播投入使用。

⑫能使受其控制的应急照明系统投入工作。

⑬能使受其控制的疏散、诱导指示设备投入工作。

⑭能使与其连接的警报装置进入工作状态。

对于以上各功能，应能以手动或自动两种方式进行操作。

（3）当联动控制器设备内部、外部发生下述故障时，应能在 100s 内发出与火灾报警信号有明显区别的声光故障信号。

①与火灾报警控制器或火灾触发器件之间的连接线断路（断路报火警除外）。

②与接口部件间的连线断路、短路。

③主电源欠压。

④给备用电源充电的充电器与备用电源之间的连接线断路、短路。

⑤在备用电源单独供电时，其电压不足以保证设备正常工作时。

对于以上各类故障，应能指示出类型，声故障信号应能手动消除（如消除后再来故障不能启动，应有消声指示），光故障信号在故障排除之前应能保持。故障期间，非故障回路的正常工作不受影响。

（4）联动控制器设备应能对本机及其面板上的所有指示灯、显示器进行功能检查。

（5）联动控制器设备处于手动操作状态时，如要进行操作，必须用密码或钥匙才能进入操作状态。

（6）具有隔离功能的联动控制器设备，应设有隔离状态指示，并能查寻和显示被隔离的部位。

（7）联动控制设备应具有电源转换功能。当主电源断电时，能自动转换到备用电源；当主电源恢复时，能自动转回到主电源。主、备电源应有工作状态指示。主电源容量应能保证联动控制器设备在最大负载条件下，连续工作 4h 以上。

（四）短路隔离器

短路隔离器是用于二总线火灾报警控制器的输入总线回路中，安置在每一个分支回路（20 ～ 30 只探测器）的前端，当回路中某处发生短路故障时，短路隔离器可让部分回路与总线隔离，保证总线回路其他部分能正常工作。

（五）底座与编码底座

底座是火灾报警系统中专门用来与离子感烟探测器、感温探测器配套使用的。在二总线制火灾报警系统中为了给探测器确定地址，通常由地址编码器完成，有的地址编码器设在探测器内，有的设在底座上，有地址编码器的底座称编码底座。通常一个编码底座配装一只探测器，设置一个地址编码。特殊情况下，一个编码底座上也可带 1 ～ 4 个并联子底座。

（六）输入模块

输入模块是二总线制火灾报警系统中开关量探测器或触点型装置与输入总线连接的专用器件。其主要作用和编码底座类似。与火灾报警控制器之间完成地址编码及状态信息的通信。根据不同的用途，输入模块根据不同的报警信号分为以下 4 种：①配接消火栓按钮、手动报警按钮、监视阀开 / 关状态的触点型装置的输入模块。②配缆式线型定温电缆的输入模块。③配水流指示器的输入模块。④配光束对射探测器的输入模块。

有的消火栓按钮、手动报警按钮自己带有地址编码器，可以直接挂在输入总线上，而不需要输入模块。输入模块需要报警控制器对它供电。

（七）输出模块

输出模块是总线制可编程联动控制器的执行器件，与输出总线相连。提供两对无源动合、动断转换触点和一对无源动合触点，来控制外控消防设备（如警铃、警笛、声光报警器、各类控制阀门、卷帘门、关闭室内空调、切断非消防电源、火灾事故广播喇叭切换等）的工作状态。外控消防设备（除警铃、警笛、声光报警器、火灾事故广播喇叭等以外）应提供一对无源动合触点，接至联动控制器的返回信号线，当外控

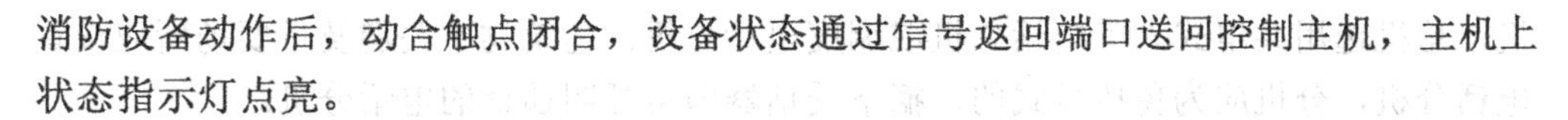

消防设备动作后，动合触点闭合，设备状态通过信号返回端口送回控制主机，主机上状态指示灯点亮。

（八）外控电源

外控电源是联动控制器的配套产品，它是为被控消防设备（如警铃、警笛、声光报警器、各类电磁阀及DC24V中间继电器等）供电的专用电源。外控电源的使用可避免被控设备的动作对火灾报警控制系统主机工作的干扰，同时也减轻了主机电源不必要的额外负担。

（九）手动报警按钮

手动报警按钮是由现场人工确认火灾后，手动输入报警信号的装置。有的手动报警按钮内装配有手报输入模块，其作用是与火灾报警控制器之间完成地址及状态信息（手报按钮开关的状态）编码与译码的二总线通信。另外，根据功能需要，有的手动报警按钮带有电话插孔（可与消防二线电话线配套使用）。

消火栓按钮与手动报警按钮一样，由现场人工确认火灾后，手动输入报警信号的装置。消火栓按钮安装在消火栓箱内，通常和消火栓一起使用。按下消火栓按钮一则把火灾信号送到报警控制主机，同时可以直接启动消防泵。

（十）声光报警器

声光报警器一般安装在现场，火警时可发出声、光报警信号。其工作电压由外控电源提供，由联动控制器的配套执行器件（继电器盒、远程控制器或输出控制模块）中的控制继电器来控制。

（十一）警笛、警铃

警笛、警铃与声光报警器一样安装在现场，火警时可发出声报警信号（变调音）。同样由联动控制器输出控制信号驱动现场的配套执行器件完成对警笛、警铃的控制。

（十二）消防广播

消防广播又称火灾事故广播。其特点如下：

（1）通过现场编程，火灾时，消防广播能由联动控制器通过其执行件（继电器盒、远程控制器或控制模块）实施火层及其上、下层3层联动控制。

（2）消防广播扩音机与所连接的火灾事故广播扬声器之间，应满足阻抗匹配（定阻抗输出）、电压匹配（定压输出）和功率匹配。

（3）消防广播的输出功率应大于保护面积最大的、相邻3层扬声器的额定功率总和，一般以其1.5倍为宜。

（4）当火灾事故广播与广播音响系统合用广播扬声器时，发生火灾时由联动控制器通过其执行件实现强制切换到火灾事故广播状态。

（十三）消防电话

消防专用电话应为独立的消防通信网络系统。消防控制室应设置消防专用电话总机，总机选用共电式人工电话总机或调度电话总机。建筑物中关键及重要场所应设置电话分机，分机应为免拨号式的，摘下受话器即可呼叫通话的电话分机。

消防电话可为多线制或总线制系统。

（1）多线制电话一般与带电话插孔的手动报警按钮配套使用，使用时只需将手提式电话分机的插头插入电话插孔内即可向总机（消防控制室）通话。

（2）分机可向总机报警通话，总机也可呼叫分机通话。

（3）总线制电话，电话分机与电话总机的联络通过二总线实现，每个电话分机由地址模块辅以相应地址号。总机根据分机地址号与防护区的分机通信。

二、联动控制系统

当火灾报警控制器接收到火灾探测器发出的火警电信号后，发出声、光报警信号，并向联动控制器发出联动通信信号。联动控制器即对其配套执行器件发出控制信号，实现对消防设备的控制。其控制的对象主要是灭火系统和防火系统。

（一）室内消火栓系统

在建筑物各防火分区（或楼层）内均设置消火栓箱，内装有消火栓按钮，在其无源触点上连接输入模块，构成由输入模块设定地址的报警点，经输入总线进入火灾报警控制系统，达到自动启动消防泵的目的。

消火栓按钮与手动报警按钮不同，除了发出报警信号还有启动消防泵的功能。消火栓按钮安装在消火栓箱内，当打开消火栓箱门使用消火栓时，才能使用消火栓按钮报警。并自动启动消防泵以补充水源，供灭火时使用，如图 9-4 所示。

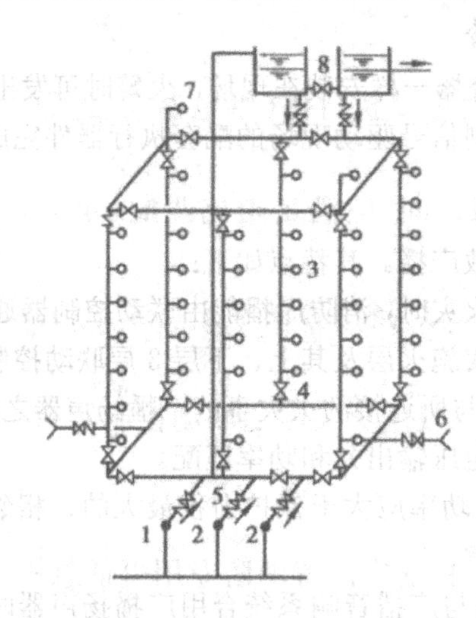

图 9-4　室内消火栓系统图

1- 生活泵；2- 消防泵；3- 消火栓；4- 阀门；5- 单向阀；6- 水泵接合器；7- 屋顶消火栓；8- 高位水箱

当发生火灾时，打开消火栓箱门，按下消火栓按钮报警，火灾报警控制器接收到此报警信号后，一方面发出声光报警指示，显示并记录报警地址和时间，另一方面将报警点数据传送给联动控制器经其内部逻辑关系判断，发出控制执行信号，使相应的配套器件中的控制继电器动作自动启动消防泵。

（二）水喷淋灭火系统

自动喷水灭火系统类型较多，主要有湿式喷水灭火系统（水喷淋系统）、干式喷水灭火系统、预作用喷水灭火系统、雨淋灭火系统及水幕系统等。其中，水喷淋灭火系统是应用最广泛的自动喷水灭火系统，如图 9-5 所示。

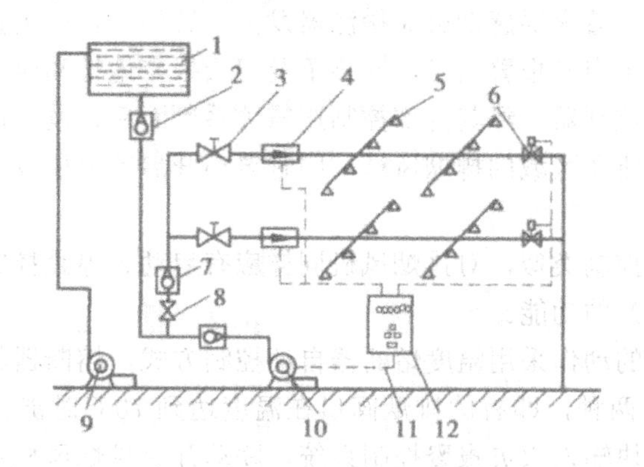

图 9-5　水喷淋灭火系统示意图

1- 屋顶水箱；2- 逆止阀；3- 截止阀；4- 水流指示器；5- 水喷淋头；6- 放水试验电磁阀；7- 湿式报警阀；8- 闸阀；9- 生活水泵；10- 喷淋水泵；11- 控制电路；12- 报警箱

水喷淋灭火系统由闭式感温喷头、管道系统、水流指示器、湿式报警阀、压力开关及喷淋水泵等组成，与火灾报警系统配合，构成自动水喷淋灭火系统。在水流指示器和压力开关上连接输入模块，即构成报警点（地址由输入模块设定），经输入总线进入火灾报警控制系统，从而达到自动启动喷淋泵的目的。湿式喷水灭火系统的特点是在报警阀前后管道内均充满一定压力的水。当发生火灾后，闭式感温喷头处达到额定温度值时，感温元件自动释放（易熔合金）或爆裂（玻璃泡），压力水从喷水头喷出，管内水的流动，使水流指示器动作而报警。由于自动喷水而引起湿式报警阀动作，总管内的水流向支管，当总管内水压下降到一定值时，使压力开关动作而报警。火灾报警控制器接收到水流指示器和压力开关的报警信号后，一方面发出声光报警提示值班人员，并记录报警地址和时间；另一方面将报警点数据传递给联动控制器，经其内部设定的逻辑控制关系判断，发出控制执行信号，使相应的配套器件中的控制继电器动作，控制启动喷淋泵，以保证压力水从喷头持续均匀地喷泻出来，达到灭火的目的。

（三）排烟系统控制

高层建筑均设置机械排烟系统，当火灾发生时利用机械排烟风机抽吸着火层或着火区域内的烟气，并将其排至室外。当排烟量大于烟气生成量时，着火层或着火区域内就形成一定的负压，可有效地防止烟气向外蔓延扩散，故又称为负压机械排烟。

一般情况下，烟气在建筑物内的自由流动路线是着火房间→走廊→竖向梯、井等向上伸展。排烟方式有自然排烟法、密闭防烟法和机械排烟法。机械排烟分为局部排烟和集中排烟两种不同系统。局部排烟是在每个房间和需要排烟的走道内设置小型排烟风机，适用于不能设置竖向烟道的场所；集中排烟是把建筑物分为若干系统，每个系统设置一台大容量的排烟风机。系统内任何部位着火时所生成的烟气，通过排烟阀口进入排烟管道，由排烟风机排至室外。排烟风机、排烟阀口应与火灾报警控制系统联动。

当火灾发生时，着火层感烟火灾探测器发出火警信号，火灾报警控制器接收到此信号后，一方面发出声光报警信号，并显示及记录报警地址和时间；另一方面将报警点数据传递给联动控制器，经其内部控制逻辑关系判断后，发出联动信号，通过配套执行器件自动开启所在区域的排烟风机，同时自动开启着火层及其上、下层的排烟阀口。

同消防水泵的控制类似，对排烟风机同样应有启动、停止控制功能和反馈其工作状态（运行、停机）的功能。

某些排烟阀口的动作采用温度熔断器自动控制方式，熔断器的动作温度目前常用的有 70℃和 280℃两种，即有的排烟阀口在温度达到 70℃时能自动开启，并作为报警信号，经输入模块输入火灾报警控制系统，联动开启排烟风机；有的排烟阀口在温度达到 280℃时能自动关闭，并作为报警信号，经输入模块输入火灾报警控制系统，联动停止排烟风机。

（四）正压送风系统控制

正压送风防烟方式主要用在高层建筑中作为疏散通道的楼梯间及其前室和救援通道的消防电梯井及其前室。其工作机理是：对要求烟气不要侵入的地区采用加压送风的方式，以阻挡火灾烟气通过门洞或门缝流向加压的非着火区或无烟区，特别是疏散通道和救援通道，这将有利于建筑物内人员的安全疏散逃生和消防人员的灭火救援。正压送风机可设在建筑物的顶部或底部，或顶部和底部各设一台。正压送风口在楼梯间或消防电梯井通常每隔 2 ～ 3 层设一个，而在其前室各设置一个。正压送风口的结构形式分常开和常闭式两种。正压送风机应与火灾报警控制系统和常闭式正压送风口联动。

当火灾发生时，着火层感烟火灾探测器发出火警信号，火灾报警控制器接收到此信号后，一方面发出声光报警信号，并显示及记录报警地址和时间；另一方面将报警点数据传递给联动控制器，经其内部控制逻辑关系判断后，发出联动控制信号，通过配套执行件自动开启正压送风机，同时自动控制开启着火层及其上、下层的正压送风口。其中联动控制器对正压送风机的控制原理及接线方式与排烟风机类似。

（五）防火阀、排烟阀、正压送风口的控制

防火阀要与中央空调、新风机联动，排烟阀与排烟风机联动，正压送风口与正压

送风机联动，而且均要求实现着火层及其上、下层联动。同一层内几种装置并存时，均要求同时动作（或相互间隔时间尽可能短）。一般来说，配备此类防火设备的系统均采用联动控制器及其输出模块进行控制，并应在消防控制室显示其状态信号（动作信号）。模块必须连接在阀口的无源动合触点上。

（六）中央空调机、新风机及其控制

高层建筑中通常设置有中央空调机或新风机，平时用以调节室温或提供新鲜空气，火灾发生时应及时关闭中央空调机或新风机。在空调、通风管道系统中，各楼层有关部位均设置有防火阀，平时均处于开启状态，不影响空调和通风系统的正常工作。当火灾发生时，为了防止火势沿管道蔓延，必须及时关闭防火阀。中央空调机或新风机应与火灾报警控制系统和防火阀联动。

整个报警及联动控制过程与排烟风机、排烟阀口类似，联动控制器对中央空调机、新风机的控制原理及接线方式也与排烟风机类似。

（七）电梯及其迫降控制

高层建筑中均设置有普通电梯与消防电梯。在火灾发生时，均应安全地自动降到首层，并切断其自动控制系统。若消防队需要使用消防电梯时，可在电梯轿厢内使用专用的手动操盘来控制其运行。

电梯迫降的联动控制过程为，当火灾报警控制器接收到探测点的火警信号后，在发出声光报警指示及显示（记录）报警地址与时间的同时，将报警点数据送至联动控制器，经其内部控制逻辑关系判断后，发出联动执行信号，通过其配套执行件自动迫降电梯至首层，并返回显示迫降到底的信号。

三、火灾自动报警系统接线制式及线路敷设

火灾自动报警系统的接线分总线制和多线制。目前，广泛使用总线制。总线制系统采用地址编码技术，整个系统只用几根总线，和多线制相比用线量明显减少，给设计、施工及维护带来了极大的方便，因此被广泛采用。值得注意的是：一旦总线回路中出现短路问题，则整个回路失效，甚至损坏部分控制器和探测器，因此，为了保证系统正常运行和免受损失，必须采取短路隔离措施，如分段加装短路隔离器。

总线制有二总线制和四总线制。目前使用最广泛的是二总线制。二总线制是一种最简单的接线方式，用线量最少，但技术的复杂性和难度也提高了。二总线中的G线为公共地线，P线则完成供电、选址、自检、获取信息等功能。新型智能火灾报警系统也建立在二总线的运行机制上，二总线系统有树枝和环形两种接线。图9-6为树枝形接线方式，这种方式应用广泛，若接线发生断线，可以报出断线故障点，但断点之后的探测器不能工作。图9-7为环形接线方式。这种系统要求输出的两根总线再返回控制器的另两个输出端子，从而构成环形。对控制器而言，这时就变成了4根线。

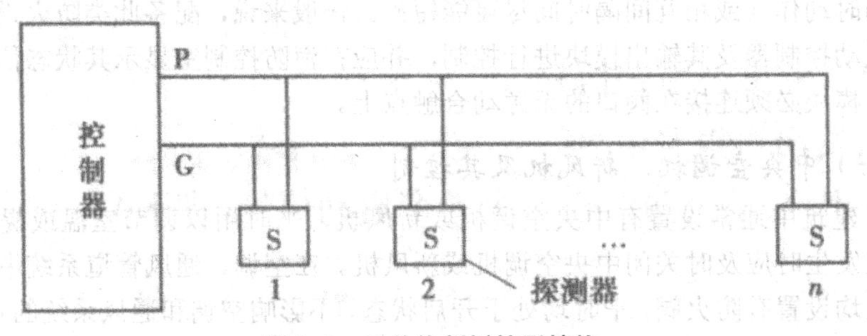

图 9-6　二总线制树枝形接线

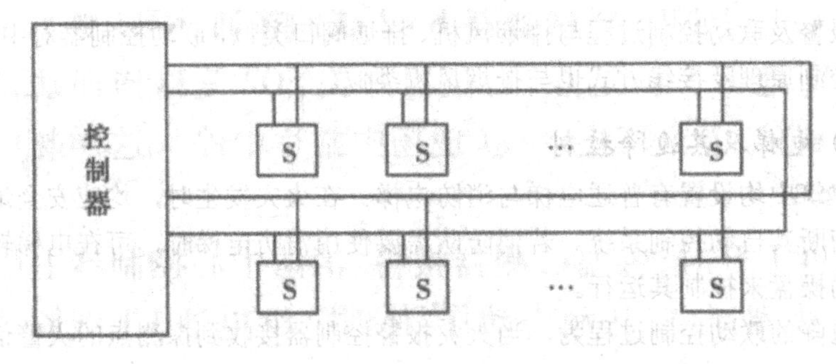

图 9-7　二总线制环形接线

消防控制、通信和报警线路采用暗敷设时，宜采用金属管或经阻燃处理的硬塑料管保护，并应敷设在不燃烧体（主要指混凝土层）的结构层内，保护层厚度不宜小于30mm。当采用明敷设时，应采用金属管或金属线槽保护，并应对金属管或金属线槽采取防火保护措施。采用经阻燃处理的电缆时，可不穿金属管保护，但应敷设在电缆竖井或吊顶内有防火保护措施的封闭式线槽内。但不同系统、不同电压等级、不同电流类别的线路，不应穿在同一管内或线槽的同一槽孔内。导线在管内或线槽内，不应有接头或扭结。导线的接头，应在接线盒内焊接或用端子连接。

在吊顶内敷设各类管路和线槽时，宜采用单独的卡具吊装或支撑物固定。一般线槽的直线段应每隔 1 ～ 1.5m 设置吊点或支点，吊杆直径不应小于 6mm。线槽接头处、线槽走向改变或转角处以及距接线盒 0.2m 处，也应设置吊点或支点。

从接线盒、线槽等处引到探测器底座盒、控制设备盒、扬声器箱的线路均应加金属软管保护。

火灾探测器的传输线路，应根据不同用途选择不同颜色的绝缘导线或电缆。正极“+”线应为红色，负极“-”线应为蓝色或黑色。同一工程中相同用途的导线颜色应一致，接线端子应有标号。

四、火灾探测器安装接线

（一）探测器的接线方式

探测器的接线端子数是由探测器的具体电子电路决定的，有两端、三端、四端或五端的，出厂时都已经设置好。一般就功能来说，有这样几个出线端：电源正极，记为“+”端，+24V（或+18V）；电源负极或接地（零）线，记为“—”端；火灾信号线，记为“x”（或“S”）端；检查线，用以确定探测器与报警装置（或控制台）间是否断线的检查线，记为“J”端，一般分为检入线J_R和检出线J_C。

探测器的接线端子一般以三端子和五端子最多，如图9-8所示。但并非每个端子一定要有进出线相连接，工程中通常采用3种接线方式，即两线制、三线制、四线制。

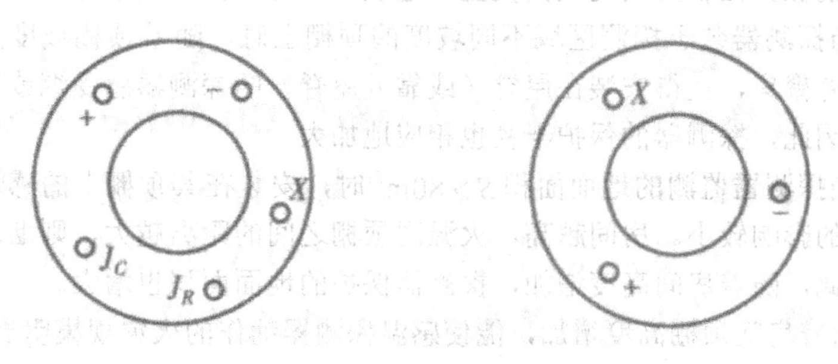

图9-8　探测器出线端示意图

（二）探测器的安装

探测器的外形结构随制造厂家不同而略有差异，但总体形状大致相同。一般随使用场所不同，在安装方式上主要有嵌入式和露出式两种。为了方便用户辨认探测器是否动作，探测器有带（动作）确认灯和不带确认灯之分。探测器的确认灯，应面向便于人员观察的主要入口方向。

探测器安装一般应在穿线完毕，线路检验合格之后即将调试时进行。探测器安装应先进行底座安装，安装时，要按照施工图选定的位置，现场定位画线。在吊顶上安装时，要注意纵横成排对称，内部接线紧密，固定牢固美观。并应注意参考探测器的安装高度限制及其保护半径。

探测器的安装高度是指探测器安装位置（点）距该保护区域地面的高度。为了保证探测器在监测中的可靠性，不同类型的探测器其安装高度都有一定的范围限制，如表9-1所示。

表 9-1　安装高度与探测器种类的关系

安装高度 H/m	感烟探测器	感温探测器			感光探测器
		一级	二级	三级	
$12 < H \leq 20$	不适合	不适合	不适合	不适合	适合
$8 < H \leq 12$	适合	不适合	不适合	不适合	适合
$6 < H \leq 8$	适合	适合	不适合	不适合	适合
$4 < H \leq 6$	适合	适合	适合	不适合	适合
$H \leq 4$	适合	适合	适合	适合	适合

探测器的保护面积主要受火灾类型、建筑结构特点及环境条件等因素影响。

（1）当探测器装于探测区域不同坡度的顶棚上时，随着顶棚坡度的增大，烟雾沿斜顶向屋脊聚集，使得安装在屋脊（或靠近屋脊）的探测器感受烟或感受热气流的机会增加。因此，探测器的保护半径也相应地加大。

（2）当探测器监测的地面面积 $S > 80\text{m}^2$ 时，安装在其顶棚上的感烟探测器受其他环境条件的影响较小。房间越高，火源同顶棚之间的距离越大，则烟均匀扩散的区域越大。因此，随着房间高度增加，探测器保护的地面面积也增大。

（3）随着房间顶棚高度增加，能使感温探测器动作的火灾规模明显增大。因此，感温探测器需按不同的顶棚高度选用不同灵敏度等级。较灵敏的探测器，宜使用于较大的顶棚高度上。

（4）感烟探测器对各种不同类型的火灾，其敏感程度有所不同。因而难以规定感烟探测器灵敏度等级与房间高度的对应关系。但考虑到火灾初期房间越高烟雾越稀薄的情况，当房间高度增加时，可将探测器的感烟灵敏度等级调高。

探测器安装前应进行下列检验：

①探测器的型号、规格是否与设计相符合。

②改变或代用探测器是否具备审查手续和依据。

③探测器的接线方式、采用线制、电源电压同设计选型设备，施工线路敷线是否相符合，配套使用是否吻合。

④探测器的出厂时间、购置到货的库存时间是否超过规定期限。对于保管条件良好，在出厂保修期内的探测器可采取 5% 的抽样检查试验。对于保管条件较差和已经越期的探测器必须逐个进行模拟试验检查，不合格者不得使用。

第三节　扩声和音响系统工程安装

随着电子技术、计算机技术的发展，智能建筑中的扩声、音响系统也逐渐向数字化、智能化方向发展，但组成系统的基本单元是不变的，系统的基本结构也是不变的。

一、扩声和音响系统的类型与特点

在民用建筑工程中，扩声音响系统大致有以下 5 类：

（一）面向公众区（如广场、车站、码头、商场、教室等）和停车场等的公共广播系统

这种系统主要用于语言广播，因此清晰度是首要问题。而且这种系统往往平时进行背景音乐广播，在出现灾害或紧急情况时，又可切换成紧急广播。

（二）面向宾馆客房的广播音响系统

这种系统包括客房音响广播和紧急广播，通常由设在客房中的床头柜放送。客房广播含有收音机的调幅（AM）和调频（FM）广播波段和宾馆自播的背景音乐等多个可供自由选择的波段，每个广播均由床头柜扬声器播放。在紧急广播时，客房广播即自动中断，只有紧急广播的内容强切传到床头柜扬声器，这时无论选择器在任何位置或关断位置，所有客人均能听到紧急广播。

（三）以礼堂、剧场、体育场馆为代表的厅堂扩声系统

这是专业性较强的厅堂扩声系统，它不仅要考虑电声技术问题，还要涉及建筑声学问题，两者须统筹兼顾，不可偏废。这类厅堂往往有综合性多用途的要求，不仅可供会场语言扩声使用，还常作文艺演出等。对于大型现场演出的音响系统，功率少则几十千瓦，多的达数百千瓦，故要用大功率的扬声器系统和功率放大器，在系统的配置和器材选用方面有一定的要求，还应注意电力线路的负荷问题。

（四）面向歌舞厅、宴会厅、卡拉 OK 厅等的音响系统

这类场所与前一类相似，也属厅堂扩声系统，且多为综合性的多用途群众娱乐场所。因其人流多，杂声或噪声较大，故要求音响设备有足够的功率，较高档次的还要求有很好的重放效果，故应配置专业音响器材。并且因为使用歌手和乐队，故要配置适当的返听设备，以便让歌手和乐手能听到自己的音响，找准感觉。对于歌舞厅和卡拉 OK 厅，还要配置相应的视频图像系统。

（五）面向会议室、报告厅等的广播音响系统

这类系统一般也设置由公共广播提供的背景音乐和紧急广播两用的系统，但因有其特殊性，故也常在会议室和报告厅（或会场）单独设置会议广播系统。对要求较高或国际会议厅，还设有诸如同声传译系统、会议讨论表决系统以及大屏幕投影电视等的专用视听系统。

综上所述，对于各种大楼、宾馆及其他民用建筑物的扩声音响系统，基本上可以归纳为 3 种类型：

1. 公共广播系统

它包括背景音乐和紧急广播功能，平时播放背景音乐或其他节目，出现火灾等紧急事故时，强切转换为报警广播，这种系统中的广播用传声器（话筒）与向公众广播的扬声器一般不处在一个房间内，故无声反馈的问题，并以定压式传输方式为其典型系统。

2. 厅堂扩声系统

这种系统使用专业音响设备，并要求有大功率的扬声器系统和功放，由于演讲或演出用的传声器与扩声用的扬声器同处一个厅堂内，故存在声反馈乃至啸叫的问题，且因其距离较短，所以系统一般采用低阻直接传输方式。

3. 专用的会议系统

它虽也属于扩声系统，但有其特殊要求，如同声传译系统等。

二、扩声音响系统的组成

前述不管哪一种扩声音响系统，它的基本组成可分为 4 个部分：节目源设备、信号的放大和处理设备、传输线路和扬声器系统。《厅堂扩声系统设计规范》（GB 50371-2006）中称扩声系统包括设备和声场。其主要过程是：将声信号转换为电信号，经放大、处理、传输，再转换为声信号还原于所服务的声场环境。主要设备包括传声器、音源设备、调音台、信号处理器、功率放大器及扬声器系统。

按音响设备构成方式，扩声音响系统基本上有两种：一种是以前置放大器（或 AV 放大器）为中心的广播音响系统，如图 9-9 所示；另一种是以调音台为中心的专业音响系统，如图 9-10 所示。

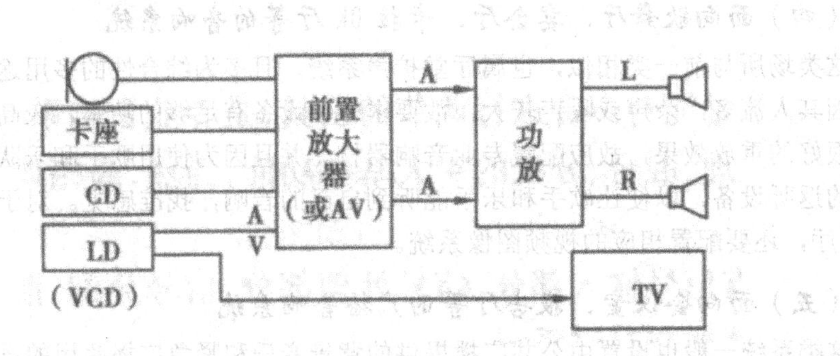

图 9-9 以前置放大器（或 AV 放大器）为中心的扩声音响系统

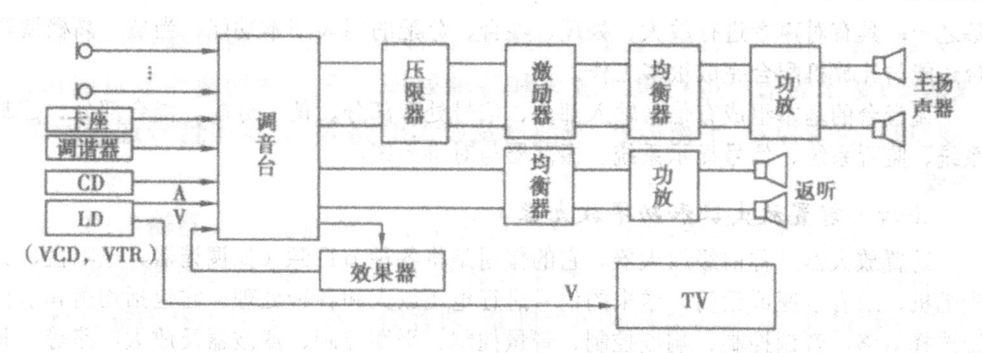

图 9-10　以调音台为中心的专业音响系统

三、常用音响设备

音响设备基本上可分为 3 类：第一类是音源设备。音源是指声音的来源，主要有传声器、卡座、调谐器、CD 唱机及影碟机和录像机的音频输出。第二类是信号放大和处理设备，对音源信号进行放大、加工、处理和调整。包括前置放大器、功率放大器、调音台、频率均衡器、压缩限制器、延时器、混响器等。第三类是扬声器系统，是将功率放大器送来的电信号还原成声音信号的设备，是典型的电声转换设备。

（一）传声器

传声器俗称话筒，也称麦克风。它是一种将声音信号转换为相应电信号的电声换能器件。根据换能原理，目前用得最多的有动圈式传声器、电容式传声器、驻极体式及压电式传声器等。根据电信号传输方式，它可分为有线话筒和无线话筒。

（二）卡座

磁带录音机是利用磁带进行录音和放音的电声设备。它是一种常用的音源设备。在音响系统中常用一种称为录音座（又称卡座）的录音设备。其功能与磁带录音机一样，性能指标一般比普通录音机高，但不能独立工作，需配合其他音响设备共同工作，如与调谐器、调音台、功放和音响一起组成音响系统。

（三）AM/FM 调谐器

专为接收无线广播的调幅（AM）、调频（FM）信号的音响设备。它不能单独工作，需与其他音响设备共同工作，如与录音卡座、调音台、功放、音响一起组成音响系统。目前，数字调谐器已为广播音响系统广泛使用。

（四）激光唱机

激光唱机称 CD 唱机，是音响系统中的常用音源设备。CD 唱机是使用纤细激光束拾取唱片声音信号的小型数字音响系统。

（五）调音台

顾名思义，调音台就是能对声音进行调节的工具，是专业音响系统中最重要的设备之一，具有对声音进行放大、处理、混合、分配的四大基本功能，当然，高档调音台还能与计算机配合完成很多工作。

调音台的基本组成有信号输入部分、信号处理部分、信号分配、混合部分、控制系统、监听系统、信号显示系统、振荡器与对讲系统。

（六）前置放大器和功率放大器

前置放大器又称前级放大器。它的作用是将各种节目源（如调谐器、电唱盘、激光唱机、录音卡座或话筒）送来的信号进行电压放大和各种处理。它包括均衡和节目源选择电路、音调控制、响度控制、音量控制、平衡控制、滤波器及放大电路等，其输出信号送往后续功率放大器进行功率放大。

功率放大器又称后级放大器，简称功放。它的作用是将前置放大器输出的音频电压信号进行功率放大，以推动扬声器放声。功率放大器和前置放大器都是声频放大器（音频放大器），两者可以分开设置，也可以合并成一个机器，两者组合在一起时则称为综合放大器。

前置放大器对改善整个音响系统的性能，提高音质、音色，以高保真的指标对音频信号进行切换、放大、处理并传递到功放级，具有极为重要的作用。它的地位和重要性相当于调音台。也就是说，在设计和选用音响系统设备时，采用了前置放大器就不必再用调音台，反之，如果采用了调音台就不必再选用前置放大器。但从结构、性能以及功能来说，前置放大器要比调音台简单些。

（七）频率均衡器

频率均衡器是用来精确校正频率特性的音响设备，在现场演出、歌舞厅、厅堂扩声、音响节目制作等方面均有应用。

它的主要作用是：

（1）校正音响设备产生的频率畸变，能补偿各种节目信号中欠缺的频率成分，又能抑制过重的频率成分。

（2）校正室内声学共振特性产生的频率畸变，弥补建筑声学的结构缺陷。

（3）抑制声反馈，改善厅堂扩声质量。

（4）修饰和美化音色，提高音质和音响效果。

（八）压缩器、限制器和扩展器

压缩器和限制器，简称压限器。它能够对声源信号进行自动控制，使其工作在正常的范围内，具有压缩和限制两个功能。扩展器和压缩器一样，也是一种增益随输入电平变化而变化的放大器。压限器、扩展器广泛用在专业音响系统中，通过压限器可以压缩信号动态范围，防止过饱和失真，并能有效保护功放和音箱；压限器、扩展器的配合使用可以降低噪声电平，提高信号传输通道的信噪比。

（九）延迟器和混响器

为了改善和美化音色并能产生各种特殊的音响效果。需要在扩声系统中加入人工混响器和延迟器。

在较大的礼堂中开会，除原声声源（演讲）外，还有不少音箱，经放大的原声声源通过音箱发声形成辅助声源，原声声源和辅助声源与听众的距离不同，后排听众就先听到后场距离近的音箱发声，再听到前场的音箱发声，最后才能听到原始声音，听众听到这几个声音有时间差，若时间差大于50ms（两个声源距离大于17m），会因这些不同时到达的声音而破坏清晰度，严重影响听音质量。如果在后场放大器放大之前加入延迟器，精确调整其延迟时间，使前排音箱和后场音箱发出的声音同时到达后排听众，消除声音到达的时间差，改善了扩声效果。

在家庭、教室和会议室等普通房间听音乐，其效果远比不上在音乐厅听音乐，其原因很多，涉及建筑声学、室内声学等。其基本原因是在音乐厅欣赏音乐，人们可以充分感受到队演奏的宽度感、展开感和音域的空间感、包围感，总称临场感觉。主要是人们在音乐厅听音乐时，除了能听到乐队演奏的直射声外，还附有丰富的近次反射声和混响声。而在普通房间听音乐，缺少的正是近次反射声和混响声。为了提高在普通房间听音乐的效果，可以利用延迟器来产生早期反射声的效果，再加上经混响器产生的混响声，然后输入调音台与输入的原始声混合。只要把它们三者之间的比例调整恰当，就可以使原来比较单调的原始声获得像在音乐厅那样的演出临场感效果。

（十）扬声器系统

扬声器系统通常由扬声器、分频器和音箱组成。扬声器将音频电能转换成相应的声能，是唯一电声转换的器件。但至今还没有哪一种扬声器能完美地重放整个音频频段的声音。往往要用几只扬声器分段实现对几赫兹到几十千赫兹信号的重放。这就要根据不同频率用分频器将整段音域分成几个不同的频段，如高、中、低音段。再分别用适合高、中、低音段重放的几个扬声器实现对高、中、低音段的重放。

音箱的功能之一就是提高扬声器电声转换效率。

四、扩声设备的安装

扩声设备的安装包括扬声器的布置方式、系统线路敷设和音控室内布局3个方面。

（一）扬声器的布置和安装

扬声器的布置方式有分散布置、集中布置和混合布置3种，应根据建筑功能、体形、空间高度及观众席设置等因素来确定。

（1）扬声器或扬声器组宜采用集中布置方式的情况：

①当设有舞台并要求视听效果一致时。

②当受建筑体形限制不宜分散布置时。

（2）扬声器或扬声器组宜采用分散式布置方式的情况：

①当建筑物内的大厅净高较高，纵向距离长或者大厅被分隔成几部分使用时，不宜集中布置的。

②厅内混响时间长，不宜集中布置的。

（3）扬声器或扬声器组宜采用混合方式布置的情况：

①对眺台过深或设楼座的剧院，宜在被遮挡的部分布置辅助扬声器系统。

②对大型或纵向距离较长的大厅，除集中设置扬声器系统外，宜分散布置辅助扬声器系统。

③对各方向均有观众的视听大厅，混合布置应控制声程差和限制声级，必要时应采取延时措施，避免双重声。

（4）扬声器的安装。一般纸盆扬声器装于室内应带有助声木箱。安装高度一般在办公室内距地面 2.5m 左右或距顶棚 200mm 左右；宾馆客房、大厅内安装在顶棚上，吸顶或嵌入；车间内视具体情况而定，一般距地面为 3 ～ 5m；室外安装高度一般为 4 ～ 5m。安装位置应考虑音响声音，纸盆扬声器在墙壁内暗装时，预留孔位置应准确，大小适中。助声箱随扬声器一起安装在预留孔中，应与墙面平齐。挂式扬声器采用塑料胀钉和木螺钉直接固定在墙壁上，应平正、牢固。在建筑物吊顶上安装，应将助声箱固定在龙骨上。

声柱的布局和安装指向对音响效果影响较大，布置不当时，可能存在声影区或产生啸叫。一般采用集中式布置，如布置在厅堂的镜框式台口附近以使听众视听保持一致。声柱安装时应与装饰施工密切配合，选择最有利的安装位置，可安装在镜框式台口的正中上方或台口两侧与眉幕上端相齐处。采用分散式布置方法是将小声柱或扬声器安装在厅堂两侧，其角度向同一方向稍为倾斜向下，安装高度可在 3m 左右，如图 9-11 所示。

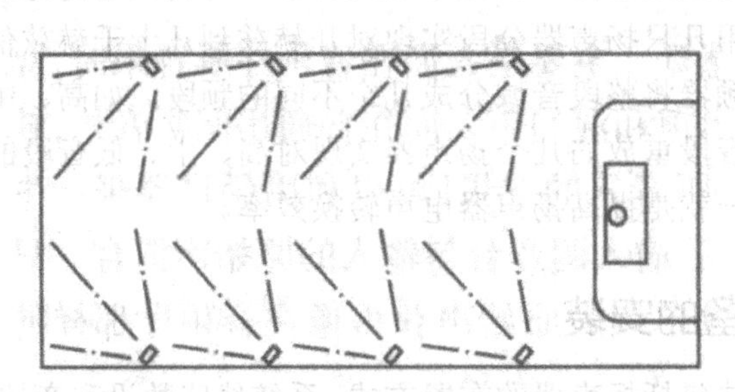

图 9-11　厅堂内分散式布置扬声器的安装

声柱只能竖直安装，不能横放安装。安装时，应先根据声柱安装方向、倾斜度制作支架，依据施工图纸预埋固定支架，再将声柱用螺栓固定在支架上，应保证固定牢固、角度方位正确。

（二）线路敷设

扩声系统的馈电线路包括音频信号输入、功率输出传送和电源供电三大部分。为防止与其他系统之间的干扰，首先应选择好导线。

1. 音频信号输入

话筒输出必须使用专用屏蔽软线与调音台连接，如果线路较长（10 ～ 50m），应使用双芯屏蔽软线作低阻抗平衡输入连接。中间设有话筒转接插座的，必须接触特性良好。

长距离连接的话筒线（超过 50m）必须采用低阻抗（200 Ù）平衡传送的连接方法。最好采用有色标的 4 芯屏蔽线，对角线对并接穿钢管敷设。

调音台及全部周边设备之间的连接均需采用单芯（不平衡）或双芯（平衡）屏蔽软线连接。

2. 功率输出的馈电

功率输出的馈电系指功放输出至扬声器箱之间的连接电缆。

厅堂、舞厅和其他室内扩声系统均采用低阻抗（8 Ù，有时也用 4 Ù 或 16 Ù）输出。一般采用截面为 2 ～ 6mm^2 的软发烧线穿管敷设。发烧线的截面积决定于传输功率的大小和扬声器的阻尼特性要求。通常要求馈线的总直流电阻（双向计算长度）应小于扬声器阻抗的 1/100 ～ 1/50。如扬声器阻抗为 8 Ù，则馈线的总直流电阻应小于 0.08 ～ 0.16 Ù。馈线电阻越小，扬声器的阻尼特性越好，低音越纯，力度越大。

宾馆客房多套节目的广播线应以每套节目敷设一对馈线，而不能共用一根公共地线，以免节目信号间的干扰。

室外扩声、体育场扩声、大楼背景音乐和宾馆客房广播等由于场地大，扬声器箱的馈电线路长，为减少线路损耗通常不采用低阻抗连接，而使用高阻抗定电压传输（70 V 或 100V）音频功率。从功放输出端至最远端扬声器负载的线路损耗一般应小于 0.5 dB。馈线宜采用穿管的双芯聚氯乙烯绝缘多股软线。

3. 电源供电

扩声系统的供电电源与其他用电设备相比，用电量不大，但最怕被干扰。为尽量避免灯光、空调、水泵、电梯等用电设备的干扰，建议使用变压比为 1 ∶ 1 的隔离变压器，此变压器的次级任何一端都不与初级的地线相联。总用电量小于 10kVA 时可使用 220V 单相电源供电。用电量超过 10kVA 时，功率放大器应使用三相电源，然后在三相电源中再分成 3 路 220V 供电，在 3 路用电分配上应尽量保持三相平衡。如果电压变化过大，可使用自动稳压器。

五、公共广播系统

公共广播系统广泛用于工矿企业、车站、机场、码头、商场、学校、宾馆、大楼、旅游景点等。它的特点是服务区域大、传输距离远，信息内容以语言为主兼用音乐，话筒与扬声器不在同一房间，故没有声反馈问题。为减少传输线功率损耗，一般多采用 70V 或 100V 的定电压传输，或用调频方式进行多路广播传输。按其用途一般可分为：第一，业务性宣传广播。第二，服务性广播，满足以欣赏性音乐、背景音乐或服务性管理和插播公共寻呼。第三，火灾事故广播和突发性事故的紧急广播。

当今公共广播系统都把前述 3 项用途集于一身，既能播放背景音乐，又能做业务宣传和寻呼广播，还能作为火灾事故的应急广播。这是一种通用性极强的广播系统，它虽然也属于扩声音响系统，但具有不同于其他扩声音响系统的功能和技术要求。

（一）公共广播系统的功能及技术要求

1. 播放背景音乐和插播寻呼广播

背景音乐的作用是掩盖公共场所的环境噪声，创造一种轻松愉快的气氛。背景音乐都是单声道播放的，通常在不同区域需播放不同的节目内容。例如，宾馆中的西餐厅需放送外国音乐，中餐厅需播放中国民俗音乐等，这些优雅的乐曲在优美环境烘托下使人舒心陶醉。在客房中，则需要多套节目让不同爱好的宾客自由选择。因此，背景音乐的节目一般应设有5套节目可同时放送。背景音乐服务区的平均声压级要求不高，为60～70dB，但声场要求均匀。

由于各服务区内的环境噪声不同，因此要求背景音乐的声压级也应不同，为此在各服务区应设有各自的音量控制器，可供方便调节。

背景音乐中插播寻呼广播时，应设有“叮咚”或“钟声”等提示音，以提醒公众注意。

2. 紧急广播

过去紧急广播系统与火灾报警系统结合在一起作为一个独立系统，但后来发现由于紧急广播系统长期不用使其可靠性大成问题，往往平时试验时没有问题，但在正式使用时便成了哑巴。因此，现在都把该系统与背景音乐集成在一起，组成通用性极强的公共广播系统。这样既可节省投资，又可使系统始终处于完好运行状态。

紧急广播系统必须具备以下功能：

（1）优先广播权功能

发生火灾时，消防广播信号具有最高级的优先广播权，即利用消防广播信号可自动中断背景音乐和寻呼找人广播。

（2）选区广播功能

当大楼发生火灾报警时，为防止混乱，只向火灾区及其相邻的区域广播，指挥撤离和组织救火事宜，一般是向n±1层选区广播。这个选区广播功能应有自动选区和人工选区两种，确保可靠执行指令。

（3）强制切换功能

播放背景音乐时各扬声器负载的输入状态通常各不相同，有的处于小音量状态，有的处于关断状态，但在紧急广播时，各扬声器的输入状态都将转为最大全音量状态，即通过遥控指令进行音量强制切换。

（4）消防值班室必须备有紧急广播分控台

此分控台应能遥控公共广播系统的开机、关机，分控台话筒具有优先广播权，分控台具有强切权和选区广播权等。

（二）公共广播系统扬声器配接

公共广播系统多采用定电压传输，各扬声器负载都采用并联连接。其配接原则是：扬声器输入电压（扩音机或输送变压器的输出电压）不得高于扬声器的额定工作电压。扬声器的额定工作电压可以根据扬声器的标称阻抗和标称功率算出。

第四节　安全防范系统工程施工

现代建筑中安全防范系统一般包括入侵报警系统、视频安防监控系统、出入口控制（门禁）系统、巡更管理系统、停车场管理系统和访客对讲系统。

一、入侵报警系统

入侵报警系统是利用传感器技术和电子信息技术探测并指示非法进入或试图非法进入设防区域的行为、处理报警信息、发出报警信息的电子系统或网络。一般由探测器、传输系统和报警控制器组成。

（一）探测器

探测器是用来探测入侵者移动或其他动作的电子和机械部件所组成的装置。通常由传感器和信号处理器组成。

传感器是一种物理量的转化装置，通常把压力、振动、声响和光强等物理量，转换成易于处理的电量（电压、电流和电阻等）。

信号处理器是把传感器转换成的电量进行放大、滤波和整形处理，使它成为一种合适的信号，能在系统的传输通道中顺利地传送，通常把这种信号称为探测电信号。

探测器按其所探测物理量的不同，可分为：微波探测器、红外探测器、激光探测器、开关式探测器、振动探测器、声探测器等。

1. 微波探测器

微波探测器是利用微波能量的辐射及探测技术构成的探测器，按工作原理又可分为微波移动探测器和微波阻挡探测器两种。

微波移动探测器是利用频率为300～300 000MHz（通常为10 000MHz）的电磁波对运行目标产生的多普勒效应构成的微波报警装置。所谓多普勒效应是指在辐射源（微波探头）与探测目标有相对运动时，接收的回波信号频率会发生变化的现象。一般微波移动探测器由探头和控制两部分组成，其探头组成方框图如图 9-12 所示。

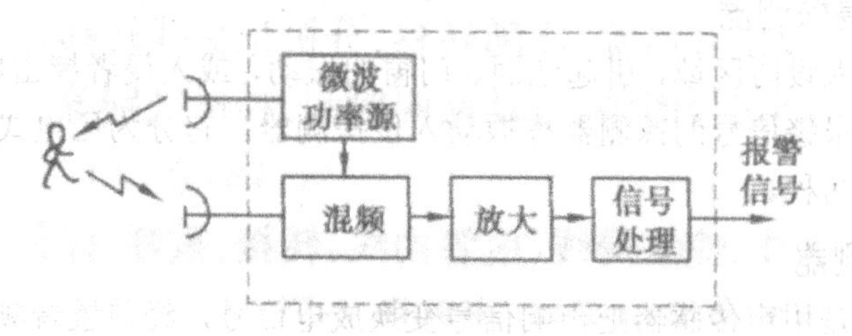

图 9-12　微波移动探测器探头方框图

微波阻挡探测器由微波发射机、微波接收机和信号处理器组成，使用时将发射天线和接收天线相对放置在监控场地的两端，发射天线发射微波束直接送达接收天线。当没有运动物体遮断微波波束时，微波能量被接收天线接收，发出正常工作信号；当有运动目标阻挡微波束时，接收天线接收到的微波能量减弱或消失，此时就产生报警信号。

2. 超声波探测器

工作方式与微波探测器类似，只是使用的不是微波而是超声波。

3. 红外线探测器

是利用红外线的辐射和接收技术构成的报警装置。根据其工作原理可分为主动式和被动式两种类型。

主动式红外探测器是由收、发装置两部分组成。发射装置向装在几米甚至几百米远的接收装置发射一束红外线，当被遮断时，接收装置即发出报警信号，因此，它也是阻挡式探测器。

发射装置通常由多谐振荡器、波形变换电路、红外光管和光学透镜组成。振荡器产生脉冲信号，经波形变换及放大后控制红外发光管产生红外脉冲光线，通过聚焦透镜将红外光变为较细的红外光束，射向接收器。接收装置由光学透镜、红外光电管、放大整形电路、功率驱动器及执行机构等组成。光电管将接收到的红外光信号转变为电信号，经整形放大后推动执行机构启动报警设备。

被动式红外探测器不向空间辐射能量，而是依靠接收人体发生的红外辐射来进行报警。

4. 双技术防盗探测器（双鉴探测器）

各种探测器都有其优点，但也各有其不足。例如，超声波、红外、微波 3 种单技术探测器因环境干扰及其他因素会出现误报警的情况。为了减少探测器的误报，人们提出互补双技术方法，即把两种不同探测原理的探测器结合起来，组成所谓双技术的组合探测器，又称双鉴探测器。

5. 开关入侵探测器

开关入侵探测器是由开关传感器与相关的电路组成的，如用微动开关组成的探测器安装在门柜和窗框上，门、窗关闭，微动开关在压力作用下，开关接通；门、窗打开，微动开关失去压力作用，开关断开。开关与报警电路接在一起，从而发出报警信号。

6. 振动入侵探测器

当入侵者进入设防区域，引起地面、门窗的振动，或入侵者撞击门、窗和保险柜，引起振动，发出报警信号的探测器称振动入侵探测器。它分为压电式振动探测器和电动式振动探测器两种。

7. 声控探测器

声控探测器是用声传感器把声响信号变换成电信号，经前置音频放大，送到报警控制器，经功放、处理后发出报警信号。也可将报警控制器输出的报警信号经放大推

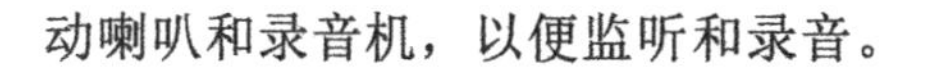
动喇叭和录音机，以便监听和录音。

（二）传输通道

探测器电信号的传输通道通常分为有线和无线。有线是指探测器电信号通过双绞线、电话线、电缆或光缆向控制器或控制中心传输。无线则是对探测电信号先调制到专用的无线电频道由发送天线发出，控制器或控制中心的无线接收机将无线电波接收下来后，解调还原出报警信号。

（三）控制器

报警控制器由信号处理器和报警装置组成。报警信号处理器是对信号中传来的探测电信号进行处理，判断出电信号中“有”或“无”情况，并输出相应的判断信号。若探测电信号中含有入侵者入侵信号时，则信号处理器发出报警信号，报警装置发出声或光报警，引起防范工作人员的警觉，反之，若探测电信号中无入侵者的入侵信号，则信号处理器送出“无情况”的信号，报警器不发出声光报警信号。智能型的控制器还能判断系统出现的故障，及时报告故障性质及位置等。

（四）控制中心（报警中心）

通常为了实现区域性的防范，即把几个需要防范的小区，联网到一个警戒中心，一旦出现危险情况，可以集中力量打击犯罪分子。控制中心通常设在市、区公安保卫部门。

二、视频安防监控系统

闭路电视监控系统是采用摄像机对被控现场进行实时监视的系统，是安全技术防范系统中的一个重要组成部分，尤其是近年来计算机、多媒体技术的发展使得这种防范技术更加先进。

（一）视频监控系统的组成

闭路电视监控系统根据其使用环境、使用部门和系统的功能而具有不同的组成方式，无论系统规模的大小和功能的多少，一般监控系统由摄像、传输、控制、图像处理与显示 4 个部分组成。

1. 摄像部分

摄像部分的作用是把系统所监视的目标，即把被摄物体的光、声信号变成电信号，然后送入系统的传输分配部分进行传送。摄像部分的核心是电视摄像机，它是光电信号转换的主体设备，是整个系统的眼睛，为系统提供信号源。

2. 传输部分

传输部分的作用是将摄像机输出的视频（有时包括音频）信号馈送到中心机房或其他监视点。控制中心的控制信号同样通过传输部分送到现场，以控制现场的云台和摄像机工作。

传输分配部分的组成主要有：

（1）馈线

传输馈线有同轴电缆（以及多芯电缆）、平衡式电缆、光缆。

（2）视频电缆补偿器

在长距离传输中，对长距离传输造成的视频信号损耗进行补偿放大，以保证信号的长距离传输而不影响图像质量。

（3）视频放大器

视频放大器用于系统的干线上，当传输距离较远时，对视频信号进行放大，以补偿传输过程中的信号衰减。具有双向传输功能的系统，必须采用双向放大器，这种双向放大器可以同时对下行和上行信号给予补偿放大。

3. 控制部分

控制部分的作用是在中心机房通过有关设备对系统的现场设备（摄像机、云台、灯光、防护罩等）进行远距离遥控。

控制部分的主要设备有集中控制器和微机控制器。

4. 图像处理与显示部分

图像处理是指对系统传输的图像信号进行切换、记录、重放、加工及复制等功能。显示部分则是使用监视器进行图像重放，有时还采用投影电视来显示其图像信号。图像处理和显示部分的主要设备有视频切换器、监视器和录像机。

视频切换器能对多路视频信号进行自动或手动切换，输出相应的视频信号，使一个监视器能监视多台摄像机信号。

监视器的作用是把送来的摄像机信号重现成图像。在系统中，一般需配备录像机，尤其在大型的监控系统中，录像系统还应具备如下功能：在进行监视的同时，可以根据需要定时记录监视目标的图像或数据，以便存档；根据对视频信号的分析或在其他指令控制下，能自动启动录像机，如果设有伴音系统时，应能同时启动。系统应设有时标装置，以便在录像带上打上相应时标，将事故情况或预先选定的情况准确无误地录制下来，以备分析处理。

随着计算机技术的发展，图像处理、控制和记录多由计算机完成，计算机的硬盘代替了录像机，完成对图像的记录。

（二）视频监控系统的监控形式

视频监控系统的监控形式一般有以下 4 种方式：①摄像机加监视器和录像机的简单系统。这是最简单的组成方式。一台摄像机和一台监视器组成的方式用在一处连续监视一个固定目标。这种最简单的组成方式也可增加一些功能，如摄像镜头焦距的长短、光圈的大小。远近聚焦都可以调整，还可以遥控电动云台的左右上下运动和接通摄像机的电源。摄像机加上专用外罩就可以在特殊的环境条件下工作。这些功能的调节都是靠控制器完成的。②摄像机加多画面处理器监视录像系统。如果摄像机不是一台，而是多台，选择控制的功能不是单一的，而是复杂多样的，通常选用摄像机加多

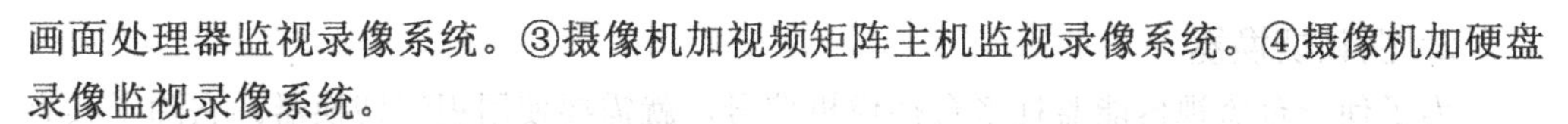

画面处理器监视录像系统。③摄像机加视频矩阵主机监视录像系统。④摄像机加硬盘录像监视录像系统。

（三）视频监控系统的现场设备

在系统中，摄像机处于系统的最前端，它将被摄物体的光图像转变为电信号——视频信号，为系统提供信号源。因此，它是系统中最重要的设备之一。

1. 摄像机

（1）摄像机分类

摄像机种类很多，从不同的角度可分为多种类型。

按颜色划分有彩色摄像机和黑白摄像机两种。按摄像器件的类型划分有电真空摄像器件（摄像管）和固体摄像器件（如 CCD 器件、MO 器件）两大类。

（2）摄像机的性能指标

主要是指它的清晰度、灵敏度和信噪比。摄像机的供电电源通常是：交流供电 220V；直流供电 12V 或 24V。

（3）摄像机镜头

按其功能和操作方法有常用镜头和特殊镜头两大类。常用镜头又分为定焦距（固定）镜头和变焦距镜头；特殊镜头又分为广角镜头和针孔镜头。

2. 云台

云台分手动云台和电动云台两种。手动云台又称为支架或半固定支架。手动云台一般由螺栓固定在支撑物上，摄像机方向的调节有一定的范围，调整方向时可松开方向调节螺栓进行。电动云台内装两个电动机：一个负责水平方向的转动，另一个负责垂直方向的转动。云台与摄像机配合使用可扩大监视范围、提高摄像机的效率。

3. 防护罩

摄像机作为电子设备，其使用范围受使用环境条件的限制。为了能使摄像机在各种条件下使用，就要使用防护罩。防护罩按其功能和使用环境可分室内型防护罩和室外型防护罩。室内型防护罩的主要功能是保护摄像机，能防尘、通风，有防盗、防破坏功能。室外防护罩的主要功能有防尘、防晒、防雨、防冻、防结露和防雪，能通风。室外防护罩一般配有温度继电器，在温度高时自动打开风扇冷却，低时自动加热。

4. 解码器

解码器的主要功能是对摄像机的电动云台和变焦镜头进行控制，即电动云台上、下、左、右的旋转；变焦镜头光圈大小、聚焦远近、变倍长短的控制。有时还能对摄像机电源的通 / 断进行控制。

（四）控制中心控制设备与监视设备

1. 视频信号分配器

将一路视频信号（或附加音频）分成多路信号，供给多台监视器或其他终端设备使用。有时还兼有电压放大功能。

2. 视频切换器

为了使一台监视器能监视多台摄像机信号，就需要使用视频切换器。它除了具有扩大监视范围，节省监视器的作用外，有时还可用来产生特技效果，如图像混合、分割画面、特技图案、叠加字幕等处理。

3. 视频矩阵主机

视频矩阵主机是视频监控系统中的核心设备，对系统内各设备的控制均是从这里发出和控制的。其主要功能是：视频分配放大、视频切换、时间地址符号发生、专用电源等。有的视频矩阵主机采用多媒体计算机作为主体控制设备。

有的视频矩阵主机还带有报警输入接口，可以接收报警探测器发出的报警信号，并通过报警输出接口去控制相关设备可同时处理多路控制指令，供多个使用者同时使用系统。

4. 多画面处理器

在多个摄像机的视频监控系统中，为了节省监视器和图像记录设备往往采用多画面处理设备，使多路图像同时显示在一台监视器上，并用一台图像记录设备（如录像机、硬盘录像机）进行记录。多画面处理器可分为单工、双工和全双工 3 种类型。全双工多画面处理器是常用的画面处理器。

5. 长时间录像机

长时间录像机，也称长延时录像机，还称为时滞录像机。这种录像机的主要功能和特点是可以用一盘 180min 的普通录像带，录制长达 12h，24h，48h，甚至更长时间的图像内容。

6. 硬盘录像机

硬盘录像机用计算机取代了原来模拟式的视频监控系统的视频矩阵主机、画面处理器、长时间录像机等多种设备。

硬盘录像机把模拟的图像转化成数字信号，故也称数字录像机。它以 MPEG 图像压缩技术实时地储存于计算机硬盘中，存储容量大，安全可靠，检索图像快速。每个硬盘容量可达 80GB，可以通过扩展增加硬盘，增大系统存储容量，可以连续录像几十天以上。

硬盘录像机还可通过串行通信接口连接现场解码器，对云台、摄像机镜头及防护罩进行远距离控制。

7. 监视器

监视器是视频监控系统的终端显示设备，它用来重现被摄体的图像，最直观反映了系统质量的优劣，因此监视器也是系统的主要设备。

监视器按图像回放分，有黑白监视器和彩色监视器；专用监视器与收 / 监两用监视器（接收机）；有显像管式监视器和投影式监视器等。从性能和质量级别上分有广播级监视器、专业级监视器、普通级监视器（收监两用机）。

（五）视频监控系统信号的传输

视频监控系统中信号传输的方式通常由信号传输距离、控制信号的数量等因素确定。当监控现场与控制中心较近时采用视频图像、控制信号直接传输的方式。视频图像直接传输选用特性阻抗为 75 Ù 同轴电缆以不平衡的方式进行传输，系统简单、失真小、噪声低，是视频监控系统首选方式。当传输距离达到几百米时，宜增加电缆均衡器或电缆均衡放大器。

控制信号的直接传输常用多芯控制电缆对云台、摄像机进行多线制控制，也有通过双绞线采用编码方式进行控制。

当监控现场与控制中心较远时，视频图像、控制信号采用射频、微波或光纤传输方式，随着计算机技术和网络技术的发展，越来越多地采用计算机局域网实现闭路电视监控信号的远程传输。

射频传输是将摄像机输出的图像信号经调制器调制到射频段，以射频方式传输。射频传输常用在同时传输多路图像信号而布线相对容易的场所。

微波传输是将摄像机输出的图像信号和对摄像机、云台的控制信号调制到微波段，以无线发射的方式进行传输。微波传输常用在布线困难、传输距离更远的场所。

光纤传输是将摄像机输出的图像信号和对摄像机、云台的控制信号转换成光信号通过光纤进行传输，光纤传输的高质量、大容量、强抗干扰性是其他传输方式不可比拟的。

采用计算机局域网传输的方式是将图像信号和控制信号作为一个数据包，在局域网内的任何一台普通 PC 机通过分控软件就能调看任何一台摄像机输出的图像并对其进行控制。

三、出入口控制系统（门禁系统）

出入口控制系统是对重要出入口进行监视和控制的系统，也称门禁系统。它是一种典型的集散型控制系统。系统网络由两部分组成，即监视、控制的现场网络，信息管理、交换的上层网络。如 9-13 所示为智能卡门禁系统示意图。它由管理中心设备（管理主机含控制软件、协议转换器、主控模块等）和前端设备（含门禁读卡模块、进 / 出门读卡器、电控锁、门磁及出门按钮）两大部分组成。

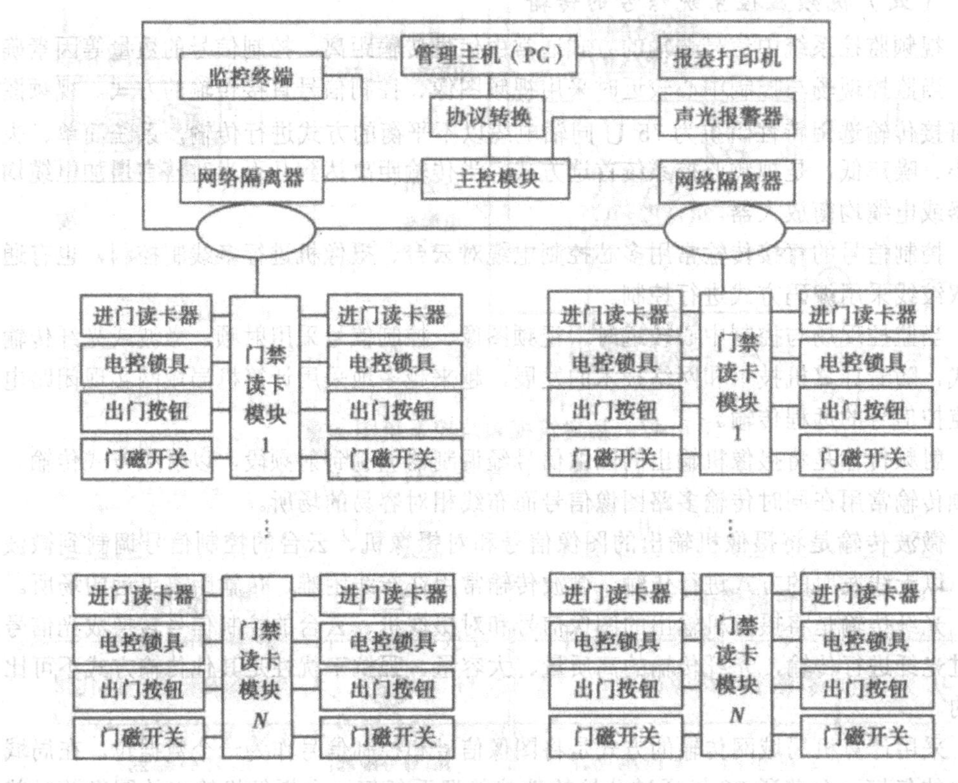

图 9-13　智能卡门禁系统示意图

系统根据门禁工作站设定的门禁管理模式和相关软件，通过现场设备，进行管理。读卡器直接连在现场控制模块上，用来读取卡信息。当持卡人刷卡后，读卡器就会向现场控制器（门禁读卡模块）传送该智能卡数据，由现场控制器（门禁读卡模块）进行身份比较、识别，如果该卡有效，现场控制器通过输出接口输出门锁打开信号，开启出入口通道。同时在门禁系统工作站上记录和显示持卡人的资料，如持卡人的姓名、区域、刷卡时间等。此时，该持卡人即可进入该区域。反之，该卡无效，门禁系统工作站同样会记录读卡信息并会根据设定发出其他动作如报警，提醒保安人员注意。系统采取总线控制方式，现场控制模块之间通常采用 RS485 通信，与系统工作站之间采用 RS485/RS232 转换器，现场数据传送到多媒体计算机中。

（一）主控模块

主控模块是系统中央处理单元，连接各功能装置和控制装置，具有集中监视、管理、系统生成及诊断等功能。通过协议转换连接多媒体电脑。与之相连接的声光报警器能及时提醒管理人员系统出现的不正常情况。报文打印机可根据需要随时打印系统运行状况，记录报警发生时间、地点。

（二）读卡模块

门禁读卡模块是安装在现场的一个直接数字控制器。其数字输入接口连接现场读卡器，数字输出接口连接现场被控设备，如电控锁或消防、电视监控等联动设备。每个读卡模块可连接多台感应读卡器，控制多个门的开／关。一个感应读卡器占一个数字输入接口。如门禁管理系统只要求进门读卡时，一个门配置一个数字输入（DI）接口，如门禁管理系统要求进／出门读卡时，则一个门配置两个数字输入（DI）接口，同时配置 1 个继电器输出（DO）接口连接电控锁，一个输入（DI）接口供门磁开关，用以检测门的开／关状态。如需要也可配置几个输出接口供与其他系统联动用。门禁读卡模块通过总线与其他门禁读卡模块相连。

（三）门禁读卡器

在智能卡门禁系统里为一个读卡器，通过刷卡控制开门，也可以是一个数字键盘，输入密码控制开门，或同时通过刷卡和输入密码控制开门。如果系统设置进／出门读卡的话，则在室内和室外都需要安装读卡器。进门读卡的系统只在室外安装读卡器，室内安装出门按钮，要出门时按一下出门按钮，控制电控锁打开门。应根据不同类型、不同材质的门，选择不同类型的锁具。

（四）门磁开关

门磁开关在系统中用来检测门的开／关状态。门磁开关与门禁读卡模块相连，其状态通过总线传到中央控制器。

（五）专用电源

专用电源负责对门禁读卡模块、门禁读卡器、功能扩展模块及电控锁等提供电源。

四、楼宇对讲系统

楼宇对讲系统现已成为智能住宅小区最基本的安全防范措施，一般可分为可视与非可视两种。可视对讲系统住户能看到来访者的图像。

小区楼宇对讲系统由对讲管理主机、大门口主机、门口主机、用户分机和电控门锁等相关设备组成。对讲管理主机设置在住宅小区物业管理中心（或小区安防控制中心），大门口主机设置在小区的入口处，门口主机设置安装在各住宅楼入口的墙上或门上。用户分机则安装在住户家中。

系统根据不同的需求有不同的配置，如可视、非可视、可视与非可视混合、单户型、单元型和连网型等。

单户型一般用于单独用户，如单体别墅。

单元型一般用在多层或高层住宅。门口主机安装在住宅单元门口，用户机安装在住户家中。可实现可视对讲或非可视对讲、遥控开锁功能。单元型可视或非可视对讲系统主机分直按式和拨号式两种。直按式的门口机上直接有住户的房间号，直接按房间号即可接通住户。直按式容量较小，适用于多层住宅，特点是一按就通，操作简便。

数字拨号式的主机上有 0 ～ 9，10 个数字键和相关的功能键。来访者通过数字、功能键实现与住户的联系。拨号式容量很大，能接几百个住户终端。这两种系统均采用总线布线方式，安装、调试简单。

连网型的楼宇对讲系统是将大门口主机、门口主机、用户分机以及小区的管理主机组网，实现集中管理。住户可以主动呼叫辖区内任一住户。小区的管理主机、大门口主机也能呼叫辖区内任一住户。来访者在小区的大门口就能通过大门口主机呼叫住户，未经住户允许，来访者不能进入小区。有的连网型用户分机除具备可视对讲或非可视对讲、遥控开锁等基本功能外，还接有各种安防探测器、求助按钮等，能将各种安防信息及时送到管理中心。

五、停车场管理系统

随着社会经济的高速发展和人们生活水平的不断提高，汽车数量直线上升，随之而来的是停车问题及车辆的管理问题。停车场管理系统就是对车辆实行有序的管理，避免车辆乱停、乱放，避免车辆被盗、被破坏等。一般停车场管理系统将机械技术、电子计算机技术、自动控制技术和智能卡技术有机地结合起来，通过电脑，实现对车辆进出记录管理并能自动储存，以备核查。图像对比识别技术有效地防止车辆被换、被盗，车位管理有效地提高了停车场的利用率，收费系统能自动核算收费，有效地解决了管理中费用流失或乱收费现象的出现。

（一）系统组成

停车场管理系统的功能组成和停车场的规模、性质有关。因此，每个停车场的管理系统的功能、设备等都有些区别。根据实际需要，功能和设备都可以增减。

（二）入口主要设备

入口主要设备有车辆检测器、读卡器、自动挡车道闸、彩色摄像机及电子显示屏等。

1. 车辆检测器

车辆检测器用来检测进入小区的车辆，常有两种形式：

（1）地感线圈

地感线圈埋在入口车道的地底下，地感线圈通电后，在线圈周围产生一电磁场，当有车辆进入入口车道，地感线圈周围电磁场产生变化，变化的磁场经放大、判断后成为车辆进入的识别信号。车辆检测器在车辆道闸两旁安装。

（2）光电车辆检测器

光电车辆检测器安装在入口车道两旁，光电车辆检测器由发射、接收两部分组成，没有车辆时接收机接收发射机发射的红外光，当有车辆进入时，车辆阻断红外光线，接收机发出车辆进入的识别信号。同样光电车辆检测器也需在车辆道闸两旁安装两组。

入口车辆检测器检测到车辆进入信号后，能自动触发临时卡发卡器，准备给临时用户发卡。

2. 非接触式读卡器

读卡器对驾驶人员送入的卡片进行解读，入口控制器根据卡片上的信息，判断卡片是否有效。读卡器一般为非接触式读卡器，驾驶员可以离开读卡器一定距离刷卡，方便使用。

如卡片有效，入口控制器将车辆进入的时间（年、月、日、时、分）、卡的类别、编号及允许停车位置等信息储存在入口控制器的存储器内，通过通信接口送到管理中心。此时自动挡车道闸升起、车辆放行。车辆驶过入口道闸后的感应线圈，道闸放下，阻止下一辆车进库。如果卡片无效，则禁止车辆驶入，并发出警告信号。

读卡器有防潜回功能，防止一张卡驶入多辆车辆。

发卡器给临时外来车辆发放临时卡。外来车辆通过临时卡进入停车场。入口控制器记录车辆进入时间、车型，作为车辆出场时收费的依据。

3. 自动挡车道闸

自动挡车道闸受入口控制器控制，入口控制器确认卡片有效，自动挡车道闸升起。车辆驶过，道闸放下。自动挡车道闸有自动卸荷装置，方便手动操作；自动挡车道闸具有闸具平衡机构，运行轻快、平稳；自动挡车道闸具有防砸车控制系统，能有效地防止因意外原因造成道闸砸车事故；自动挡车道闸受到意外冲击，会自动升起、以免损坏道闸机和道闸。

4. 彩色摄像机

车辆进入停车场时，自动启动摄像机，摄像机记录下车辆外形、车牌号等信息，存储在电脑里，供识别用。停车场选用具有宽动态范围、多倍分段式微调帧累积功能的摄像机。照度不够时能自动启动照明灯光。

5. 电子显示屏

电子显示屏实时信息滚动显示，如显示车位利用情况、车位租用费用等。电子显示屏采用 LED 发光管显示，确保亮度。电子显示屏微机控制，编程简单、可靠。电子显示屏采用模块化结构，维修，更换方便，且不影响系统的运行。

（三）出口主要设备

出口主要设备大部分和入口相同，车辆离开车位时，车位探测器将车辆移动信息传送到图像识别系统，图像识别摄像机记录下出场车辆的外形、色彩与车牌信号，并送入电脑，与车辆在入口时的信息比较。

出场车辆驶到出口时，车辆检测器检测外出车辆，读卡器接收读卡控制，对于使用固定卡、储值卡用户，读卡器识读卡片，并核对出场车辆的图像信号，经图像识别无误，识读有效，升起自动道闸，允许车辆驶出停车场，否则道闸关闭。读卡器具有防潜回功能，可防止持卡的用户在车辆不入场的情况下多次开车出场。读卡器识读到临时卡时，经图像识别后，出口控制器输出停车信息，在电子显示屏上显示停车时间、收费费率、停车管理费用等信息。车主交清费用后，启动道闸开车出场。出口控制器将收费信息、车位减少信息回送到控制中心电脑，记忆保存以备后查。并将新的车位信息送到进口的电子显示屏上，供进入车辆观察使用。

（四）管理中心

管理中心主要由功能强大的PC机和打印机等外围设备组成。管理中心通过总线与现场设备连接，交换管理数据。管理中心对停车场运行数据统计、分档、保存；对停车收费账目进行管理；统计、打印每班、每天、每月的收费报表。管理中心的CRT具有很强的图形显示功能，能实时显示停车库平面图、泊车位的实时占用、出入口开/闭状态及通道上车辆运行等情况，便于停车场的综合管理与调度。图像识别进一步提高了系统的安全性。

管理中心软件及功能：①友好的中文操作界面，菜单显示每个操作步骤，并有详细的提示。②强大的数据处理功能，可以对发卡系统发行的各种卡进行综合管理，如IC卡发行、IC卡充值、IC卡延期、IC卡挂失等查询和打印报表。③可实时监控停车场运行情况，完成对停车场的统一管理，如进出口的管理，车位统计、显示管理，图像识别系统管理等。④完善的财务统计功能，费率设置、变更方便（按时间、时段、工作日、节假日），自动完成计费、收费功能，自动完成各类报表（班报表、日报表、月报表、年度报表）制作。⑤严格的分级（权限）管理制度，使各级操作者责、权分明。⑥模块式的程序设计，方便系统功能的增减。系统软件升级简单易行，提高了系统的适应性。⑦管理计算机具有外部接口，网络扩展性强，可以实现实时通信，并可连通其他管理系统。系统的自维护功能，使故障的查找与排除更为便捷。

六、安全防范系统设备安装

（一）摄像机及镜头的安装

摄像机在安全防范系统中应用最广泛。摄像机的下部有一个安装固定的螺孔，在标准的支、吊架及各种云台、防护罩内均设置有固定摄像机的螺钉。

摄像机的安装必须在土建、装修工程结束后，各专业设备安装基本完毕，在已有一个安全整洁的环境的条件下，方可安装摄像机。其安装要点如下：

（1）准备安装的摄像机必须经接电检测和粗调，处于正常工作状态后，方可安装。

（2）从摄像机引出的电缆宜留有1m的余量，不得影响摄像机的转动。摄像机的电缆和电源线均应固定，并不得用插头承受电缆的自重。

（3）摄像机安装位置应符合设计要求，一般宜安装在监视目标附近不易受到外界损伤的地方，且不应影响附近现场工作人员的正常活动。安装高度，室内离地不宜低于2.5m，以2.5～5m为宜；室外离地不宜低于3.5m，以3.5～10m为宜。电梯轿厢内的摄像机应安装在门上方的左或右侧，并能有效监视电梯厢内乘员面部特征。

（4）摄像机镜头要避免强光直射，并避免逆光安装；若必须逆光安装时，应选择将监视区的光对比度控制在最低限度范围内。因为电视再现图像其对比度所能显示的范围仅为（30～40）：1，当摄像机在其视野内明暗反差较大时，就会出现想看的暗部却看不清。此时，对摄像机的设置及其方向、照明条件应充分考虑并加以改善。

（5）电视监控工程中，如何在最佳的摄像机安装位置上取得最佳的摄像景物效果？其答案就是选择合适的镜头。

（6）摄像机及其配套装置，如镜头、防护罩、支架、雨刷等，安装应牢固，运转应灵活，应注意防破坏，并与周边环境相协调。

（7）在强电磁干扰环境下，摄像机安装应与地绝缘隔离。

（8）信号线和电源线应分别引入，外露部分用软管保护，并不影响云台的转动。

（二）云台、解码器安装

云台是一种安装在摄像机支撑物上的工作台，用于摄像机与支撑物之间的连接，必须安装牢固，且保证转动时无晃动。云台具有上下左右旋转运动的功能，使固定其上的摄像机能完成定点监视或扫描全景观察功能；同时提供有预置位，以控制旋转扫描范围。

手动云台又称为支架或半固定支架。摄像机调节方向时松开方向调节螺栓进行调节，一般水平方向可调 15° ～30° ，垂直方向可调 ±45° ，调好后旋紧螺栓，摄像机的方向就固定下来了。

电动云台是在控制电压的作用下，做水平和垂直转动，水平旋转角不小于 0° ～ 270° ，有的产品可达 360° ；垂直旋转角一般为 ±45° ，不同产品的俯仰角不等。

云台一般安装在标准吊、支架上或自制的台架上。悬挂式手动云台主要安装在天花板上，但须固定在天花板上面的承重主龙骨上或平台上。横壁式手动云台安装在垂直的柱、墙面上。半固定式手动云台则安装于平台或凸台上。电动云台重是手动云台重的几倍，其支持支、吊架要安装牢固可靠，并应考虑电动云台的转动惯性，在其旋转时不应发生抖动现象。云台安装时应按摄像监视范围来决定云台的旋转方位，其旋转死角应处在支、吊架和引线电缆的一侧。并应保证云台的转动角度范围能满足系统设计要求。电动云台在安装前应在安装现场根据产品技术指标做单机试验，确认各项技术性能符合设计要求后，方可进行安装。

解码器应安装在云台附近或吊顶内（但须留有检修孔）。

（三）防护罩

为了保证摄像机工作的可行性，延长其使用寿命，必须给摄像机配装具有多种特殊性保护措施的外罩，称为防护罩。

摄像机在特殊环境下工作所用的防护罩有水下、防尘、防电磁及防高温、防低温等多种类型，但安装方法大同小异，都可以用螺栓将防护罩直接安装在云台上或支、吊架上。

（四）监控台、柜安装

为了观察和监视方便，经常把监视器、视频切换器、控制器等设计在一个或几个监控台、柜上，安装在集中监视控制室进行各种监视工作。监控台、柜的安装，应在各视频电缆、控制电缆敷设完毕，电源线引入室内，接地线已敷设完毕，室内地面施工结束，粉刷和装饰工程完毕后进行。

监控台、柜一般可不与地面连接固定，放置在地面上即可。但操作台应保持水平，立面应保持垂直，安装应平稳牢固、便于操作维护。若监控台、柜重量较轻，为避免移位，也可以加膨胀螺栓固定。

监控台应放置在便于监视的位置，监视器不要面向窗户，以免阳光射入，影响图像质量。当不可避免时，应采取避光措施。监控台、柜背面距墙应保持0.8 m以上间距，以便于检修；正面与墙的净距不应小于1.2m，侧面与墙或其他设备的净距，主要走道不小于1.5m，次要走道不小于0.8m。

监控台、柜安装就位后，可以按照设备装配图，将监视器、控制器和视频切换器装入监控台、柜的相应位置，并应用螺钉固定。安装时应注意调整各设备位置，以保证各按钮、开关均能灵活方便操作。最后根据监控台、柜配线图进行配接线。配接线应准确、整齐、连接可靠。引入电源线并对台、柜体进行可靠接地。控制室内所有线缆应根据设备安装位置设置电缆槽和进线孔，排列、捆扎整齐，编号，并有永久性标志。

（五）探测器的安装

各类探测器的安装位置应根据产品特性、警戒范围要求和环境影响等来确定，探测器底座和支架固定牢固。导线连接应牢固可靠，外接部不得外露，并留有适当余地。不同类型的探测器各有其特点。

1. 微波移动探测器的安装

（1）微波对非金属物质的穿透性可能造成误报警，因此，微波探测器应严禁对着被保护房间的外墙、外窗安装。同时，在安装时应调整好微波报警传感器的控制范围及其指向。通常是将报警传感器悬挂在距地面1.5～2m高处，探头稍向下俯视，使其指向地面，并把探测覆盖区限定在所要保护的区域之内。要注意，无论探测器装在什么地方，均应尽可能地覆盖出入口。

（2）微波探测器探头不应对着大型金属物体或具有金属镀层的物体（如金属档案柜），否则这些物体可能会将微波辐射能反射到外墙或外窗的人行道上或马路上，当有行人或车辆经过时，经它们反射回的微波信号又可能通过这些金属物体再次反射给探头，而引起误报。

（3）同一室内需要安装两台以上微波探测器时，它们之间的微波发射频率应有所差异（一般相差25MHz以上），且不要相对放置，以防交叉干扰，产生误报警。

（4）微波探测器的探头不应对准可能会活动的物体，如门帘、窗帘、电风扇、排气扇或门窗等可能会振动的部位，以避免产生误报。

2. 微波阻挡探测器的安装

通常情况下，微波阻挡探测器使用L型托架安装在墙上或桩柱上，收、发机之间应有清晰的视线；为保证工作的可靠性，应开拓一个供微波墙占用的无任何障碍物和干扰源的带状区域，特别要避免中间有较大的金属物体。

3. 红外探测器安装

被动式红外探测器根据警戒视场探测模式，可直接安装在墙上、天花板上或墙角，

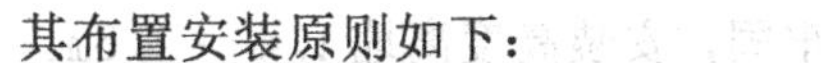

其布置安装原则如下：

（1）安装位置应使探测器具有最大的警戒范围，使可能的入侵者都能处于红外警戒的光束范围之内。

（2）要使入侵者的活动有利于横向穿越光束带区，这样可提高探测灵敏度。

（3）探测器可以安装在墙面或墙角，安装高度多为 2 ～ 2.5m，但要注意探测器的窗口（透镜）与警戒的相对角度，防止“死角”。

4. 超声波探测器安装

安装超声波探测器时，要注意使发射角对准入侵者最有可能进入的场所。要求安装超声波报警器的房间应有较好的密封性和隔音性能，控制区内不应有大容量的空气流动，门窗应关闭。收、发机不应靠近空调器、排风扇、风机、暖气等。

由于超声波是以空气作为传输介质的，因此，空气的温度和相对湿度会影响超声波探测灵敏度。

5. 紧急按钮安装

紧急按钮的安装应隐蔽，便于操作。安装方法与开关、插座安装类似。

（六）防盗报警控制器的安装

报警控制器是接收探测电信号后，经判断有无险情的神经中枢。因此，控制器一般是设置在保安值班室或相应的安全保卫部门。24h 均有人值班。控制器的操作、显示面板应避开阳光直射，房内无高温、高湿、尘土、腐蚀气体，不受振动、冲击等影响。

控制器可安装在墙上或落地安装。安装在墙上时，其底边距地不应小于 1.5m；落地安装时，其底边宜高出地面 100 ～ 200mm。安装应牢靠，不得倾斜。当安装在轻质隔墙上时，应采取加固措施。控制器的接地应牢固，接地电阻符合要求，且有明显标志。

控制器的主电源引入线应直接与电源连接，严禁使用电源插头。引入控制器的电缆或电线应做到：

（1）配线整齐、固定牢靠、避免交叉。

（2）所有导线的端部均应标明编号，且字迹清晰、不易褪色、与图纸一致。

（3）与端子板连接，每个接线端不得超过 2 根线。

（4）导线应绑扎成束，电缆芯线与导线应留有不小于 200mm 的余量。

（七）访客对讲设备的安装

可视对讲系统的主机（门口机）可安装在单元防护门上或墙体主机预埋盒内，对讲主机操作面板的安装高度距地面 1.5m 为宜，操作面板应面向访客，便于操作。电源箱通常安装在防盗铁门内侧墙壁，距离电控锁不宜太远（10m 以内）。电源箱正常工作时不可倒放或侧放，否则容易损坏蓄电池。

调整可视对讲主机内置摄像机的方位和视角于最佳位置，对不具备逆光补偿的摄像机，宜做环境亮度处理。

可视对讲系统室内分机及各楼层接线盒安装更为简单。室内分机可安装在室内任何位置，但一般多装在用户门口附近墙上，安装应牢固，安装高度离地 1.4 ～ 1.6m。这样既方便开门，又简化了分机的布线。

联网型（可视）对讲系统的管理机宜安装在监控中心内，或小区出入口的值班室内，安装应牢固、稳定。

（八）出入口控制（门禁系统）系统设备安装

（1）各类识读装置的安装高度离地不宜高于 1.5m，安装应牢固。

（2）感应式读卡机在安装时应注意可感应范围，不得靠近高频、强磁场。

（3）锁具安装应符合产品技术要求，安装应牢固，启闭应灵活。

（九）停车库（场）管理设备安装

1. 读卡机（IC 卡机、磁卡机、出票读卡机、验卡票机）与挡车器安装

（1）安装应平整、牢固，与水平面垂直，不得倾斜。

（2）读卡机与挡车器的中心间距应符合设计要求或产品使用要求。

（3）宜安装在室内；当安装在室外时，应考虑防水及防撞措施。

2. 感应线圈安装

（1）感应线圈埋设位置与埋设深度应符合设计要求或产品使用要求。

（2）感应线圈至机箱处的线缆应采用金属管保护，并固定牢固。

3. 信号指示器安装

（1）车位状况信号指示器应安装在车道出入口的明显位置。

（2）车位状况信号指示器宜安装在室内；安装在室外时，应考虑防水措施。

（3）车位引导显示器应安装在车道中央上方，便于识别与引导。

参考文献

[1] 侯文宝，李德路，张刚．建筑电气消防技术 [M]．镇江：江苏大学出版社，2021.

[2] 孟建民．建筑工程设计常见问题汇编电气分册 [M]．北京：中国建筑工业出版社，2021.

[3] 孙成群．建筑电气关键技术设计实践 [M]．北京：中国计划出版社，2021.

[4] 廖丽平，丁雅萍，孙谦．建筑施工用电 [M]．成都：西南交通大学出版社，2021.

[5] 赵民．绿色建筑设计技术要点 [M]．北京：中国建筑工业出版社，2021.

[6] 王俊．装配式混凝土建筑设计与深化制图 [M]．北京：中国建筑工业出版社，2021.

[7] 陶进．建筑设备工程概论 [M]．北京：北京理工大学出版社，2021.

[8] 董士波．电力工程造价从业人员职业能力培训教材发电建筑工程 [M]．北京：中国电力出版社，2021.

[9] 张杭丽．互联网 + 创新系列教材高职高专土建类系列教材 B1m 技术应用建筑设备 [M]．北京：北京航空航天大学出版社，2021.

[10] 孙新坡，李莉，王婧逸．土木工程制图 [M]．成都：电子科技大学出版社，2020.

[11] 鲍东杰，李静．建筑设备工程 [M]．北京：清华大学出版社，2020.

[12] 孙巍．安装工程制图与计算机辅助设计 [M]．武汉：武汉大学出版社，2020.

[13] 刘化君．网络综合布线 [M]．北京：电子工业出版社，2020.

[14] 李明，开永旺．供配电技术与照明 [M]．天津：天津大学出版社，2020.

[15] 王源．建筑电气设计与施工手册 [M]．合肥：安徽科学技术出版社，2019.

[16] 孙成群．建筑电气设计与施工资料集工程系统模型 [M]．北京：中国电力出版社，2019.

[17] 于欣波，任丽英．建筑设计与改造 [M]．北京：冶金工业出版社，2019.

[18] 陈明彩，齐亚丽．建筑设备安装识图与施工工艺 [M]．北京：北京理工大学出版社，2019.

[19] 江依娜，蒋粤闽．建筑制图与识图 [M]．镇江：江苏大学出版社，2019.

[20] 赵丽娅．建筑电工 [M]．北京：中国建材工业出版社，2019.

[21] 范幸义．建筑工程 CAD 制图教程第 2 版 [M]. 重庆：重庆大学出版社，2019.

[22] 徐志明．建筑电气设计与施工研究 [M]. 天津：天津科学技术出版社，2018.

[23] 宫周鼎．建筑电气施工图设计与审查问题详解 [M]. 北京：中国建筑工业出版社，2018.

[24] 郭福雁，乔蕾．建筑电气照明 [M]. 哈尔滨：哈尔滨工程大学出版社，2018.

[25] 李旭东，梁金海．建筑电气设计原理 30 讲 [M]. 北京：中国建材工业出版社，2018.

[26] 刘鉴秾．建筑工程施工 B1m 应用 [M]. 重庆大学出版社，2018.

[27] 王鑫，刘晓晨，李洪涛．装配式混凝土建筑施工 [M]. 重庆：重庆大学出版社，2018.

[28] 汪永华．建筑电气第 2 版 [M]. 北京：机械工业出版社，2018.

[29] 寇红平．建筑设备 [M]. 北京：北京理工大学出版社，2018.

[30] 李通．建筑设备 [M]. 北京：北京理工大学出版社，2018.

[31] 王建玉．建筑智能化工程施工组织与管理 [M]. 北京：机械工业出版社，2018.

[32] 卫涛，张润东，李容．普通高等院校土木专业“十三五”规划精品教材房屋建筑学课程设计 [M]. 武汉：华中科技大学出版社，2018.

[33] 邓克凡．建筑专业精细化设计下 [M]. 成都：电子科技大学出版社，2018.